KB234507

중국어 관광통역 안내사

2차 면접시험 기출 및 예상문제집

김 옥 지음

저자 **김 옥**

중국 흑룡강대학 중문과 졸업

중국어 관광통역 안내사
2차 면접시험 기출 및 예상문제집

2017년 10월 16일 개정판 1쇄 인쇄
2017년 10월 20일 개정판 1쇄 발행

저　　자　김 옥
펴 낸 이　정정례
펴 낸 곳　삼영서관

주　　소　서울 동대문구 답십리동 469-9 1F
전　　화　02)2242-3668
팩　　스　02)2242-3669
홈페이지　www.sysk.kr
이 메 일　syskbooks@naver.com
등 록 일　1978년 9월 18일
등록번호　제 1-261호
책　　값　20,000원
I S B N　978-89-7318-409-5 13980

※ 파본은 교환하여 드립니다.

머리말

　오늘날 관광 산업을 "굴뚝 없는 산업", "고부가가치 창조산업"이라고 합니다. 관광 산업이 우리 경제에 미치는 지대한 영향과 무한한 경제적 효과는 수년 간의 외국인 방문 관광객을 통해 그 중요성을 절실히 느끼고 있습니다.

　특히 중국은 세계적으로 인구가 가장 많은 나라로 개혁 개방과 함께 발 빠른 발전을 이루고 있는 나라입니다. 1992년 한·중 수교 이래 한국을 방문하는 중국 관광객은 1998년도까지 년 30만 명에 불과하였지만, 현재에는 중국 관광객이 해마다 기하급수적으로 증가하여 2014년에 60C만 명을 돌파하였습니다. 특히 일과 여가를 조화롭게 하는 삶을 추구하는 중국 관광객들은 가까운 거리, 편리한 교통, 일본 여행보다 저렴한 경비, 한류의 열풍 등으로 가장 선호하는 나라로 한국을 지목하고 있습니다.

　세계관광기구 WTO는 중국이 향후 2020년에는 해외 관광객을 매년 1억 2천만 명 이상 유치하는 세계 최대 관광객 영입국이 될 것이며, 동시에 매년 1억 명 이상의 관광객을 송출하는 세계 최대의 관광객 배출국이 될 것이라고 예측한 바 있습니다.

　한국은 외국인 관광객 2,000만 명 유치 목표 달성의 시대를 열어가고 있습니다. 특히 중국 관광객을 맞이하는 데 주력하여 다각적인 검토를 해 오고 있습니다. 무엇보다 중국 관광객들에게 편의를 제공하기 위한 가장 우선적인 것 중 하나인 유능한 중국어 관광통역 안내사 양성에 주력하고 있습니다. 이는 한국을 정확히 알리고 양질의 서비스를 제공하기 위해서입니다.

　관광통역 안내사는 가장 먼저 관광객을 공항에서 맞이하여 관광객이 한국에 머무르는 동안 그들에게 모든 편의를 제공하는 사람입니다. 관광통역 안내사의 이미지가 곧 한국의 이미지이고, 어떻게 한국을 알리느냐에 따라서 관광객들이 다시 올 수 있게 하는 중요한 "민간 외교관"이라고 할 수 있습니다. 관광통역 안내사는 관광객에게는 외국에서의 유일한 보호자이고 의지할 대상입니다. 그럼으토 관광객들의 여행을 보다 풍요롭게 하고 즐겁고 잊을 수 없는 여행이 될 수 있도록 해야 합니다.

　이 책을 펴내는 목적은 관광통역 안내사 중국어 2차 면접 시험을 대비하는 분들에게 조금이나마 도움이 되도록 하기 위함입니다. 이 책의 콘텐츠는 저자가 다년간 출제된 문제 중 엄선하여 수록하였고, 주체성, 지식성, 전문성, 다양성, 신조성, 간략성 등 분야별로 흥미롭게 공부할 수 있도록 구성하였습니다. 특히 면접 시험에서 순발력을 발휘하거나 면접 합격 후 실무에서 다소나마 도움이 되었으면 하는 바람입니다.

　중국 관광객들에게 당신의 재치 넘치는 입담과 능력을 통해 여행이 더 없이 즐겁게 느껴지고, 한국의 이미지와 위상을 높이며, 관광객이 다시 한국을 찾아올 수 있도록 하는데 도움이 되었으면 좋겠습니다. 진심으로 수험생 여러분이 이 책을 통해 면접 시험에 최종 합격할 수 있는 영광을 차지할 수 있기를 바라며, 인정받는 유능한 관광통역 안내사가 되시기 바랍니다.

김 옥 드림

목차

(5) 시사 정치 · · · · · · · · · · · 160

(6) 한 · 중 · 일 문화 · · · · · · · · · · · 180

제1장 면접 예상 문제

(1) 개인 신상

为什么说导游是民间外交官?

관광통역 안내사를 왜 민간외교관이라고 합니까?

导游是旅行社的代表，是国家的代表。
Dǎoyóu shì lǚxíngshè de dàibiǎo,　 shì guójiā de dàibiǎo.

游客就是通过导游的讲解和服务，了解韩国的历史，韩国的文
Yóukè jiùshì tōngguò dǎoyóu de jiǎngjiě hé fúwù,　 liǎojiě Hánguó de lìshǐ,　 Hánguó de wén

化，韩国的名胜古迹，韩国的风俗习惯，韩国人的现代生活。以致使
huà,　 Hánguó de míngshènggǔjì,　 Hánguó de fēngsú xíguàn,　 Hánguórén de xiàndài shēnghuó. Yǐ zhìshǐ

游客的假期成为乘兴而来，满载而归的非常有意义而难忘的旅行。所
yóukè de jiàqī chéngwéi chéngxìng'érlái,　 mǎnzài'érguī de fēicháng yǒu yìyì ér nánwàng de lǚxíng.　 Suǒ

以说导游是"民间外交官"。
yǐ shuō dǎoyóu shì "mínjiān wàijiāoguān".

관광통역 안내사는 여행사의 대표이자 나라의 대표입니다.

관광객은 관광통역 안내사의 해설과 서비스를 통해 한국의 역사, 한국의 문화, 한국의 명승고적, 한국의 풍속 습관, 한국인의 현대 생활을 이해할 수 있기에 관광객들의 휴가를 매우 즐거우면서 보람감 있고 잊을 수 없는 여행이 되도록 합니다. 그래서 관광통역 안내사를 "민간외교관"이라고 합니다.

乘兴而来 [chéngxìng'érlái] [성] 흥에 겨워 돌아옴을 이르는 말

满载而归 [mǎnzài'érguī] [성] (물건을) 가득 싣고 돌아오다, 큰 수확을 거두고 돌아오다

为什么说导游是韩国的形象大使呢?

관광통역 안내사를 왜 한국의 홍보대사라고 합니까?

因为导游充当其他人所无法替代的角色。导游直接接触游客,
Yīnwéi dǎoyóu chōngdāng qítārén suǒ wúfǎ tìdài de juésè.　　Dǎoyóu zhíjiē jiēchù yóukè,

所以导游的形象及习惯,很快就会传递给对方。就是说,通过导游个
suǒyǐ dǎoyóu de xíngxiàng jí xíguàn,　　hěn kuài jiù huì chuándì gěi duìfāng, jiù shì shuō, tōngguò dǎoyóu gè

人综合素质的体现,游客们会直观、了解、掌握韩国人的思想水平,
rén zōnghé sùzhì de tǐxiàn,　　yóukèmen huì zhíguān、 liǎojiě、 zhǎngwò Hánguórén de sīxiǎng shuǐpíng,

文化修养。所以说,导游就是所在旅行社的牌子、门面和窗口,一个
wénhuà xiūyǎng. Suǒyǐ shuō,　　dǎoyóu jiùshì suǒzài lǚxíngshè de páizi、　　ménmiàn hé chuāngkǒu, yí ge

国家的形象大使。
guójiā de xíngxiàng dàshǐ.

　　관광통역안내사는 누구도 대체 할 수 없는 역할을 지니고 있습니다. 관광통역 안내사는 관광객들과 직접 교제하기에 관광통역 안내사의 이미지와 습관은 직관적으로 상대에게 전달됩니다. 즉 관광객들은 관광통역 안내사의 종합적인 소양을 통해 한국인의 마인드, 문화 교양 수준을 직관적으로 체험하게 됩니다. 그래서 관광통역 안내사는 여행사의 간판이고 브랜드로서 한 나라의 홍보대사라 할 수 있습니다.

生词 새단어

形象大使 [xíngxiàng dàshǐ] [명] (이미지를 향상시키는) 홍보 대사

素质 [sùzhì] [명] 소양, 자질

请说说导游应具备的条件（资质）。

관광통역 안내사가 갖춰야 할 조건(자질)에 대해 말해 보세요.

① 要有赤诚的爱国心和全力为游客服务的理念。
　　Yào yǒu chìchéng de àiguó xīn hé quánlì wèi yóukè fúwù de lǐniàn.

② 要有很强的语言表达能力，特别要精通外语。
　　Yào yǒu hěn qiáng de yǔyán biǎodá nénglì, tèbié yào jīngtōng wàiyǔ.

③ 态度要亲切、大方、彬彬有礼。
　　Tàidù yào qīnqiè,　　dàfang,　　bīnbīnyǒulǐ.

④ 博学多才，学识要丰富。
　　Bóxuéduōcái,　　xuéshí yào fēngfù.

⑤ 身体健康，要有健壮的体魄。
　　Shēntǐ jiànkāng, yào yǒu jiànzhuàng de tǐpò.

⑥ 引导力，要有独挡一面的工作能力。
　　Yǐndǎolì,　　yào yǒu dú dǎng yímiàn de gōngzuò nénglì.

① 참된 애국심과 관광객을 위하여 최선을 다하는 마인드를 갖춰야 합니다.

② 뛰어난 언어 표현력과 특히 능숙한 외국어 실력이 있어야 합니다.

③ 자세는 친절하고, 대범하며, 예의를 갖춰야 합니다.

④ 박학다식하고 재주가 많으며, 지식이 풍부해야 합니다.

⑤ 몸은 튼튼하고 건장한 기백을 갖춰야 합니다.

⑥ 단독적으로 업무에 능숙히 대응할 수 있는 리더십이 있어야 합니다.

生词 새단어

体魄 [tǐpò] [명] 신체와 정신, 체력과 기백

彬彬有礼 [bīnbīnyǒulǐ] [성] 점잖고 예절이 밝다

旅游服务的3S是?

관광 서비스의 3S란?

微笑（Smile），速度（Speed），诚实（Sincerity）。
wēixiào, sùdù, chéngshí

미소, 스피드, 성실

请说说当导游的动机。

관광통역 안내사를 하려는 동기에 대해 말해 보세요.

导游是一项很高尚的职业，被称为民间外交官。我非常热爱我们
Dǎoyóu shì yí xiàng hěn gāoshàng de zhíyè, bèi chēngwéi mínjiān wàijiāoguān. Wǒ fēicháng rè'ài wǒmen

的国家——韩国。很想把韩国的历史，名胜古迹，美丽的景点，独特
de guójiā　– Hánguó.　Hěn xiǎng bǎ Hánguó de lìshǐ,　míngshènggǔjì,　měilì de jǐngdiǎn,　dútè

的传统文化，好好介绍给外国游客。同时也增加自己的见闻，让游客
de chuántǒng wénhuà, hǎohǎo jièshào gěi wàiguó yóukè. Tóngshí yě zēngjiā zìjǐ de jiànwén,　ràng yóukè

度过留下美好回忆的，难忘而愉快的旅游生活。
dùguò liúxià měihǎo huíyì de,　nánwàng ér yúkuài de lǚyóu shēnghuó.

　관광통역 안내사는 매우 고상한 직업입니다. 민간 외교관이라 칭합니다. 저는 우리나라 —— 한국을 매우 사랑합니다. 한국의 명승 고적, 아름다운 경치, 독특한 전통 문화를 외국 손님들에게 잘 소개하고 싶습니다. 동시에 자신의 견문도 넓히고 관광객들에게 잊지 못할 좋은 추억을 남기는 즐거운 여행이 되게 하고 싶습니다.

动机 [dòngjī] [명] 행동을 일으키게 하는 내적 요인 직접 요인의 총칭

请说说您是一个怎样的人。

당신이 어떤 사람인지 말해 보세요.

我是一个性格外向、活泼、健谈、亲切、有毅力的人。我喜欢旅
Wǒ shì yí ge xìnggé wàixiàng、 huópō、 jiàntán、 qīnqiè、 yǒu yìlì de rén. Wǒ xǐhuan lǚ

游，更喜欢挑战性的工作。我善于结交朋友，更善于助人为乐，我还
yóu, gèng xǐhuan tiǎozhànxìng de gōngzuò. Wǒ shànyú jiéjiāo péngyou, gèng shànyú zhùrénwéilè, wǒ hái

有很多爱好。比如爱看书，喜欢音乐，喜欢运动，喜欢和人聊天等。
yǒu hěn duō àihào. Bǐrú ài kànshū, xǐhuan yīnyuè, xǐhuan yùndòng, xǐhuan hé rén liáo tiān děng.

저는 성격이 외성적이고 활발하며, 입담이 좋고 친절하며, 의지가 강한 사람입니다. 저는 여행을 좋아합니다. 도전적인 직업을 더욱 선호합니다. 저는 친구를 잘 사귀고 남을 더 잘 도우며, 또 취미도 다양합니다. 예를 들어 독서·음악·스포츠·사람들과의 이야기 나누기 등을 즐깁니다.

生词 새단어

健谈 [jiàntán] [형] 입담이 좋다, 능변이다, 달변이다

助人为乐 [zhùrénwéilè] [성] 남을 돕는 것을 기쁘게 생각하다

如果您当导游会怎么做?

만약 당신이 관광통역 안내사가 되면 어떻게 할 건가요?

如果我当导游,我会以导游服务3S 精神,像家人一样对待游客,
Rúguǒ wǒ dāng dǎoyóu, wǒ huì yǐ dǎoyóu fúwù jīngshén, xiàng jiārén yíyàng duìdài yóukè,

照顾游客,细心向游客介绍韩国的方方面面,全心全意,竭诚为游客
zhàogù yóukè, xìxīn xiàng yóukè jièshào Hánguó de fāngfāngmiànmiàn, quánxīnquányì, jiéchéng wèi yóukè

服务。为旅行社、游客、我本人三者满意而努力。成为一名优秀的,名
fúwù. Wèi lǚxíngshè、 yóukè、 wǒ běnrén sānzhě mǎnyì ér nǔlì. Chéngwéi yì míng yōuxiù de, míng

副其实的民间外交官。
fùqíshí de mínjiān wàijiāoguān.

만약 제가 관광통역 안내사 일을 하게 되면 안내사 서비스 3S마인드로 관광객들을 가족처럼 대하고 잘 보살피고, 한국의 다 방면에 대해 자세히 설명드리고, 성심 성의껏 소임을 다해 관광객들에게 서비스를 잘해 드리겠습니다. 여행사, 관광객, 저 본인 3자가 모두 만족 할 수 있도록 노력하겠습니다. 훌륭하고 명실상부한 민간외교관이 되겠습니다.

生词 새단어

照顾 [zhàogù] [동] 보살피다, 돌보다, 간호하다, 염려하다

竭诚 [jiéchéng] [부] 성의를 다해, 성심성의껏

문제 8

请说说导游和翻译的区别。

관광통역 안내사와 번역사의 차이를 말해 보세요.

导游是民间外交官，负有对国家，对旅行社，对游客负责和服务
Dǎoyóu shì mínjiān wàijiāoguān, fùyǒu duì guójiā, duì lǚxíngshè, duì yóukè fùzé hé fúwù

的使命。（翻译是一项，只对语言进行操作的工作，即用一种语言文本
de shǐmìng. (Fānyì shì yí xiàng, zhǐ duì yǔyán jìnxíng cāozuò de gōngzuò, jí yòng yì zhǒng yǔyán wénběn

来替代另一种语言文本的过程。）而翻译只按对方的要求，把某一项
lái tìdài lìng yì zhǒng yǔyán wénběn de guòchéng.) Ér fānyì zhǐ àn duìfāng de yāoqiú, bǎ mǒu yí xiàng

或某个范围的一种语言，转换成另一种语言的人。
huò mǒu ge fànwéi de yì zhǒng yǔyán, zhuǎnhuànchéng lìng yì zhǒng yǔyán de rén.

관광통역 안내사는 민간 외교관으로서 국가·여행사·관광객들에 대한 사명감과 책임감을 지니고 있습니다. (번역은 오직 언어에 대해 처리하는 업무로써 한 언어 문서를 다른 언어 문서로 교체하는 과정입니다.) 그러나 번역사는 상대측 요구에 따라 한 종목이나 모 분야의 언어를 다른 언어로 전환시키는 일을 하는 사람입니다.

문제 9

作为导游有哪些禁忌?

관광통역 안내사로서의 금기 사항은?

导游要禁忌：把证件借给他人，服务态度恶劣，强迫游客买东
Dǎoyóu yào jìnjì; bǎ zhèngjiàn jiègěi tārén, fúwù tàidù èliè, qiángpò yóukè mǎi dōng

西，违反法规等行为。
xī, wéifǎn fǎguī děng xíngwéi.

관광통역 안내사는 타인에게 자격증 대여, 서비스 태도의 불친절, 관광객에게 쇼핑 강매, 법규위반 등의 행위는 금해야 합니다.

恶劣 [èliè] [형] 아주 나쁘다, 열악하다

(2) 관광 상식

把观光产业发展为国家战略产业的理由是?

관광산업을 국가 전략적 산업으로 육성하는 이유는?

观光业被称为无烟囱产业，创造高附加值的产业，全球最大的产
Guānguāngyè bèi chēngwéi wú yāncōng chǎnyè, chuàngzào gāo fùjiāzhí de chǎnyè, quánqiú zuì dà de chǎn

业。观光业可以弘扬国威；创收外汇；推动经济，创造就业机会；交流
yè.　Guānguāngyè kěyǐ hóngyáng guówēi; chuàngshōu wàihuì; tuīdòng jīngjì, chuàngzào jiùyè jīhuì; jiāoliú

文化，繁荣文化；增进国际友谊，能为促进世界和平作出贡献！
wénhuà, fánróng wénhuà; zēngjìn guójì yǒuyì,　néng wéi cùjìn shìjiè hépíng zuòchū gòngxiàn!

因此，世界各国都把观光业作为战略性的产业来大力发展。
Yīncǐ,　shìjiè gè guó dōu bǎ guānguāngyè zuòwéi zhànlüèxìng de chǎnyè lái dàlì fāzhǎn.

관광업은 굴뚝 없는 산업, 고부가 가치 창조 산업, 글로벌 최대 산업으로 불리고 있습니다. 관광업은 국위 선양, 외화 획득, 경제 추진, 일자리 창출, 문화 교류, 문화 융성, 국제 친선 도모, 세계 평화 촉진에 기여할 수 있습니다.

그래서 세계 각 나라는 관광업을 전략적 산업으로 적극 육성하고 있습니다.

K旅行社大巴是?

K트래블버스란?

K 旅行社大巴是指，为了让个体游客分散到地方，从首尔到地方
　lǚxíngshè dàbā shì zhǐ,　wèile ràng gètǐ yóukè fēnsàndào dìfang,　cóng Shǒu'ěr dào dìfang

逗留两天一宿型的，大巴旅行商品。
dòuliú liǎng tiān yísùxíng de,　dàbā lǚxíng shāngpǐn.

K트래블버스란 개별 관광객의 지방 분산을 위한 서울-지방 간 1박 2일 체류형 버스 여행상품을 지칭합니다.

烟囱 [yāncōng] [명] 굴뚝, 연통

弘扬 [hóngyáng] [동] 더욱 발전·확대시키다, 발양하다, 선양하다

国威 [guówēi] [명] 국위, 국가의 위세, 나라의 위력

请说说托马斯·库克的业绩。

토마스 쿡의 업적에 대해 말해 보세요.

托马斯·库克(Thomas Cook1808 - 1892), 是英国旅行商。他是世界上
Tuōmǎsī · Kùkè　　　　　　　　　　　shì Yīngguó lǚxíngshāng. Tā shì shìjièshang

第一个开创旅游业的鼻祖。是世界上第一个组织团体旅行的人。也就
dì yī ge kāichuàng lǚyóuyè de bízǔ.　　Shì shìjièshàng dì yī ge zǔzhī tuántǐ lǚxíng de rén.　　Yě jiù

是说我们今天所讲的全包价旅游(package tour), 就是 托马斯·库克
shì shuō wǒmen jīntiān suǒ jiǎng de quánbāojià lǚyóu,　　　　　jiùshì Tuōmǎsī · Kùkè

首次创立的。所以说他是旅游界不可替代的先驱者和一代伟人。
shǒucì chuànglì de.　Suǒyǐ shuō tā shì lǚyóujiè bùkě tìdài de xiānqūzhě hé yídài wěirén.

토마스 쿡(THOMAS COOK 1808-1892)은 영국의 여행 상인입니다. 그는 세계에서 최초로 여행업을 창립한 시조이자 또한 세계에서 최초로 단체여행팀을 시도한 분입니다. 오늘 날 우리가 흔히 말하는 package tour를 바로 토마스 쿡이 최초로 개발하였습니다. 그래서 그는 둘도 없는 여행업의 선구자요 또한 위인이라고 합니다.

请说说韩国大酬宾。

코리아 그랜드 세일에 대해 말해 보세요.

韩国大酬宾是以外国游客为对象, 通过融进购物、观光、韩流等
Hánguó dàchóubīn shì yǐ wàiguó yóukè wéi duìxiàng,　tōngguò róngjìn gòuwù、guānguāng、hán liú děng

复合型的攻关项目, 提供游客喜好的, 优惠打折商品, 开展促销活动
fùhéxíng de gōngguān xiàngmù, tígòng yóukè xǐhǎode,　　yōuhuì dǎzhé shāngpǐn, kāizhǎn cùxiāo huódòng

的, 大型购物观光庆典。
de,　dàxíng gòuwù guānguāng qìngdiǎn.

코리아 그랜드세일이란 외국인 관광객을 대상으로 쇼핑-관광-한류의 융복합프로젝트를 통해 관광객의 즐길거리를 제공하고 상품 바겐세일로 판촉 이벤트를 진행하는 대형 쇼핑 관광 축제를 말합니다.

生词 새단어

鼻祖 [bízǔ] [명] 시조(始祖), 창시자

不可替代 [bùkě tìdài] 대신할 수 없다, 대체할 수 없다

先驱 [xiānqū] [명] 선구자 | [동] 앞서가다, 선도하다

旅游和旅行的差异是?
여유와 여행의 차이는?

"旅游"是一种消遣、消费、游玩的过程。讲究花钱观赏异地的
"Lǚyóu", shì yì zhǒng xiāoqiǎn、xiāofèi、yóuwán de guòchéng. Jiǎngjiū huāqián guānshǎng yìdì de

风光、风情,品尝美食和得到最好的服务。主张走得顺利,住得舒适,
fēngguāng、fēngqíng、pǐncháng měishí hé dédào zuìhǎo de fúwù. Zhǔzhāng zǒu de shùnlì, zhù de shūshì,

玩儿的开心,食得美食,购物称心如意。通常是团体出行,时间很短
wánr de kāixīn, shí de měishí, gòuwù chènxīnrúyì. Tōngcháng shì tuántǐ chūxíng, shíjiān hěn duǎn

暂。
zàn.

"旅行"则是一种体验和感悟的过程。工作、学习之余,体验自
"Lǚxíng", zé shì yì zhǒng tǐyàn hé gǎnwù de guòchéng. Gōngzuò、xuéxí zhīyú, tǐyàn zì

然,感悟人生,出行不惧怕遭遇风霜雨雪,艰难险阻。把一切都看作
rán, gǎnwù rénshēng, chūxíng bú jùpà zāoyù fēngshuāngyǔxuě, jiānnánxiǎnzǔ. Bǎ yíqiè dōu kànzuò

是人生的一种经历,一种体验,随遇而安,始终保持着平和的心态,
shì rénshēng de yì zhǒng jīnglì, yì zhǒng tǐyàn, suíyù'érān, shǐzhōng bǎochízhe pínghé de xīntài,

沉着应对,这就是旅行。相对来说旅行是个人或少数人出行的时候
chénzhuó yìngduì, zhè jiùshì lǚxíng. Xiāngduì láishuō lǚxíng shì gèrén huò shǎoshù rén chūxíng de shíhou

多。
duō.

生词 새단어

艰难险阻 [jiānnánxiǎnzǔ] [성] (인생 역정 중의) 고달픔 · 위험 · 좌절

沉着应对 [chénzhuóyìngduì] 침착하게 대응하다

"여유"는 일종의 여유로움·소비와 놀이의 과정입니다. 여유는 돈을 소비하면서 이색적 경치와 정취를 감상하고 미식도 맛보면서 최고의 서비스를 원합니다. 때문에 집문을 나서면 순리롭게 다니고 편한 숙박·즐거운 놀이·맛있는 식사·마음에 드는 쇼핑을 추구합니다. "여유"는 보통 단체로 구성되어 시간도 매우 짧습니다.

"여행"은 체험과 깨우침의 과정입니다. 한동안의 업무나 학업을 마친 뒤 자연을 체험하고 인생을 터득함으로 비바람·눈·서리가 내리는 날씨·고난 어려움 따위에 구애를 받지 않고 모두 인생에서 하나의 경력에 불과하다고 생각합니다. 때문에 어떠한 상황도 있는 그대로 받아들이고 한결같이 평온한 마음가짐으로 침착하게 대응하는 것이 바로 "여행"입니다. 상대적으로 "여행"은 개인 여행이나 소수인으로 구성해 다닐 때가 많습니다.

请说说江原乐园。

강원랜드에 대해 말해 보세요.

江原乐园，是指在江原道旌善郡开发的，国内公民也可以出入
Jiāngyuán Lèyuán, shì zhǐ zài Jiāngyuán Dào Jīngshàn Jùn kāifā de, guónèi gōngmín yě kěyǐ chūrù

的，卡西诺为主有滑雪场、休闲空间的主题公园。旌善和太白原来是
de, kǎxīnuò wéizhǔ yǒu huáxuěchǎng, xiūxián kōngjiān děng de zhǔtí gōngyuán, Jīngshàn hé Tàibái yuánlái shì

煤矿村。随着煤炭业的衰退，为了搞活当地经济，开办了江原乐园。
méikuàngcūn. Suízhe méitànyè de shuāituì, wèile gǎohuó dāngdì jīngjì, kāibàn le Jiāngyuán Lèyuán.

现在这里也成了"太阳的后裔"等，著名电视剧的外景地。
Xiànzài zhèli yě chéng le "Tàiyáng de hòuyì" děng, zhùmíng diànshìjù de wàijǐngdì.

강원랜드는 강원도 정선군에 개발된 내국인도 출입이 가능한 카지노로 스키장, 레저공간이 갖춰진 테마파크를 말합니다. 정선과 태백은 원래 탄광촌이었는데 탄광업의 쇠퇴로 지역 경제를 살리기 위해 강원랜드를 개발하게 되었습니다. 현재 이곳도 "태양의 후예" 등 인기 드라마의 촬영지가 되었습니다.

문제 7

韩国最初制定的观光法律是?
한국 최초의 관광 법률은?

1961 年 8 月 22 日，颁布的观光事业振兴法。
nián yuè　　rì，　bānbù de guānguāng shìyè zhènxīngfǎ.

1961년 8월 22일에 반포된 관광 사업 진흥법입니다.

문제 8

韩国最早指定为观光特区的有?
한국 최초로 지정된 관광특구는?

1994 年 8 月，济州岛、庆州市、雪岳山、儒城、海云台等 5 个地方，
nián　yuè，Jìzhōu Dǎo、Qìngzhōu Shì、Xuěyuè Shān、Rúchéng、Hǎiyúntái děng　gè dìfang,

被指定为韩国最早的观光特区。
bèi zhǐdìng wéi Hánguó zuìzǎo de guānguāng tèqū.

1994년 8월에 제주도, 경주시, 설악산, 유성, 해운대 등 5곳이 한국 최초의 관광특구로 지정되었습니다.

문제 9

KTO是?
KTO란?

KTO 是韩国观光公社（Korea Tourism Organization 韩国旅游发展局）
　　　shì Hánguó guānguāng gōngshè　　　　　　　　　　　Hánguó lǚyóu fāzhǎnjú

的简称。
de jiǎnchēng.

KTO는 한국관광공사(Korea Tourism Organization)의 약칭입니다.

特区 [tèqū] 행정적 특혜 등을 주기 위해 선정된 특정지역 또는 공업단지를 말함

请说说韩国观光产业的前景。

한국 관광산업의 전망에 대해 말해 보세요.

韩国的观光业，由于"韩流"的影响，医疗观光的兴起，特别是
Hánguó de guānguāngyè, yóuyú "hánliú" de yǐngxiǎng, yīliáo guānguāng de xīngqǐ, tèbié shì

在东南亚，我们的友好邻邦世界最大的客源国"中国"为首的许多外
zài dōngnányà, wǒmen de yǒuhǎo línbāng shìjiè zuì dà de kèyuánguó "Zhōngguó" wéishǒu de xǔduō wài

国游客，出国向往的目标就是韩国。所以韩国观光业的前景是美好
guó yóukè, chūguó xiàngwǎng de mùbiāo jiù shì Hánguó. Suǒyǐ Hánguó guānguāngyè de qiánjǐng shì měi hǎo

的，广阔的。
de, guǎngkuò de.

한국의 관광산업은 "한류" 열풍 및 의료관광의 궐기 영향으로 특히 동남아에서 우리와의 우호적인 인근 나라, 세계에서 가장 큰 관광객 송출국 "중국"을 비롯한 수많은 외국 관광객들이 출국 여행 목적지를 한국으로 지목합니다. 그래서 한국 관광산업의 전망은 밝고 광활합니다.

什么是Premium Guide?

프리미엄 가이드란?

韩国观光公社培育出的高级专业导游。
Hánguó guānguāng gōngshè péiyùchū de gāojí zhuānyè dǎoyóu.

한국관광공사에서 양성한 고급 전문 관광통역안내사를 지칭합니다.

请说说在韩国旅游的好处。

한국 관광의 장점에 대해 말해 보세요.

문제 12

韩国旅游好处很多。韩国有上千年的古城，到现代化的摩登新
Hánguó lǚyóu hǎochù hěn duō.　Hánguó yǒu shàngqiānnián de gǔchéng, dào xiàndàihuà de módēng xīn

城；有古宫古迹到秀丽的天然景观；有现代化的艺术中心到大型的
chéng; yǒu gǔgōng gǔjì dào xiùlì de tiānrán jǐngguān;　yǒu xiàndàihuà de yìshù zhōngxīn dào dàxíng de

主题公园；购买高档品牌商品到旅游纪念品；体验民俗村传统文化生
zhǔtí gōngyuán; gòumǎi gāodàng pǐnpái shāngpǐn dào lǚyóu jìniànpǐn; tǐyàn mínsúcūn chuántǒng wénhuà shēnghuó,

活，到现代化的文化生活体验；无所不能，一应俱全。
dào xiàndàihuà de wénhuà shēnghuó tǐyàn; wúsuǒ bùnéng,　yìyīngjùquán.

韩国旅游最大的特点是短、平、快。短时间内能游览众多的地方，
Hánguó lǚyóu zuìdà de tèdiǎn shì duǎn、píng、kuài. Duǎn shíjiān nèi néng yóulǎn zhòngduō de dìfang,

走得顺利，玩儿得开心。韩国是一个购物、娱乐、消遣、游玩儿的最
zǒu de shùnlì,　wánr de kāixīn.　Suǒyǐ Hánguó shì yí ge gòuwù、yúlè、　xiāoqiǎn、yóuwánr de zuìjiā

佳胜地。
shèngdì.

한국 관광의 장점은 매우 많습니다. 한국은 천년의 고성부터 모던한 뉴타운까지, 고궁 고적에서 수려한 자연 경관까지, 현대식 예술 센터에서 대형 테마 파크까지, 고급 브랜드 상품 쇼핑에서 여행 기념품 구매까지, 민속촌 전통 문화 생활 체험에서 현대적인 문화 생활 체험까지, 이룰 수 없는 것 없이 다 갖추어져 있습니다.

한국 여행 최대의 특징은 짧고 평탄하며 빠르다는 것입니다. 짧은 기간에 많은 곳을 유람할 수 있으며, 순조롭게 다니며 즐겁게 놀 수 있습니다. 한국은 쇼핑, 오락, 여가보내기, 여행 나들이로는 최상의 승지입니다.

 **生词 새단어**

一应俱全 [yìyīngjùquán] [성] 있어야 할 것은 다 갖추어져 있다

消遣 [xiāoqiǎn] [동] 소일하다, 심심풀이로 하다, 한가하게 시간을 보내다

문제 13

未来高附加值的四大产业是?

미래의 고부가가치 4대 산업은?

医疗观光业, 会展业, 巡游业, 观光演出业（旅游公演业）。

Yīliáo guāngguāngyè, huìzhǎnyè, xúnyóuyè, guāngguāng yǎnchūyè (lǚyóu gōngyǎnyè).

의료관광, 컨벤션, 크루즈, 관광공연업

문제 14

旅游观光地或旅游观光区是由谁指定的?

관광지나 관광단지는 누가 지정합니까?

特别市长, 广域市长, 道知事。

Tèbié shìzhǎng, guǎngyù shìzhǎng, dào zhīshì

특별시장, 광역시장, 도지사

문제 15

Tour Escort是?

투어 에스코트란?

是指出境旅游团的领队。

Shì zhǐ chūjìng lǚyóutuán de lǐngduì.

출국 여행팀의 인솔자를 지칭합니다.

特别市长 [tèbié shìzhǎng] 특별시의 행정 사무를 총괄하는 지방자치 단체장. 장관급 대우를 받음

道知事 [dào zhīshì] 지방자치단체인 도의 행정사무를 총괄하는 최고 책임자

什么是观光特区? 要具备哪些条件?

관광특구란 무엇입니까? 어떤 조건을 갖춰야 합니까?

为了接待更多的外国游客，强化有关旅游宣传及服务工作，市
Wèile jiēdài gèng duō de wàiguó yóukè, qiánghuà yǒuguān lǚyóu xuānchuán jí fúwù gōngzuò, shì

长、道知事指定的旅游区为特区。
zhǎng、dào zhīshì zhǐdìng de lǚyóuqū wéi tèqū.

特区要具备的条件是：
Tèqū yào jùbèi de tiáojiàn shì:

① 近一年来外国游客必须达到10 万人以上的地方。
　 Jìn yì nián lái wàiguó yóukè bìxū dádào wàn rén yǐshàng de dìfang.

② 与观光活动无关的土地面积不得超过10% 的地方。
　 Yǔ guānguāng huódòng wúguān de tǔdì miànjī bùdé chāoguò de dìfang.

③ 旅游服务设施、公共便利设施、住宿设施等，能最大限度地
　 Lǚyóu fúwù shèshī、 gōnggòng biànlì shèshī、 zhùsù shèshī děng, néng zuìdà xiàndù de

满足游客各种需要的地方。
mǎnzú yóukè gè zhǒng xūyào de dìfang.

目前韩国全国有数十处观光特区。
Mùqián Hánguó quánguó yǒu shùshí chù guānguāng tèqū.

외국인 관광객을 더 많이 유치하기 위해 관광 관련 서비스 및 안내 · 홍보 활동 등을 강화할 필요가 있는 장소를
시장 · 도지사가 지정하는 지역을 관광특구라고 합니다.

관광 특구의 지정 요건은:

① 외국인 관광객 수가 최근 1년간 10만 명 이상인 곳

② 관광 활동과 직접 관련이 없는 토지 비율이 10% 이하

③ 관광안내 시설 · 공공편의 시설 · 숙박 시설 등 관광객의 각종 수요를 충족시킬 수 있는 곳

현재 한국에는 전국적으로 수십 곳의 관광특구가 있습니다.

韩国被指定为观光特区的有?

한국에 지정된 관광특구는?

1 首尔有: 蚕室, 梨泰院, 明洞-南大门-北仓洞地带, 东大门服装
Shǒu'ěr yǒu: Cánshì, Lítàiyuàn, Míng Dòng - Nándàmén - Běicāng Dòng dìdài, Dōngdàmén fúzhuāng

城及传统市场, 钟路-清溪川地带, 江南三成洞国际会展中心
chéng jí chuántǒng shìchǎng, Zhōnglù - Qīngxīchuān dìdà, Jiāngnán Sānchéng Dòng guójì huìzhǎn zhōngxīn

等。
děng

2 釜山有: 海云台, 龙头山, 札嘎其市场等。
Fǔshān yǒu: Hǎiyúntái, Lóngtóushān, Zhágāqí shìchǎng děng

3 仁川有: 月尾岛地带等。
Rénchuān yǒu: Yuèwěidǎo dìdài děng

4 大田有: 儒城等。
Dàtián yǒu: Rúchéng děng

5 京畿道有: 东豆川, 平泽市, 松炭等。
Jīngjī dào yǒu: Dōngdòuchuān, Píngzé Shì, Sōngtàn děng

6 江原道有: 雪岳山, 大关岭等。
Jiāngyuán dào yǒu: Xuěyuè Shān, Dàguānlǐng děng

7 忠清北道有: 水安堡温泉, 俗离山, 丹阳等。
Zhōngqīngběi dào yǒu: Shuǐ'ānbǎo wēnquán, Súlí Shān, Dānyáng děng

8 忠清南道有: 牙山市温泉, 保宁海水浴场等。
Zhōngqīngnándào yǒu: Yáshān Shì wēnquán, Bǎoríng hǎishuǐ yùchǎng děng

9 全罗北道有: 茂朱九千洞, 井邑内藏山等。
Quánluóběi dào yǒu: Màozhū Jiǔqiāndòng, Jǐngyì Nèicáng Shān děng

10 全罗南道有: 九礼, 木浦等。
Quánluónán dào yǒu: Jiǔlǐ, Mùpǔ děng

11 庆尚北道有: 庆州市, 白岩温泉, 闻庆等。
Qìngshàngběi dào yǒu: Qìngzhōu Shì, Báiyán wēnquán, Wénqìng děng

12 庆尚南道有: 釜谷温泉, 弥勒岛等。
Qìngshàngnán dào yǒu; Fǔgǔ wēnquán, Mílè Dǎo děng

13 济州岛。
Jìzhōu Dǎo

1 서울 특구: 잠실, 이태원, 명동 – 남대문 – 북창동 지역, 동대문 패션타운 및 재래시장, 종로 – 청계천 지역, 강남 삼성동 마이스 센터 등

2 부산 특구: 해운대, 용두산, 자갈치 시장 등

3 인천 특구: 월미도 지역 등

4 대전 특구: 유성 등

5 경기도 특구: 동두천, 평택시, 송탄 등

6 강원도 특구: 설악산, 대관령 등

7 충북 특구: 수안보 온천, 속리산, 단양 등

8 충남 특구: 아산시 온천, 보령 해수욕장 등

9 전북 특구: 무주구천동, 정읍 내장산 등

10 전남 특구: 구례, 목포 등

11 경북 특구: 경주시, 백암 온천, 문경 등

12 경남특구: 부곡온천, 미륵도 등

13 제주도

请说说名胜与古迹的差异。

명승과 고적의 차이에 대해 말해 보세요.

名胜主要是指有名的景观，古迹主要是指有名的历史遗址。
Míngshèng zhǔyào shì zhǐ yǒumíng de jǐngguān, gǔjì zhǔyào shì zhǐ yǒumíng de lìshǐ yízhǐ.

명승은 주로 유명한 경관을 지칭하고, 고적은 주로 유명한 역사 유적을 지칭합니다.

什么是Package Tour?

패키지 투어란?

Package Tour 就是全包价旅游。选择旅行社的旅游商品进行的团体
　　　　　　　 jiùshì quánbāojià lǚyóu.　　Xuǎnzé lǚxíngshè de lǚyóu shāngpǐn jìnxíng de tuántǐ

旅游。即，旅行社负责游客旅游日程的出发地到目的地管理形态的旅
lǚyóu.　Jí,　lǚxíngshè fùzé yóukè lǚyóu rìchéng de chūfādì dào mùdìdì guǎnlǐ xíngtài de lǚ

游商品。
yóu shāngpǐn.

패키지 투어란 전세 여행입니다. 여행사 여행상품을 택하여 진행하는 단체 여행을 말합니다. 즉 여행사가 출발에서
도착지까지의 여행 일정을 관리하는 형태의 여행 상품입니다.

什么是GIT?

무엇을 GIT라고 합니까?

GIT 是 Group Inclusive Tour 的简称。是指10人以上的团体旅行。
　 shì　　　　　　　　　　　　de jiǎnchēng. Shì zhǐ　　rén yǐshàng de tuántǐ lǚxíng.

GIT는 Group Inclusive Tour의 약칭입니다. 10인 이상의 단체 여행을 지칭합니다.

什么是Stopover?

스탑오버란?

短暂停留。即指飞行过程中的中途停留。
Duǎnzàn tíngliú. Jí zhǐ fēixíng guòchéngzhōng de zhōngtú tíngliú.

여정상의 두 지점 사이에 잠시 머묾. 단기 체류를 지칭합니다.

문제 22

什么是FIT?

무엇을 FIT라고 합니까?

FIT 是 Foreign Independent Tour 的简称。是个人或家庭组成的，10 人以
　shì　　　　　　　　　　　　　　　　　de jiǎnchēng. Shì gèrén huò jiātíng zǔchéng de,　　rén yǐ

下，自由进行的个体旅游（散客旅游）。
xià,　zìyóu jìnxíng de gètǐ lǚyóu　　　（sǎnkè lǚyóu）.

FIT는 Foreign Independent Tour의 약칭입니다. 개인이나 가족단위로 구성된 10인 이하가 자유롭게 진행하는 개인 관광입니다.

문제 23

什么是SIT?

무엇을 SIT라고 합니까?

SIT 是 Special Interest Tour 的简称。是指特别兴趣的旅游。也叫特定
　shì　　　　　　　　　　　　　　de jiǎnchēng. Shì zhǐ tèbié xìngqù de lǚyóu.　　　Yě jiào tèdìng

项目的主题旅游。
xiàngmù de zhǔtí lǚyóu.

SIT는 Special Interest Tour의 약칭입니다. 특별 취향의 여행을 지칭합니다. 또한 특별 기획 테마 여행을 지칭합니다.

문제 24

导游的英文名称是?

관광통역 안내사의 영어 명칭은?

Tour Guide (或 Tourist Guide) 。
　　　　　　huò

투어 가이드라고 합니다.

生词 새단어

散客 [sǎnkè] 개별 손님

请说说什么叫LCC?

무엇을 LCC라고 합니까?

LCC 是指低成本航空公司，或叫廉价航空。(即，Low Cost Carrier 的
shì zhǐ dīchéngběn hángkōng gōngsī, huò jiào liánjià hángkōng. (Jí,　　　　de

简称。)主要以网上预约订购机票，叫电子机票。省去了机场服务成
jiǎnchēng.) Zhǔyào yǐ wǎngshàng yùyuē dìnggòu jīpiào, jiào diànzǐ jīpiào.　Shěngqù le jīchǎng fúwù chéng

本、简化了订票程序。
běn、jiǎnhuà le dìngpiào chéngxù.

LCC는 저가 항공사 또는 저가 항공이라고 부릅니다. (즉, Low Cost Carrier의 약칭입니다.) 주로 네트워크를 이용
하여 항공권을 주문 예약하므로 전자티켓이라 합니다. 공항 서비스는 물론 티켓 구입 절차도 간소화하였습니다.

Templestay是?

템플스테이란?

Templestay 是指佛教寺刹生活体验。是一种留宿在韩国传统的寺
shì zhǐ fójiào sìchà shēnghuó tǐyàn.　Shì yì zhǒng liúsù zài Hánguó chuántǒng de sì

庙中，体验日常佛教生活的旅游项目。不仅能够感受韩国的佛教文
miàozhōng, tǐyàn rìcháng fójiào shēnghuó de lǚyóu xiàngmù.　Bùjǐn nénggòu gǎnshòu Hánguó de fójiào wén

化，还可以远离琐碎的日常生活，在静思和休息中重寻自我。
huà，hái kěyǐ yuǎnlí suǒsuì de rìcháng shēnghuó，zài jìngsī hé xiūxi zhōng chóngxún zìwǒ.

Templestay는 불교 사찰 생활 체험입니다. 한국 전통사찰에 머무르며 불교 일상 생활을 체험하는 여행입니다. 한
국 불교 문화를 체험 할 수 있을 뿐만 아니라, 바쁜 일상 생활에서 벗어나 먼 사찰의 조용한 곳에서 휴식을 취하면서
자기만의 사색에 잠겨 다시 한 번 자기를 뒤돌아 볼 수 있는 좋은 시간입니다.

生词 새단어

琐碎 [suǒsuì] [형] 자질구레하고 번거롭다, 사소하고 잡다하다, 소소하고 번잡하다

重寻 [chóngxún] [형] 다시 찾다, 거듭 찾다

Healing Tour是?
힐링 투어란?

Healing Tour 是治愈旅行、康复旅行、愈合之旅、身心充电旅行。也
　　　　　　　shì zhìyù lǚxíng.　　康fù lǚxíng.　　yùhé zhī lǚ.　　shēnxīn chōngdiàn lǚxíng. Yě

可说散散心，放松紧张情绪，缓解压力，振作精神的旅行。
kě shuō sànsan xīn, fàngsōng jǐnzhāng qíngxù, huǎnjiě yālì,　　zhènzuò jīngshén de lǚxíng.

Healing Tour란 치유 여행, 회복 여행, 재활 여행, 몸과 마음을 충전하는 여행입니다. 기분 전환, 정서 완화, 스트레스 해소, 활기를 되찾는 여행을 말합니다.

Feeling Tour是?
Feeling Tour란?

Feeling Tour 是感觉之旅，也叫体验之旅。我们所有的旅游、旅行，
　　　　　　shì gǎnjué zhī lǚ,　　yě jiào tǐyàn zhī lǚ.　　Wǒmen suǒyǒu de lǚyóu、　lǚxíng,

实际上都是一场进行感觉之旅、体验之旅的过程。
shíjìshang dōu shì yì chǎng jìnxíng gǎnjué zhī lǚ、 tǐyàn zhī lǚ de guòchéng.

Feeling Tour란 감각(느낌) 여행이자 체험 여행이라고 합니다. 우리가 다니는 모든 여행은 사실상 모두 감각 여행, 체험 여행의 과정입니다.

生词 새단어

缓解 [huǎnjiě] [동] (정도가) 완화되다, 호전되다, 풀리다

情绪 [qíngxù] [명] 정서, 감정, 기분

痊愈 [quányù] [동] 병이 낫다, 치유되다, 완쾌되다

문제 29
游学旅行是?
그랜드 투어란?

"游学旅行"（Grand Tour）是 17 世纪中叶到 19 世纪初中，即，1660
"Yóuxué lǚxíng　　(Grand Tour)"　　shì　shìjì zhōngyè dào　　shìjì chūzhōng, jí,　　nián

年前后到 1840 年为止，在欧洲、特别是指英国上流社会的子弟中，作
qiánhòu dào　　nián wéizhǐ,　zài Ōuzhōu,　tèbié shì zhǐ Yīngguó shàngliú shèhuì de zǐdì zhōng,　zuòwéi

为其教育的一部分，而流行的欧洲旅行。他们必须旅游的地方，主要
qí jiāoyù de yíbùfèn,　　ér liúxíng de Ōuzhōu lǚxíng.　Tāmen bìxū lǚyóu de dìfang,　　zhǔyào shì

是古代希腊罗马的遗址地，和绽开文艺复兴之花的意大利，以及时尚
gǔdài Xīlà Luómǎ de yízhǐdì,　　hé zhànkāi wényì fùxìng zhī huā de Yìdàlì,　　yǐjí shíshàng lǐ

礼法之都巴黎。
fǎ zhī dū Bālí.

그랜드 투어는(Grand Tour) 17세기 중반부터 19세기 초반까지 즉 1660년경부터 1840년대까지 유럽 특히 영국 상류층 자녀들 사이에서 유행한 유럽 여행을 말합니다. 주로 고대 그리스 로마의 유적지와 르네상스를 꽃피운 이탈리아, 세련된 예법의 도시 파리를 필수 코스로 정했습니다.

문제 30
什么是 Social Tourism?
소셜 투어리즘이란?

是指社会旅游。也叫旅行普及运动。
Shì zhǐ shèhuì lǚyóu.　Yě jiào lǚxíng pǔjí yùndòng.

사회관광을 지칭합니다. 여행 보급 캠페인이라고도 합니다.

生词 새단어

绽开 [zhànkāi] [동] (꽃이) 활짝 피다

时尚 [shíshàng] [명] 시대적 유행, 당시의 분위기, 시류

智能旅游（Wisdom Tourism）是?
스마트 여행이란?

智能手机的出现，让人们迎来了智能旅游（Wisdom Tourism）的时
Zhìnéng shǒujī de chūxiàn, ràng rénmen yínglái le zhìnéng lǚyóu　(Wisdom Tourism)　de shí

代。
dài.

智能旅游也叫智慧旅游。就是通过智能手机移动互联网，让人
Zhìnéng lǚyóu yě jiào zhìhuì lǚyóu.　Jiùshì tōngguò zhìnéng shǒujī yídòng hùliánwǎng,　ràng rén

们主动感知旅游资源，及时了解各方面的旅游信息，旅游活动，旅游
men zhǔdòng gǎnzhī lǚyóu zīyuán,　jíshí liǎojiě gè fāngmiàn de lǚyóu xìnxī,　lǚyóu huódòng,　lǚyóu

目标。随时调整工作与旅游行程计划等。简单地说，就是让游客与
mùbiāo.　Suíshí tiáozhěng gōngzuò yǔ lǚyóu xíngchéng jìhuà děng.　Jiǎndān de shuō, jiùshì ràng yóukè yǔ

网络实时互动，使人们进入了，有一个智能手机就可以周游世界的时
wǎngluò shíshí hùdòng, shǐ rénmen jìnrù le,　yǒu yí ge zhìnéng shǒujī jiù kěyǐ zhōuyóu shìjiè de shí

代。
dài.

스마트폰의 등장으로 사람들은 스마트 관광의 시대를 맞이하게 되었습니다.

스마트 관광은 슬기로운 관광이라 하기도 합니다. 말하자면 스마트폰 이동 네트워크 장비를 통해, 사람들이 능동적으로 관광 자원을 감지하고, 신속히 다방면의 관광 정보, 관광 행사, 관광 목표를 알 수 있고, 수시로 업무와 관광 일정을 조정할 수 있습니다. 간단히 말해 관광객과 네트워크가 실시간 공유할 수 있는 스마트폰만 있으면 현대인들은 세계를 주유할 수 있는 시대로 접어 들었습니다.

互联网 [hùliánwǎng] [명] 인터넷
实时互动 [shíshí hùdòng] [부] 실시간으로, 리얼 타임으로 [동] 상호 작용을 하다

生态观光（可持续的观光）是?

생태 관광(지속적인 관광)이란?

"生态观光"这一概念是由世界自然保护联盟（IUCN）于1983年
"Shēngtài lǚyóu" zhè yī gàiniàn shì yóu shìjiè zìrán bǎohù liánméng   yú   nián

首先提出的。"生态观光"不仅是指在旅游过程中欣赏美丽的景色，
shǒuxiān tíchū de. "Shēngtài lǚyóu" bùjǐn shì zhǐ zài lǚyóu guòchéng zhōng xīnshǎng měilì de jǐngsè,

更强调的是，以旅游促进保护生态的旅游。准确点说就是，有目的地
gèng qiángdiào de shì, yǐ lǚyóu cùjìn bǎohù shēngtài de lǚyóu.   Zhǔnquèdiǎn shuō jiùshì, yǒu mùdì de

前往自然景点地区，了解当地的文化和自然历史，使当地的人们从自
qiánwǎng zìrán jǐngdiǎn dìqū, liǎojiě dāngdì de wénhuà hé zìrán lìshǐ,   shǐ dāngdì de rénmen cóng zì

然资源中得到经济收益的旅游。所以，生态观光也叫可持续发展的
rán zīyuán zhōng dédào jīngjì shōuyì de lǚyóu.   Suǒyǐ, shēngtài guānguāng yě jiào kě chíxù fāzhǎn de

观光。
guānguāng.

　"생태 관광"이란 개념은 세계 자연보호 연맹(IUCN)이 1983년 최초로 정의하였습니다. "생태 관광"이란 여행 중 아름다운 경치를 감상할 뿐만 아니라, 더욱 강요하는 것은 여행을 통해 생태 보호를 촉진하는 여행입니다. 정확히 말한다면, 목적을 가지고 자연 관광지에 도착해 현지의 문화와 자연 역사를 이해하고 현지인들로 하여금 자연 자원으로부터 경제 수익을 획득하게 하는 여행입니다. 그래서 생태 관광은 지속적으로 발전할 수 있는 관광이라고도 합니다.

前往 [qiánwǎng] [동] 앞으로 가다, 나아가다, 향하여 가다

请说说对案观光。

대안관광에 대해 말해 보세요.

对案观光，顾名思义就是"对应方案的观光"之意。对案观光是
Duì'àn guānguāng, gùmíngsīyì jiùshì "duìyīng fāng'àn de guānguāng" zhī yì. Duì'àn guānguāng shì

1980 年后半期开始出现。即，对案观光是社会的，经济的，环保的，
nián hòubànqī kāishǐ chūxiàn. Jí, duì'àn guānguāng shì shèhuì de, jīngjì de, huánbǎo de,

三者协调统一发展为目标的观光。它不仅包括生态观光，绿色观光，
sānzhě xiétiáo tǒngyī fāzhǎn wéi mùbiāo de guānguāng. Tā bùjǐn bāokuò shēngtài guānguāng, lǜsè guānguāng,

可持续发展的观光，还包括体验观光，自然观光，考察观光，探险观
kě chíxù fāzhǎn de guānguāng, hái bāokuò tǐyàn guānguāng, zìrán guānguāng, kǎochá guānguāng, tànxiǎn guān

光，寺刹观光等。具有总括性概念的综合发展为目的的观光。
guāng, sìchà guānguāng děng. Jùyǒu zǒngkuòxìng gàiniàn de zōnghé fāzhǎn wéi mùdì de guānguāng.

대안관광은 말 그대로 "대응책의 관광"이란 뜻입니다. 대안관광은 1980년 후반부터 등장하였습니다. 즉 대안관광은 사회적으로 경제적으로 친환경적으로 3자가 조화를 이루면서 발전해 나가는 것을 목표로 하는 관광입니다. 대안관광은 생태관광, 녹색관광, 지속 발전이 가능한 관광 뿐만 아니라 또한 체험관광, 자연관광, 답사관광, 모험관광, 템플스테이 등 포괄적인 개념을 지닌 종합적인 발전을 목적으로 하는 관광입니다.

奖励旅游是?

인센티브 투어란?

奖励旅游（Incentive Travel）也叫褒奖旅游。对工作创出业绩的员
Jiǎnglì lǚyóu　　　　　　　　　　　　yě jiào bāojiǎng lǚyóu. Duì gōngzuò chuàngchū yèjì de yuán

工，公司及单位提供旅游经费，安排旅游假期，作为对优秀员工们的
gōng, gōngsī jí dānwèi tígòng lǚyóu jīngfèi,　　ānpái lǚyóu jiàqī,　　zuòwéi duì yōuxiù yuángōngmen de

奖励，而进行的美好而难忘的旅游叫做奖励旅游。奖励旅游，会进一
jiǎnglì,　ér jìnxíng de měihǎo ér nánwàng de lǚyóu jiào zuò jiǎnglì lǚyóu.　Jiǎnglì lǚyóu, huì jìnyí

步调动员工们的积极性，增强企业的凝聚力。
bù diàodòng yuángōngmen de jījíxìng, zēngqiáng qǐyè de níngjùlì.

　　인센티브 투어(Incentive Travel)는 포상 투어라고도 합니다. 인센티브 투어란 회사나 직장에서 업무 실적을 낸 직원들에게 여행 경비를 제공하고 휴가를 내서 장려 포상으로 잊을 수 없는 멋진 여행을 시킵니다. 인센티브 투어는 직장 직원들의 적극성을 추진할 뿐만 아니라 기업의 단합과 응집력을 더욱 강화시킵니다.

调动 [diàodòng] [동] (인원·일 등을) 변동하다, 옮기다, 이동하다, 동원하다, 불러일으키다

文化旅游（Cultural Tourism）是以异地、异国文化性的观光资源为对
Wénhuà lǚyóu　　　　　　　　shì yǐ yìdì、　yìguó wénhuàxìng de guānguāng zīyuán wéi duì

象，观赏、了解和体验当地文化内容为目的，而进行的旅游叫作文化
xiàng, guānshǎng、liǎojiě hé tǐyàn dāngdì wénhuà nèiróng wéi mùdì,　　ér jìnxíng de lǚyóu jiào wénhuà

旅游。
lǚyóu.

문화 관광(Cultural Tourism)은 타지역이나 타국의 문화적 관광 자원을 대상으로 그 지역 문화 컨텐츠에 대해 감
상하고, 체험을 목적으로 진행하는 여행을 문화 관광이라고 합니다.

主题旅游（Theme Tours）是围绕某种主题、专题，或某一目的地进
Zhǔtí lǚyóu　　　　　　　　shì wéirào mǒu zhǒng zhǔtí、zhuāntí,　huò mǒu yí mùdìdì jìn

行深入的了解与体验的旅游。比如，医疗旅游，国际会展旅游，寺刹
xíng shēnrù de liǎojiě yǔ tǐyàn de lǚyóu.　　Bǐrú,　yīliáo lǚyóu,　guójì huìzhǎn lǚyóu,　sìchà

旅游，购物旅游等。
lǚyóu,　gòuwù lǚyóu děng.

테마 투어(Theme Tours)는 모종 테마나 위키 프로젝트를 위주로 혹은 어느 목적지에 대해 심층적으로 이해하고
체험하는 관광을 말합니다. 예를 들면 의료 관광, 국제 컨벤션 회의, 템플 스테이, 쇼핑 투어 등입니다.

生词 새단어

寺刹 [sìchà] 절·사원(寺院)·정사(精舍)·승원(僧院)·가람(伽藍) 등으로 불린다.

公正旅行是?

공정 여행이란?

公正旅行(Fair Travel)也叫公平旅行。是旅游者和旅游对象国国民
Gōngzhèng lǚxíng　　　　　yě jiào gōngpíng lǚxíng. Shì lǚyóuzhě hé lǚyóu duìxiàngguó guómín

间，结成平等关系的旅游。所以也叫诚善旅行。
jiān, jiéchéng píngděng guānxi de lǚyóu.　Suǒyǐ yě jiào chéngshàn lǚxíng.

进入21 世纪以来，西欧为主的英美圈国家，反省只顾享受型的
Jìnrù　　shìjì yǐlái,　　　Xī'ōu wéi zhǔ de yīngměiquān guójiā,　fǎnxǐng zhǐ gù xiǎngshòuxíng de

旅行，而造成的环境污染、破坏文明、铺张浪费等以往（过去）的旅行
lǚxíng,　ér zàochéng de huánjìng wūrǎn、pòhuài wénmíng、pùzhāng làngfèi děng yǐwǎng (guòqù) de lǚxíng

模式。要通过公正旅行对贫困国家施以或多或少的帮助为宗旨（目
móshì.　Yào tōngguò gōngzhèng lǚxíng duì pínkùn guójiā shī yǐ huòduōhuòshǎo de bāngzhù wéi zōngzhǐ (mù

标），留宿在当地人开的宿舍里，买当地生产的商品及食品等，扶持
biāo),　liúsù zài dāngdìrén kāi de sùshè lǐ,　　mǎi dāngdì shēngchǎn de shāngpǐn jí shípǐn děng, fúchí

和搞活当地经济，促进了公正旅行的发展。
hé gǎohuó dāngdì jīngjì,　cùjìn le gōngzhèng lǚxíng de fāzhǎn.

韩国国内也推出慈善事业同观光结合起来的公正旅行商品，而
Hánguó guónèi yě tuīchū císhàn shìyè tóng guānguāng jiéhéqǐlai de gōngzhèng lǚxíng shāngpǐn,　ér

受到了各地极大的欢迎。
shòudào le gèdì jídà de huānyíng.

诚善 [chéngshàn] [형] 마음이 진실하고 선량함

扶持 [fúchí] [동] 부축하다, 돕다, 지지하다, 보살피다

搞活 [gǎohuó] [동] 활기를 띠게 하다, 생기 있게 하다, 활성화하다

공정 여행은 공평 여행이라고도 합니다. 여행자와 여행 대상국의 국민들 사이 평등한 관계를 맺는 여행입니다. 착한 여행이라고도 합니다.

2000년대 들어서면서 유럽을 비롯한 영미권에서 즐기기만 하는 여행에서 초래된 환경오염, 문명 파괴, 낭비 등 과거 여행 패턴에 대해 반성하고 어려운 나라의 주민들에게 조금이라도 도움을 주자는 취지에서 현지인이 운영하는 숙소를 이용하고, 현지에서 생산되는 상품과 식품을 구입하는 등 지역 사회를 살리자는 취지도 담겨서 공정 여행으로 추진 발전되어 왔습니다.

국내에서도 봉사와 관광을 겸하는 공정 여행 상품이 등장해 각 지역에 인기를 끌고 있습니다.

什么是黑色旅游?

다크 투어리즘이란?

黑色旅游（Dark Tourism）是指人们到战争、死亡、灾难、痛苦、恐
Hēisè lǚyóu　　　　　　　　　　shì zhǐ rénmen dào zhànzhēng、sǐwáng、zāinàn、tòngkǔ、kǒng

怖事件或悲剧发生地旅游的一种现象。如，美国的"9·11"(2001)事件现
bù shìjiàn huò bēijù fāshēngdì lǚyóu de yì zhǒng xiànxiàng.　　Rú,　Měiguó de　　　　　　shìjiàn xiàn

场，像韩国的"岁月号"(2014)事件现场，韩国的三八线等。通过这些
chǎng, xiàng Hánguó de "suìyuè hào"　　shìjiàn xiànchǎng, Hánguó de Sānbāxiàn děng. Tōngguò zhèxiē

黑色旅游，让人们铭记历史上的惨痛教训，教育下一代避免历史悲剧
hēisè lǚyóu,　　ràng rénmen míngjì lìshǐ shang de cǎntòng jiàoxùn, jiàoyù xià yí dài bìmiǎn lìshǐ bēijù

的重演。
de chóngyǎn.

다크 투어리즘(Dark Tourism)이란, 사람들이 전쟁, 사망, 재앙, 고통, 테러 사건 혹은 비극 발생 현장을 둘러보는 여행을 말합니다. 예를 들면 미국의 "9·11" 테러 사건 현장(2001), 한국의 "세월호 사건" 현장(2014), 한국의 38선 등입니다. 이런 다크 투어리즘을 통해 사람들이 역사의 참혹한 교훈을 명심하고 다음 세대가 역사적 비극의 재연을 피할 수 있도록 교육해야 합니다.

重演 [chóngyǎn] [동] 재공연하다, 재상연하다, 되풀이되다, 재현되다

绿色旅游(Green Tourism)是?

그린 투어리즘이란?

（二者任选一个。）

① 绿色旅游(Green Tourism)是远离车水马龙的闹市，走进清新而
　　Lùsè lǚyóu　　　　　　　　　　shì yuǎnlí chēshuǐmǎlóng de nàoshì，　zǒujìn qīngxīn ér

宁静的大自然中，沐浴在大自然中，找回平静而舒适心态的旅游。
níngjìng de dàzìrán zhōng, mùyù zài dàzìrán zhōng,　zhǎohuí píngjìng ér shūshì xīntài de lǚyóu.

② 绿色旅游(Green Tourism)是指以保护环境，保护生态平衡为前
　　Lùsè lǚyóu　　　　　　　　　　shì zhǐ yǐ bǎohù huánjìng, bǎohù shēngtài pínghéng wéi qián

提的，远离喧嚣与污染，亲近大自然，并能获得健康精神情趣的一种
tí de,　yuǎnlí xuānxiāo yǔ wūrǎn,　qīnjìn dàzìrán,　bìng néng huòdé jiànkāng jīngshén qíngqù de yì zhǒng

时尚旅游。
shíshàng lǚyóu.

(둘 중 한 개를 임의 선택하세요.)

① Green Tourism이란 시끌벅적한 도심을 떠나 조용하고 공기 해맑은 대자연 속으로 들어가 자연욕을 즐기고 평온한 심정을 되찾는 여행입니다.

② Green Tourism이란 환경 보호, 생태 균형 보호를 전제 조건으로 소음과 오염을 벗어나 자연과 친숙함으로써 건전한 취미와 마인드를 구상하는 시류적 여행입니다.

生词 새단어

车水马龙 [chēshuǐmǎlóng] [성] 거마 또는 차량의 왕래가 끊이지 않다

喧嚣 [xuānxiāo] [형] 시끄럽다, 소란스럽다, 왁자지껄하다, 떠들어 대다

沐浴 [mùyù] [동] [비] 햇빛과 비와 이슬을 흠뻑 받다

문제 40

现代旅游是?

모던 투어리즘이란?

现代旅游（Modern Tourism）就是从二次世界大战以后的旅游叫做
Xiàndài lǚyóu　　　　　　　　　jiùshì cóng Èrcì shìjiè dàzhàn yǐhòu de lǚyóu jiào zuò

现代旅游。现代旅游的特点是：Mass Tourism 大众旅游。让人们进入了
xiàndài lǚyóu.　Xiàndài lǚyóu de tèdiǎn shì :　　　　　　　dàzhòng lǚyóu　ràng rénmen jìnrù le

旅游大众化的时代。旅游成了当代人们生活中必不可少的一部分。
lǚyóu dàzhònghuà de shídài.　Lǚyóu chéng le dāngdài rénmen shēnghuó zhōng bìbùkěshǎo de yíbùfen.

현대 관광(Modern Tourism)이란 바로 제2차 세계대전 이후의 관광을 말합니다. 현대 관광의 특징은: Mass Tourism 대중 관광. 사람들로 하여금 관광의 대중화 시대로 접어들게 하였습니다. 여행은 현대인들의 일상 생활에 필수가 되었습니다.

문제 41

请说说创造观光。

창조 관광에 대해 말해 보세요.

创造观光是在原有的观光产业上，融进创意性的构思，而创造
Chuàngzào guānguāng shì zài yuányǒu de guānguāng chǎnyè shàng, róngjìn chuàngyìxìng de gòusī ér

出协同效应的，高附加值的观光产业。也叫风险观光。把观光同农
chuàngzào chū xiétóng xiàoyìng de, gāofùjiāzhí de guānguāng chǎnyè. Yě jiào fēngxiǎn guānguāng. Bǎ guānguāng tóng nóng

业、环境、医疗、信息技术、教育、休闲、艺术等，衔接多种领域，创出
yè、 huánjìng、 yīliáo、 xìnxī jìshù、 jiàoyù、 xiūxián、yìshù děng, xiánjiē duō zhǒng lǐngyù, chuàngchū

融合的、复合型的综合信息是关键的一环。
rónghé de、 fùhéxíng de zōnghé xìnxī shì guānjiàn de yìhuán.

창조 관광은 기존 관광 산업에 창의적인 아이디어를 더해 시너지와 고부가 가치를 창출하는 관광 산업을 말합니다. 관광 벤처라고도 합니다. 관광을 농업, 환경, 의료, IT, 교육, 레저, 예술 등 다양한 영역과 접목해 융·복합 콘텐츠를 만드는 것이 관건입니다.

문제 42

谁指定国立公园?

국립공원은 누가 지정합니까?

国家环境部部长。

Guójiā huánjìngbù bùzhǎng

환경부 장관

문제 43

自然观光是?

자연 관광이란?

自然观光(Nature Tourism)是，以观赏体验动物、植物和生态环境为

Zìrán guānguāng　　　　　　　　shì, yǐ guānshǎng tǐyàn dòngwù、zhíwù hé shēngtài huánjìng wéi

目的的旅游，叫自然观光。

mùdì de lǚyóu,　　　jiào zìrán guānguāng.

자연 관광(Nature Tourism)이란 동·식물과 생태 환경을 감상하고 체험하는 것을 목적으로 하는 여행을 말합니다.

문제 44

Option Tour是?

옵션투어란?

是指选项旅游。

Shì zhǐ xuǎn xiàng lǚyóu.

선택 관광을 지칭합니다.

生词 새단어

环境部部长 [huánjìngbù bùzhǎng] 환경부 장관은 국무위원 중에서 대통령이 임명하며, 국무총리가 임명제청권과 해임건의권을 행사한다. 환경부 장관은 자연 환경, 생활 환경의 보전 및 환경 오염 방지에 관한 사무를 관장한다.

自然观光发达的原因是什么?

자연 관광이 발달한 원인은 무엇입니까?

自然观光发达地区，相应地都有许多优美的名山大川，自然风
Zìrán guānguāng fādá dìqū, xiāngyīng de dōu yǒu xǔduō yōuměi de míngshāndàchuān, zìránfēng

光。更有灿烂的文明古迹，加上有高素质热情好客的人群。当代的人
guāng. Gèng yǒu cànlàn de wénmíng gǔjì, jiāshàng yǒu gāosùzhì rèqíng hàokè de rénqún. Dāngdài de rén

们，无论谁都向往劳逸结合的生活，偶尔都想去那些自然观光发达
men, wúlùn shéi dōu xiàng wǎng láoyìjiéhé de shēnghuó, ǒu'ěr dōu xiǎng qù nàxiē zìrán guānguāng fādá

地区旅游。把自己融入到其中最美丽的大自然中，尽情地沐浴、陶醉
dìqū lǚyóu. Bǎ zìjǐ róngrù dào qízhōng zuì měilì de dàzìrán zhōng, jìnqíng de mùyù、 táozuì

和享受自然生活中的愉悦。
hé xiǎngshòu zìrán shēnghuó zhōng de yúyuè.

자연 관광이 발달한 지역은 상대적으로 수많은 아름다운 산천 자연 경치가 있습니다. 또한 찬란한 문명 고적에 교양있고 친절하게 손님을 접대하는 사람들도 있습니다. 현대인들은 누구든 일과 여가의 조화를 이룰 수 있는 삶을 동경하며 가끔은 자연 관광이 발달한 지역으로 여행을 가고 싶어 합니다. 특히 자신을 가장 아름다운 대자연 속에 조화를 이루면서 도취와 즐거움을 만끽하길 원합니다.

生词 새단어

劳逸结合 [láoyìjiéhé] [성] 노동과 휴식의 적당한 안배
热情好客 [rèqínghàokè] [형] 친절하게 손님 접대를 좋아하다
陶醉 [táozuì] [동] 도취하다 | [형] 흠뻑 빠져들다

请说说SLOW观光。

슬로우 관광에 대해 말해 보세요.

在慢城进行的观光叫SLOW 观光（叫慢游）。即，不是坐旅游大巴
Zài mànchéng jìnxíng de guānguāng jiào　guānguāng (jiào mànyóu). Jí,　búshì zuò lǚyóu dàbā

快速闪过式的旅游，而是通过慢步或骑自行车转悠，来了解旅游地的
kuàisù shǎnguòshì de lǚyóu,　érshì tōngguò mànbù huò qí zìxíngchē zhuànyōu,　lái liǎojiě lǚyóudì de

全貌和大自然，传统的固有文化，实现与当地居民的交流和相互促进
quánmào hé dàzìrán,　chuántǒng de gùyǒu wénhuà, shíxiàn yǔ dāngdì jūmín de jiāoliú hé xiānghù cùjìn

作用，感受多种多样魅力的，探索游览的观光叫SLOW 观光。
zuòyòng, gǎnshòu duōzhǒng duōyàng mèilì de, tànsuǒ yóulǎn de guānguāng jiào　guānguāng

　　슬로우시티 지역에서의 관광이 슬로우 관광입니다. 즉 관광버스를 타고 관광지를 빠르게 스치듯 지나치는 패스트 관광이 아닌 천천히 걷거나 자전거로 돌아보면서 관광지의 정체성과 대자연, 전통적인 고유의 문화, 현지 주민들과의 교류와 상호 촉진 작용이 이루어지는 다양한 매력을 느끼며 탐색하고 유람하는 관광을 슬로우 관광이라고 합니다.

Silver Tour 是?

실버투어란?

银色之旅。即，指老年观光(旅游)。
Yínsè zhī lǚ.　Jí,　zhǐ lǎonián guānguāng (lǚyóu).

　　실버투어는 은빛 여행, 즉 노년관광을 지칭합니다.

请说说MICE产业及对地区经济波及的影响。

MICE 산업 및 지역 경제의 파급 영향에 대해 말해 보세요.

MICE 产业是，常务会议(meeting)、奖励旅行(incentives)、国际会议
chǎnyè shì， chángwù huìyì   jiǎnglì lǚxíng   guójì huìyì

(convention)、展览会(exhibition)等，相互密切联系的综合性的产业。
zhǎnlǎn huì   děng, xiānghù mìqiè liánxì de zōnghéxìng de chǎnyè.

MICE 产业是创造高附加价值的产业。通过举办MICE 会议及活
chǎnyè shì chuàngzào gāofùjiā jiàzhí de chǎnyè. Tōngguò jǔbàn   huìyì jí huó

动，首先可以提高举办地的知名度。还可以搞活当地的旅游业、商贸
dòng, shǒuxiān kěyǐ tígāo jǔbàndì de zhīmíngdù. Hái kěyǐ gǎohuó dāngdì de lǚyóuyè、shāngmào

业等各行各业。创造就业机会，增加收入，提高居民的生活水平。因
yè děng gèháng gèyè. Chuàngzào jiùyè jīhuì， zēngjiā shōurù， tígāo jūmín de shēnghuó shuǐpíng. Yīn

此，被称为"无烟囱的黄金产业"及"克服经济危机的钥匙"。
cǐ， bèi chēngwéi "wúyāncōng de huángjīn chǎnyè" jí "kèfú jīngjì wēijī de yàoshi".

마이스(MICE) 산업은 기업 회의(meeting), 포상 관광(incentives), 컨벤션(convention), 전시회(exhibition) 등 상호 융합된 복합 산업을 말합니다.

마이스(MICE) 산업은 고부가가치를 창출할 수 있는 산업입니다. 마이스는 컨벤션 및 캠페인의 전개를 통해 우선 개최지의 인지도를 높일 수 있고, 관광업 무역업 등 각 업계를 활성화 시킬 뿐만아니라 일자리 늘리기, 수입 증대, 시민의 생활 수준도 향상시킬 수 있습니다. 그래서 "굴뚝 없는 황금산업" 및 "불황 극복의 열쇠"로 칭합니다.

尖端综合产业 [jiānduān zōnghé chǎnyè] 복합 첨단 산업은 각종의 첨단 기술, 상품, 서비스, 경영 노하우(knowhow)를 결합시킨 산업이다.

문제 49

韩国指定的国际会议城市及会展中心的名称是?

국제 컨벤션 시티로 지정된 지역 및 컨벤션 센터의 명칭은?

首尔的COEX, 釜山的BEXCO, 大邱的EXCO, 济州的ICC JeJu, 光州
Shǒu'ěr de　　　　Fǔshān de　　　　Dàqiū de　　　　Jìzhōu de　　　　Guāngzhōu

的 Kim Dae Jung Convention Center, 大田的DCC, 庆南昌原市的CECO, 仁川
de　　　　　　　　　　　　　　　　　　Dàtián de　　Qìngnán Chāngyuán Shì de　Rénchuān

的Songdo Convensia, 京畿高阳市一山的韩国国际会展中心KINTEX, 庆
de　　　　　　　　Jīngjī Gāoyáng Shì Yīshān de Hánguó guójì huìzhǎn zhōngxīn　　　Qìng

州市的HICO, 平昌郡的Alpensia。
zhōu Shì de　　　Píngchāng Jùn de

　　서울의 코엑스, 부산의 벡스코, 대구의 엑스코, 제주의 아이시시 제주, 광주의 김대중 컨벤션 센터, 대전의 디시시,
경남 창원시의 세이코, 인천의 송도 켄벤시아, 경기 고양시 일산의 한국 국제 컨벤션센터 킨텍스, 경주시의 히코, 평창군
의 알펜시아

문제 50

国际会展中心的类型是?

컨벤션 센터의 유형은?

电讯城型，　高科园型，度假村型。
Diànxùnchéng xíng, gāokēyuán xíng, dùjiàcūn xíng.

텔레포트형, 테크노 파크형, 리조트형

会展 [huìzhǎn] Convention : 컨벤션은 한 개의 전문 직종에 한하여 정보를 전달하는 대규모 형식. '함께 와서 모이고 참석하다'의
의미를 가지고 있다.

문제 51

In Bound是?

인바운드란?

In Bound 是指外国人入境、进行的国内旅游。

shì zhǐ wàiguórén rùjìng、 jìnxíng de guónèi lǚyóu.

In Bound는 외국인이 입국하여 진행하는 국내 여행을 지칭합니다.

문제 52

Out Bound是?

아웃바운드란?

Out Bound 是指国内公民出境、到国外的旅游。

shì zhǐ guónèi gōngmín chūjìng、dào guówài de lǚyóu.

Out Bound는 내국인이 출국하여 외국에 가는 여행을 지칭합니다.

문제 53

Domestic是?

도메스틱이란?

Domestic 是指本国公民在国内的旅游。

shì zhǐ běnguó gōngmín zài guónèi de lǚyóu.

Domestic은 본국 국민의 국내 여행을 지칭합니다.

公民 [gōngmín] 국민, 공민, 소재지와는 관계 없이 원칙적으로 일정한 국법(國法)의 지배를 받는 국가의 구성원

문제 54

PATA是?
PATA란?

PATA 是 Pacific Asia Travel Association 的简称。是指太平洋亚洲观光协
　　　shì　　　　　　　　　　　　　　　　　　de jiǎnchēng. Shì zhǐ Tàipíngyáng Yàzhōu guānguāng xié

会。
huì.

PATA는 Pacific Asia Travel Association의 약칭으로, 태평양 다시아 관광협회를 지칭합니다.

문제 55

KATA是?
KATA란?

KATA 是 Korea Association of Travel Agent 的简称。是指韩国一般旅游
　　　shì　　　　　　　　　　　　　　　　　　de jiǎnchēng. Shì zhǐ Hánguó yìbān lǚyóu

业协会。
yè xiéhuì.

KATA는 Korea Association of Travel Agent의 약칭입니다. 한국 일반 여행업 협회를 지칭합니다.

문제 56

WTO是?
WTO란?

WTO 是 World Tourism Organization 的简称。是指世界旅游组织。
　　　shì　　　　　　　　　　　　　　　de jiǎnchēng. Shì zhǐ Shìjiè lǚyóu zǔzhī.

WTO는 World Tourism Organization의 약칭으로 세계 관광 기구를 지칭합니다.

生词 새단어

亚洲 [Yàzhōu] 크기가 가장 크고 인구가 가장 많은 대륙. 전 세계 육지의 32%를 차지하고 있다.

문제 57

APEC是?
APEC이란?

APEC 是 Asia Pacific Economic Cooperation 的简称。是指亚洲太平洋经
　　　shì　　　　　　　　　　　　　　　　　　　　de jiǎnchēng. Shì zhǐ Yàzhōu Tàipíngyáng jīng

济合作组织。
jì hézuò zǔzhī.

APEC은 Asia Pacific Economic Cooperation의 약칭입니다. 아시아 태평양 경제 개발 협력체입니다.

문제 58

PVS是?
PVS란?

PVS 是 Passport, Visa, Shot 的简称。是指护照，签证，疫苗接种卡。
　　shì　　　　　　　　　　　　de jiǎnchēng. Shì zhǐ hùzhào, qiānzhèng, yìmiáo jiēzhòngkǎ.

PVS는 Passport, Visa, Shot의 약칭입니다. 여권, 비자, 백신 접종 카드를 지칭합니다.

문제 59

Mileage是?
마일리지란?

mileage 是指根据顾客的消费业绩（消费额）获得的累计积分。这
　　　　shì zhǐ gēnjù gùkè de xiāofèi yèjì　　　（xiāofèi'é）　　huòdé de lěijì jīfēn.　　　　Zhè

种积分具有货币的作用。最先启用于航空公司。
zhǒng jīfēn jù yǒu huòbì de zu yòng.　　Zuì xiān qǐyòng yú hángkōng gōngsī.

마일리지란 고객의 소비 실적(소비액)에 따라 획득하는 누적 점수를 지칭합니다. 이런 누적 점수는 화폐의 기능이
있습니다. 우선 항공사로부터 적용되었습니다.

E/D卡是?

E/D카드란?

E/D 卡是 Embarkation / Disembarkation 的简称。是指出入境记录卡。
kǎ shì　　　　　　　　　　　　　　　　　de jiǎnchēng. Shì zhǐ chūrùjìng jìlùkǎ.

E/D카드는 Embarkation/Disembarkation의 약칭입니다. 출입국 기록카드를 지칭합니다.

CIQ是?

CIQ란?

CIQ 是 Customs, Immigration and Quarantine 的简称。是指出入境手续。
shì　　　　　　　　　　　　　　　　　　　de jiǎnchēng. Shì zhǐ chūrùjìng shǒuxù.

即，海关、出入境管理、检疫。
Jí,　　hǎiguān、chūrùjìng guǎnlǐ、　jiǎnyì.

CIQ는 Customs, Immigration and Quarantine의 약칭입니다. 출입국 절차에 대해, 즉, 세관·출입국 관리·검역을 지칭합니다.

Yellow Card 是?

Yellow Card란?

Vaccination Certificate 的简称。是指接种疫苗的证明书。
de jiǎnchēng. Shì zhǐ jiēzhòng yìmiáo de zhèngmíngshū.

Vaccination Certificate의 약칭입니다. 백신 접종 증빙 서류를 지칭합니다.

生词 새단어

海关 [hǎiguān] 세관은 관세의 부과 징수에 관한 사무와 외국 물품 및 운수기관의 단속에 관한 사무를 관장하는 관청이다.

Entertainment产业是?

엔터테인먼트 산업이란?

Entertainment 产业是娱乐产业。即，电影、大众音乐、动漫、电子游
chǎnyè shì yúlè chǎnyè.　Jí,　diànyǐng、dàzhòng yīnyuè、dòngmàn、diànzǐ yóu

戏、招待、休闲娱乐等，都属娱乐产业。
xì、zhāodài、xiūxián yúlè děng,　dōu shǔ yúlè chǎnyè.

엔터테인먼트 산업은 오락 산업입니다. 즉, 영화, 대중음악, 애니메이션, 전자게임, 초대, 레저 오락 등 모두 엔터테인먼트 산업에 속합니다.

什么是Fam Tour?

무엇을 Fam Tour라고 합니까?

Fam Tour 是 Familiarization Tour 的简称。是指航空公司或旅行社为推
shì　de jiǎnchēng. Shì zhǐ hángkōng gōngsī huò lǚxíngshè wéi tuī

广自己的旅游商品，免费邀请有关人士的旅游体验活动。
guǎng zìjǐ de lǚyóu shāngpǐn,　miǎnfèi yāoqǐng yǒuguān rénshì de lǚyóu tǐyàn huódòng.

Fam Tour란 Familiarization Tour의 약칭입니다. 항공사나 여행사의 여행 상품을 추천하는 차원에서 관련 인사들을 초청해 무료로 체험시키는 여행 활동입니다.

大众音乐 [dàzhòng yīnyuè] 대중음악은 일반인들이 향유하는 음악이자 넓은 호소력을 갖는 음악

动漫 [dòngmàn] [명] 애니메이션(animation), 동화와 만화의 약칭

문제 65

有关旅游方面的TC指的是?

여행과 관련된 방면의 TC란?

TC 是 Tour Conductor 的简称，是指旅游团的领队而言。全权负责旅
shì　　　　　　　　　　de jiǎnchēng, shì zhǐ lǚyóutuán de lǐngduì éryán.　　Quánquán fùzé lǚ

游团整个旅游行程的人。从出发地到到达目的地，至始至终领导、负
yóutuán zhěnggè lǚyóu xíngchéng de rén.　Cóng chūfādì dàc dàodá mùdìdì,　　zhìshǐzhìzhōng lǐngdǎo、fù

责旅游团的工作，也是为游客服务的人。
zé lǚyóutuán de gōngzuò,　　yě shì wèi yóukè fúwù de rén.

　　TC는 Tour Conductor의 약칭으로 여행팀의 팀장을 지칭합니다. 전적으로 여행팀을 이끌어 나가는 리더로서 출발지에서 목적지, 여행 일정 동안 여행팀을 책임지고 관광객을 위하여 서비스를 제공하는 총괄입니다.

문제 66

韩国最早设立的宾馆是?

한국에서 최초로 설립된 호텔은?

1888 年大佛宾馆。
nián Dàfó bīnguǎn.

1888년 대불 호텔

生词 새단어

而言 [éryán] [동] …에 대해 말하다, …에 근거하다

至始至终 [zhìshǐzhìzhōng] [성] 처음부터 끝까지, 시종일관

邀请 [yāoqǐng] [동] 초청하다, 초대하다

문제 67

BENIKEA(本昵客雅)是?
베니키아란?

BENIKEA (本昵客雅)是，韩国观光公社运营的特二级以下的，价
(běnnìkèyǎ) shì,　　　Hánguó guānguāng gōngshè yùnyíng de tè èr jí yǐxià de,　 jià

格低廉而舒适的连锁酒店。服务热情周到，给人宾至如归的感觉。
gé dīlián ér shūshì de liánsuǒ jiǔdiàn.　　Fúwù rèqíng zhōudào,　 gěi rén bīnzhìrúguī de gǎnjué.

　　BENIKEA란 한국 관광공사가 운영하는 특2급 이하의 가격이 저렴하면서 쾌적한 체인 호텔입니다. 서비스는 친절하고 세심하여 손님들이 집에 돌아 온 느낌이 들게 합니다.

문제 68

Pension是?
펜션이란?

具有宾馆的合理性和民宿式家庭氛围的，新型的住宿设施。
Jùyǒu bīnguǎn de hélǐxìng hé mínsùshì jiātíng fēnwéi de,　　　xīnxíng de zhùsù shèshī.

　　호텔의 합리성과 민박의 가정적 분위기를 갖춘 새로운 유형의 숙박 시설입니다.

周到 [zhōudào] [형] 세심하다, 꼼꼼하다

连锁 [liánsuǒ] [형] 연쇄, 쇠사슬처럼 연결되다, 이어지다

Good stay是?

69

굿스테이란?

Good stay 是，可以满足背包游客，商务游客等，多种层次游客需要
　　　　　shì，　kěyǐ mǎnzú bēibāo yóukè，　shāngwù yóukè děng, duō zhǒng céngcì yóukè xūyào

的，韩国旅游发展局和文化体育观光部指定的优秀MOTEL、旅店等
de，　Hánguó lǚyóu fāzhǎnjú hé wénhuà tǐyù guānguāngbù zhǐdìng de yōuxiù　　　lǚdiàn děng

住宿设施。
zhùsù shèshī.

Good stay란 배낭 여행객, 비즈니스 여행객 등 다양한 레벨의 관광객을 만족시킬 수 있는 한국 관광공사와 문화 체육 관광부가 지정한 우수한 MOTEL, 여관 등의 숙박 시설입니다.

Guest House是?

70

게스트 하우스란?

Guest House 一般是来自五湖四海的个体背包游客，特别受各国大
　　　　　　　yìbān shì láizì wǔhúsìhǎi de gètǐ bēibāo yóukè,　　　tèbié shòu gèguó dà

学生青睐的，住宿价格低廉的民宿式宾馆。在这里住宿的最大特点
xuéshēng qīnglài de,　zhùsù jiàgé dīlián de mínsùshì bīnguǎn.　　Zài zhèlǐ zhùsù de zuì dà tèdiǎn

是，不仅可以结交很多外国朋友，还能得到具体而实用的各方面的资
shì，　bùjǐn kěyǐ jiéjiāo hěn duō wàiguó péngyou,　　hái néng dédào jùtǐ ér shíyòng de gè fāngmiàn de zī

料和信息。Guest House 一般设在大城市的主要景点周围。
liào hé xìnxī.　　　　　　　yìbān shè zài dàchéngshì de zhǔyào jǐngdiǎn zhōuwéi.

Guest House는 일반적으로 방방곡곡에서 오는 개인 배낭 관광객들로 특히 각국 대학생들의 인기를 끄는 숙박 요금이 저렴한 민박식 호텔입니다. 여기에 숙박하면 가장 큰 특징은 매우 많은 외국 친구를 사귈 수 있을 뿐만 아니라 또한 구체적이면서 실용적인 다방면의 자료와 정보를 얻을 수 있습니다. Guest House는 보통 대도시 주요 명소 인근에 자리하고 있습니다.

문제 71

Korea Stay是?
코리아 스테이란?

Korea Stay 是 "乐在韩国之家" 的意思。是韩国旅游发展局为树立
　　　　　shì　 "lè zài Hánguó zhī jiā"　 de yìsi.　 Shì Hánguó lǚyóu fāzhǎn júwéi shùlì

韩国良好的国家形象，促进世界各国的民间交流，开展了住宿在韩国
Hánguó liánghǎo de guójiā xíngxiàng, cùjìn shìjiè gèguó de mínjiān jiāoliú,　 kāizhǎn le zhùsù zài Hánguó

公民的家庭里，体验韩国家庭生活的方便与温暖的活动。Korea Stay 从
gōngmín de jiātínglǐ,　 tǐyàn Hánguó jiātíng shēnghuó de fāngbiàn yǔ wēnnuǎn de huódòng.　 cóng

首尔到济州道，遍布韩国各大城市及旅游胜地，随时都在恭候（欢
Shǒu'ěr dào Jìzhōudào,　 biànbù Hánguó gè dàchéngshì jí lǚyóu shèngdì,　 suíshí dōu zài gōnghòu (huān

迎）着外国游客的到来。
yíng)　 zhe wàiguó yóukè de dàolái.

　　코리아 스테이(Korea Stay)란 "한국의 가정에서 즐겁게 지낸다"란 뜻입니다. 한국관광공사가 한국의 이미지 향상을 위해 글로벌 민간 교류를 추진하기 위해 관광객이 한국 국민 가정에 숙박을 취하면서 한국 가정 생활의 편리함과 따뜻함을 체험하도록 하는 캠페인을 전개하였습니다. 코리아 스테이(Korea Stay)는 서울에서 제주도까지 한국의 대도시 및 여행 명승지마다 분포되어 관광객을 기꺼이 맞이하고 있습니다.

문제 72

Airbnb是?
에어비엔비란?

Airbnb (AirBed and Breakfast), 中国称 "空中食宿"。Airbnb 是提供住
　　　　　　　　　　　　　　　　Zhōngguó chēng "kōngzhōng shísù".　 shì tígòng zhù

宿服务的国际公司网络社区平台。总部在美国加州旧金山市。成立于
sù fúwù de guójì gōngsī wǎngluò shèqū píngtái.　 Zǒngbù zài Měiguó Jiāzhōu Jiùjīnshān shì. Chénglì yú

遍布 [biànbù] [동] 널리 퍼지다, 널리 분포하다

恭候 [gōnghòu] [동] 공손히 기다리다(경어)

2008 年 8 月。创始人是布莱恩·切斯基（Brian Chesky）、乔·杰比亚（Joe
　　　nián　　yuè.　Chuàngshǐrén Shìbùlái'ēn·Qiēsījī、　　　　　　　　　Qiáo·Jiébǐyà.

Gebbia）。

世界各地的游客，可以利用网络或手机，在 Airbnb 平台上搜索到
Shìjiè gèdì de yóukè,　　　kěyǐ lìyòng wǎngluò huò shǒujī, zài　　　píngtáishàng sōusuǒdào

符合自己品位的度假房屋。即，房主可以把自家闲置的空房，比酒店
fúhé zìjǐ pǐnwèi de dùjià fángwū.　　Jí,　　fángzhǔ kěyǐ bǎ zìjiā xiánzhì de kōngfáng, bǐ jiǔdiàn

便宜的价格出租给游客，游客可以预订并租用到，像在自己家一样方
piányi de jiàgé chūzū gěi yóukè,　　　yóukè kěyǐ yùdìng bìng zūyòngdào, xiàng zài zìjǐ jiā yíyàng fāng

便，而满意的住处。
biàn, ér mǎnyì de zhùchù.

据2016 年数据统计，Airbnb 用户在世界遍布191 个国家，约34000 多
Jù　　　nián shùjù tǒngjì,　　　yònghù zài shìjiè biànbù　　　gè guójiā, yuē duō

个城市。利用人数已超过8000 万人。
ge chéngshì.　Lìyòng rénshù yǐ chāoguò　　　wàn rén.

2016 年11 月Airbnb 公司又宣布，将要打造出一站式服务的新的平
　　　nián　　yuè　　　gōngsī yòu xuānbù, jiāng yào dǎzàochū yízhànshì fúwù de xīn de píng

台。
tái.

韩国是2013 年1 月正式运营了Airbnb 韩国分公司，而大受年轻一代
Hánguó shì　　　nián　　yuè zhèngshì yùnyíng le　　　Hánguó fēngōngsī,　ér dàshòu niánqīng yí dài

的欢迎，并得到了迅猛的发展。
de huānyíng, bìng dédào le xùnměng de fāzhǎn.

　　Airbnb (AirBed and Breakfast), 중국에서는 "하늘 숙식"이라고 칭합니다. 에어비엔비는 숙박 서비스를 제공하는 인터내셔널의 온라인 커뮤니티 플랫폼입니다. 본사는 미국 캘리포니아 주 샌프란시스코에 있습니다. 2008년 8월에 설립하였고 설립자는 브라이언 체스키(Brian Chesky) & 조 게비아(Joe Gebbia)입니다.

　　세계 각국 관광객은 인터넷이나 휴대전화로 에어비엔비 플랫폼에서 각자의 취향에 따라 여가 투숙 방을 검색할 수 있습니다. 즉 공간 소유주는 자투리 공간을 호텔보다 저렴한 가격으로 관광객에게 임대해 주고, 관광객은 자기 집처럼 편리하고 만족스러운 숙소를 미리 예약 및 이용할 수 있습니다.

　　2016년 통계에 따르면, 에어비엔비는 현재 191개국 34,000여 도시에 분포되어 있습니다. 누적 이용객 수는 8,000만 명을 넘어섰습니다.

　　2016년 11월 에어비엔비 회사는 곧 원스톱 서비스의 새로운 플랫폼으로 등장한다고 공식 발표하였습니다.

　　한국은 2013년 1월에 에어비엔비코리아를 공식·운영하여, 특히 젊은층의 각광을 받으면서 빠르게 성장하고 있습니다.

문제 73

韩国的两大航空公司及代码是?
한국의 2대 항공사와 코드는?

韩亚航空公司: OZ, 大韩航空公司: KE 。
Hányà hángkōng gōngsī:　　Dàhán hángkōng gōngsī:

아시아나항공: OZ, 대한항공: KE

문제 74

中国的四大航空公司是?
중국의 4대 항공사는?

国际航空公司 (CCA-CA)，南方航空公司 (CSN-CZ)，东方航空公
Guójì hángkōng gōngsī　　　　Nánfāng hángkōng gōngsī　　　Dōngfāng hángkōng gōng

司 (CES-MU)，海南航空公司 (CHH-HU)
sī　　　　　　　　Hǎinán hángkōng gōngsī

국제항공사, 남방항공사, 동방항공사, 해남항공사

代码 [dàimǎ] 정보를 표현하기 위한 문자의 체계

护照的种类是?

여권의 종류는?

普通护照，公务员护照，外交官护照，商务用护照。
Pǔtōng hùzhào,　gōngwùyuán hùzhào, wàijiāoguān hùzhào, shāngwùyòng hùzhào.

일반 여권, 공무원 여권, 외교관 여권, 비즈니스 여권

护照和签证的区别是?

PASSPORT와 VISA의 차이점은?

① 护照（PASSPORT）：本国国民去海外旅行期间，为了得到对方
　　Hùzhào :　　　　　　　　　běnguó guómín qù hǎiwài lǚxíng qījiān,　　wèile dédào duìfāng
国家的许可和保护，而证明是本国国民的政府签发的证件。
guójiā de xǔkě hé bǎohù,　　　ér zhèngmíng shì běnguó guómín de zhèngfǔ qiānfā de zhèngjiàn.

② 签证（VISA）：旅游者要去往的国家所开具的，许可去往对方
　　Qiānzhèng:　　　　　　　　lǚyóuzhě yào qùwǎng de guójiā suǒ kāijù de,　　xǔkě qùwǎng duìfāng
国家的入境证明。
guójiā de rùjìng zhèngmíng.

① 여권(PASSPORT)은 본국의 국민이 해외 여행 동안에 상대 나라의 허가와 보호를 받기 위하여, 본국 국민
　　이라는 것을 증명하는 정부가 발급하는 증서입니다.
② 비자(VISA)는 여행자의 여행 목적지 나라에서 발급한 입국을 허가하는 증명입니다.

生词 새단어

签发 [qiānfā] [동] 심사하여 동의한 후 서명하여 발급하다

请介绍一下免税店。

면세점을 소개해 보세요.

免税店一般是韩国政府公认的免税店。也就是经过税务单位的
Miǎnshuìdiàn yìbān shì Hánguó zhèngfǔ gōngrèn de miǎnshuìdiàn. Yě jiùshì jīngguò shuìwù dānwèi de

审查，由政府发执照的免税店。销售的商品游客可以放心，是安全并
shěnchá, yóu zhèngfǔ fā zhízhào de miǎnshuìdiàn. Xiāoshòu de shāngpǐn yóukè kěyǐ fàngxīn, shì ānquán bìng

货真价实的商品。在免税店买东西，可以当场不带走，而是在出境的
huòzhēnjiàshí de shāngpǐn. Zài miǎnshuìdiàn mǎi dōngxi, kěyǐ dāngchǎng bú dàizǒu, érshì zài chūjìng de

机场进行交付。因此，省去了劳累，非常方便。
jīchǎng jìnxíng jiāofù. Yīncǐ, shěngqù le láolèi, fēicháng fāngbiàn.

最早开免税店的国家是法国，1959 年开始的。韩国最早开的免税
zuìzǎo kāi miǎnshuìdiàn de guójiā shì Fǎguó, nián kāishǐ de. Hánguó zuìzǎo kāi de miǎnshuì

店是1964 年开办的"韩南连锁店"。是韩国观光公社经营的第一家免
diàn shì nián kāibàn de "Hánnán liánsuǒdiàn". Shì Hánguó guānguāng gōngshè jīngyíng de dì yī jiā miǎn

税店。
shuìdiàn.

면세점은 일반적으로 한국 정부가 공식 인정한 세무기관의 심의를 거쳐 정부에 허가증을 발급 받은 면세점입니다. 판매하는 상품들은 관광객이 안심해도 되는 품질이 좋고 가격도 적당한 상품들입니다. 면세점에서 산 물건은 그 즉시로 취급하지 않아도 됩니다. 관광객이 귀국 시 이용하는 공항에서 교부 받으면 됩니다.

면세점은 프랑스가 1959년에 처음으로 시작하였습니다. 한국 최초의 면세점은 1964년에 시작한 "한남체인점"으로 당시 한국 관광공사가 경영하는 면세점이었습니다.

货真价实 [huòzhēnjiàshí] [성] 품질도 믿을 만하고 가격도 공정하다, 물건도 진짜이고 값도 싸다

省去劳累 [shěngqù láolèi] [형] [동] 피로를 덜다, 어려움을 제거하다

售后退税制度是?

쇼핑 후 세금 환급 제도란?

外国游客在韩国贴有"TAX FREE"标志的商店一次性购买韩币
Wàiguó yóukè zài Hánguó tiē yǒu   biāozhì de shāngdiàn yícìxìng gòumǎi hánbì

3 万元以上商品，并在购买日期三个月内出境的能享受退税服务。这
wàn yuán yǐshàng shāngpǐn, bìng zài gòumǎi rìqī sān gè yuè nèi chūjìng de néng xiǎngshòu tuìshuì fúwù. Zhè zhǒng

种制度就是"售后退税制度"。
zhìdù jiùshì   "shòuhòu tuìshuì zhìdù".

在韩国的各大品牌百货店、大型超市、礼品店等退税加盟店都可
Zài Hánguó de gè dà pǐnpái bǎihuòdiàn、   dàxíng chāoshì、lǐpǐndiàn děng tuìshuì jiāméngdiàn dōu

以办理退税。
kěyǐ bànlǐ tuìshuì.

외국 관광객이 한국에서 "TAX FREE"란 표지를 명시한 상점에서 3만원 이상의 상품 구입일로부터 3개월 이내 한국을 떠날 시 세금 환급 서비스를 받을 수 있습니다. 이런 제도를 "쇼핑 후 세금 환급 제도"라고 합니다.

한국 각 대형 브랜드 백화점, 대형마트, 선물세트점 등 세금 환급 가맹점에서 세금환급은 모두 취급이 가능합니다.

旅游指南及投诉电话号是?

관광 안내 및 불편 신고 전화번호는?

1330 号。
     hào.

1330

加盟店 [jiāméngdiàn] 어떤 그룹 및 조직의 연맹에 속하게 된 가게나 상점

中国游客在韩国最喜欢买的商品是?

중국 관광객이 한국에서 가장 선호하는 구매 상품은?

中国游客过去最愿意买的商品是韩国"高丽人参","紫水晶"
Zhōngguó yóukè guòqù zuì yuànyì mǎi de shāngpǐn shì Hánguó "Gāolí rénshēn",　　　"zǐshuǐjīng"

等。但随着中国经济的发展，中国人的消费观念发生了很大的变化。
děng. Dàn suízhe Zhōngguó jīngjì de fāzhǎn,　Zhōngguórén de xiāofèi guānniàn fāshēng le hěn dà de biànhuà.

品种增加了许多。
Pǐnzhǒng zēngjiā le xǔduō.

目前，中国游客最喜欢的韩国商品有：
Mùqián, Zhōngguó yóukè zuì xǐhuan de Hánguó shāngpǐn yǒu:

1 韩国的香水、化妆品。化妆品特别喜欢"雪花秀"，"爱茉
　 Hánguó de xiāngshuǐ、huàzhuāngpǐn. Huàzhuāngpǐn tèbié xǐhuan "Xuěhuāxiù", "Àimò

　 莉"，"后"等品牌。
　 lì",　　"Hòu"　děng pǐnpái.

2 韩国的服装，金银首饰等。
　 Hánguó de fúzhuāng, jīnyín shǒushì děng.

3 韩国的家电产品，皮革制品等。
　 Hánguó de jiādiàn chǎnpǐn, pígé zhìpǐn děng.

4 韩国的人参、干鲜海货，调味品等。
　 Hánguó de rénshēn、gānxiān hǎihuò, tiáowèipǐn děng.

중국 관광객들이 과거에는 한국 "고려인삼", "자수정" 구매를 가장 선호하였는데, 현재는 중국 경제의 발빠른 발전으로 중국인들의 소비 욕구도 큰 변화가 생겼습니다. 품목이 다양해졌습니다.

현재 중국 관광객에게 인기 있는 상품은:

1 한국의 향수와 화장품. 특히 인기 있는 화장품은 "설화수", "아모레", "후" 등의 브랜드입니다.

2 한국의 패션, 금은 장신구 등

3 한국의 가전제품, 가죽제품 등

4 한국의 인삼, 건어물, 조미료 등입니다.

物美价廉 [wùměijiàlián] [성] 상품의 질이 좋고 값도 저렴하다

品牌 [pǐnpái] [명] 상표, 브랜드(brand)

请说说韩国的观光业需要改善点。
한국 관광업이 개선해야 할 점을 말하 보세요.

还需要开发和加强方便游客的各种服务设施及措施。
Hái xūyào kāifā hé jiāqiáng fāngbiàn yóukè de gè zhǒng fúwù shèshī jí cuòshī.

1 需要持续性地开发建设，新的旅游地及新颖有趣的娱乐设
Xūyào chíxùxìngde kāifā jiànshè,　　　xīn de lǚyóudì jí xīnyǐng yǒuqù de yúlè shè

施。
shī.

2 需要继续扩大，宾馆、酒店业，增设住宿设施。
Xūyào jìxù kuòdà,　　　bīnguǎn、jiǔdiànyè,　zēngshè zhùsù shèshī.

3 需要继续增设开办，饮食物美价廉，干净的中国餐馆。
Xūyào jìxù zēngshè kāibàn,　　yǐnshí wùměijiàlián、　gānjìng de Zhōngguó cānguǎn.

4 需要继续增设中文指南标示板，扩大与游客的沟通渠道。
Xūyào jìxù zēngshè zhōngwén zhǐnán biāoshìbǎn, kuòdà yǔ yóukè de gōutōng qúdào.

5 需要大力培养优秀的导游人员。
Xūyào dàlì péiyǎng yōuxiù de dǎoyóu rényuán.

6 要继续做好各方面的广告媒体宣传工作。
Yào jìxù zuòhǎo gè fāngmiàn de guǎnggào méitǐ xuānchuán gōngzuò.

7 要有持续性的稳定物价的措施。
Yào yǒu chíxùxìng de wěndìng wùjià de cuòshī.

8 坚持开展"K-Smile"运动等。
Jiānchí kāizhǎn　　　　　yùndòng děng.

生词 새단어

新颖 [xīnyǐng] [형] 새롭다, 참신하다

有趣 [yǒuqù] [형] 재미있다, 흥미가 있다

稳定 [wěndìng] [형] 안정하다 | [동] 안정시키다

관광객의 편의를 위해 지속적으로 각종 서비스 시설 개발, 확충, 보강 대책을 세워야 합니다.

1 지속적인 관광지 개발, 흥미로운 오락 시설 개발이 필요합니다.

2 지속적으로 호텔 숙박 시설을 늘려야 합니다.

3 지속적으로 음식 맛이 좋고 저렴하며, 청결한 중식 레스토랑을 늘려야 합니다.

4 외국 관광객과의 소통이 더 잘 이루어지도록 중문 안내 표지판 확충도 필요합니다.

5 지속적으로 더 많은 우수한 관광 통역사를 양성 배출해야 합니다.

6 지속적으로 광고 매체 홍보를 보강해야 합니다.

7 지속적인 물가 안정 대책도 필요합니다.

8 지속적으로 "K-스마일" 캠페인 등을 전개해야 합니다.

문제 82

EEZ是?

EEZ란?

EEZ 是 Exclusive Economic Zone 的简称。联合国1982 年第三次海洋法
　　shì　　　　　　　　　　　　　　　de jiǎnchēng. Liánhéguó　　　nián dì sān cì hǎiyángfǎ

会议上确立的一项新制度。是指从测算领海基线量起200 海里范围所
huìyì shàng quèlì de yí xiàng xīn zhìdù.　Shì zhǐ cóng cèsuàn lǐnghǎi jīxiàn liáng qǐ　　hǎilǐ fànwéi suǒ shǔ

属国的专属经济区。
guó de zhuānshǔ jīngjìqū.

EEZ는 Exclusive Economic Zone의 약칭입니다. UN이 1982년 제3차 해양법 회의에서 제정한 신제도입니다. 즉 영해 기선으로부터 2백 해리 범위 내에서 소속국의 배타적 경제 수역을 말합니다.

请说说2018年平昌冬奥会及比赛项目。

2018년 평창 동계올림픽 및 경기 종목에 대해 말해 보세요.

2018 年召开的第23 届冬奥会在韩国是第一次举行，在亚洲是第三
nián zhàokāi de dì　　jiè dōng'àohuì zài Hánguó shì dì yī cì jǔxíng,　　zài Yàzhōu shì dì sān

次举行。具体时间和地点是2018 年2 月9 日到2 月25 日，在江原道的平
cì jǔxíng.　Jùtǐ shíjiān hé dìdiǎn shì　　　nián　yuè　rì dào　yuè　rì, zài Jiāngyuán Dào de Píng

昌、江陵、旌善等地举行。
chāng、Jiānglíng、Jīngshàn děngdì jǔxíng.

比赛项目有15 个大项，102 个小项。15 个大项是：
Bǐsài xiàngmù yǒu　　gè dàxiàng,　　　gè xiǎoxiàng.　　gè dàxiàng shì:

1 高山滑雪 2 冬季两项 3 有舵雪橇 4越野滑雪 5 冰壶
gāoshān huáxuě　　dōngjì liǎng xiàng　　yǒuduòxuěqiāo　　yuèyě huáxuě　　bīnghú

6 花样滑冰 7 自由（式）滑雪 8 冰球 9 无舵雪橇
huāyàng huábīng　　zìyóu(shì) huáxuě　　　bīngqiú　　wúduò xuěqiāo

10 北欧两项 11 短道速滑 12 俯式冰橇 13 跳台滑雪
běi'ōu liǎng xiàng　　duǎndào sùhuá　　fǔshì bīngqiāo　　tiàotái huáxuě

14 单板滑雪 15 速度滑冰。
dānbǎn huáxuě　　sùdù huábīng.

2018년 개최되는 제23회 동계올림픽은 한국에서는 처음으로, 아시아에서는 세 번째로 열립니다. 구체적인 시간과 장소는 2018년 2월 9일에서 2월 25일까지 강원도 평창, 강릉, 정선 등의 지역에서 열립니다.

경기 종목은 15개, 세부 종목이 102개가 있습니다. 15개의 종목은 다음과 같습니다.

1 알파인 스키(alpine ski) 2 바이애슬론(biathlon) 3 봅슬레이(bobsleigh) 4 크로스컨트리(cross-country race) 5 컬링(curling) 6 피겨스케이팅(figure skating) 7 프리스타일 스키(freestyle ski) 8 아이스하키(ice hockey) 9 루지(luge (프)) 10 노르딕 복합(nordic combined) 11 쇼트트랙(short track) 12 스켈레톤(skeleton) 13 스키점프(ski jump) 14 스노보드(snowboard) 15 스피드 스케이팅(speed skating).

海里 [hǎilǐ] 해리
1海里(nmi)=1.852千米 [qiānmǐ] (km) 1해리(nmi) = 1.852km

请说说观光警察。

관광 경찰에 대해 말해 보세요.

韩国在2013年10月16日，出台了"观光警察"这一新的制度。
Hánguó zài nián yuè rì, chūtái le "guānguāng jǐngchá" zhè yī xīn de zhìdù.

观光警察在首尔、釜山等，外国游客常来常往的地方，上岗执
Guānguāng jǐngchá zài Shǒu'ěr、Fǔshān děng, wàiguó yóukè chánglái chángwǎng de dìfang, shàng gǎng zhí

勤。
qín.

主要任务是，维护游客的合法权益。如，打击向游客乱收费"宰
Zhǔyào rènwù shì, wéihù yóukè de héfǎ quányì. Rú, dǎjī xiàng yóukè luàn shōufèi "zǎi

人"，非法出租车，开车不打计价器等行为。
rén", fēi fǎ chūzūchē, kāi chē bù dǎ jìjiàqì děng xíngwéi.

한국은 2013년 10월 16일, "관광 경찰"이란 새로운 제도를 도입하였습니다. 관광 경찰은 서울, 부산 등 외국인 관광객이 주로 찾는 관광지에 배치되어 업무수행을 하고 있습니다.

주요 업무는 관광객들의 권익을 보장 수호합니다. 예를 들어 불법 요금, 즉 바가지 요금, 불법 택시, 즉 운전 시 요금 미터기 미사용 등을 단속합니다.

City Tour是?

시티투어란?

City Tour是指市区观光，城市旅游。在导游的安排下，游客们乘坐
shì zhǐ shìqū guānguāng, chéngshì lǚyóu. Zài dǎoyóu de ānpái xià, yóukèmen chéng zuò

大巴移动，在市区内进行的观光（旅游）。
dàbā yídòng, zài shìqū nèi jìnxíng de guānguāng (lǚyóu).

시티투어란 도시관광을 지칭합니다. 즉 가이드의 안내로 관광객들은 버스를 타고 이동하며, 시내 안에서 관광(여행)을 합니다.

生词 새단어

防范 [fángfàn] [동] 방비하다, 경비하다, 경계하다
上岗 [shànggǎng] [동] 보초나 경계 위치로 나가다, 직장에서 근무를 하다
棘手 [jíshǒu] [형] 처리하기가 곤란하다, 골치 아프다, 까다롭다, 애먹다

(3) 한국 개요

请说说韩国概况。

한국의 개황에 대해 말해 보세요.

韩半岛是拥有二十二万多平方公里的土地，70 % 为山地和丘陵。
Hánbàndǎo shì yōngyǒu èrshí èr wàn duō píngfāng gōnglǐ de tǔdì, wéi shāndì hé qiūlíng.

其中，韩国占45% ，三面环海的半岛国家。韩文是1443 年朝鲜王朝世
Qízhōng, Hánguó zhàn sānmiàn huánhǎi de bàndǎo guójiā. Hánwén shì nián Cháoxiān wángcháo Shì

宗大王创制，1446 年正式颁布 "训民正音"。韩国的国旗为 "太极旗"，
zōng dàwáng chuàngzhì, nián zhèngshì bānbù "Xùnmín zhèngyīn". Hánguó de guóqí wéi "tàijíqí",

国花为 "无穷花"。行政单位是一个特别市、一个特别自治市、六个广
guóhuā wéi "wúqiónghuā". Xíngzhèng dānwèi shì yí gè tèbiéshì、 yí gè tèbié zìzhìshì、 liù gè guǎng

域市、八个道、一个特别自治道。气候是 "三寒四温" 四季分明的温带
yùshì、 bā gè dào、 yí gè tèbié zìzhìdào. Qìhòushì "sānhánsìwēn" sìjì fènmíng de wēndài

海洋大陆性气候。传统服装是 "韩服"，传统住宅是 "韩屋"。
hǎiyáng dàlùxìng qìhòu. Chuántǒng fúzhuāng shì "hánfú", chuántǒng zhùzhái shì "hánwū".

1945 年韩半岛独立。1948 年成立了南、北韩两个政府。1950 年韩战
nián hánbàndǎo dúlì. nián chénglì le nán、běihán liǎng gè zhèngfǔ. nián Hánzhàn

爆发，1953 年签订停战协议，韩半岛仍分为南北两个部分。
bàofā, nián qiāndìng tíngzhàn xiéyì, hánbàndǎo réng fēnwéi nánběi liǎng gè bùfen.

自六十年代起韩国飞速发展。1988 年成功地举办过 "世界奥运
Zì liùshí niándài qǐ Hánguó fēisù fāzhǎn. nián chénggōngde jǔbànguò "Shìjiè Àoyùn

会"；2002 年与日本共同举行过 "世界杯足球赛"，创出了韩国足球队
huì"; nián yǔ Rìběn gòngtóng jǔxíngguò "Shìjièbēi zúqiúsài", chuàngchū le Hánguó zúqiúduì

进入 "四强奇迹"；2010 年圆满地召开过 "G20 国首脑会议"；2012 年在
jìnrù "sìqiáng qíjì"; nián yuánmǎnde zhàokāiguò "guó shǒunǎo huìyì"; nián zài

首尔三成洞的综合贸易大厦，召开了五十多个国家的核安保会议；
Shǒu'ěr Sānchéng Dòng de Zōnghé màoyì dàshà, zhàokāi le wǔshí duō gè guójiā de hé'ānbǎo huìyì;

在全南丽水召开了国际海洋博览会； 2014 年在仁川召开第17 届亚运
zài Quánnán Lìshuǐ zhàokāi le guójì hǎiyáng bólǎnhuì; nián zài Rénchuān zhàokāi dì jiè Yàyùn

会；2015 年在全南光州召开了第28 届世界大学生运动会，韩国总成绩
huì; nián zài Quánnán Guāngzhōu zhàokāi le dì jiè shìjiè dàxuéshēng yùndònghuì, Hánguó zǒng chéngjì

获得了冠军；2018 年将在江原道的平昌郡举办冬季奥林匹克运动会
huòdé le guànjūn; 　　　nián jiāng zài Jiāngyuándào de Píngchāng jùn jǔbàn dōngjì Àolínpǐkè yùndònghuì

等。
děng.

　　经济产业上，创造了"汉江奇迹"，在轻工品，汽车，造船，特别
　　Jīngjì chǎnyè shang, chuàngzào le "Hàn Jiāng qíjì", 　　zài qīnggōngpǐn, qìchē, zàochuán, tèbié

是IT技术，医疗技术上，跻身于世界的行列。
shì 　jìshù, 　yīliáo jìshù shang, 　jīshēn yú shìjiè de hángliè.

　　韩国的文化影视业，特别富有生活气息的电视剧倍受世界人的
　　Hánguó de wénhuà yǐngshìyè, 　tèbié fùyǒu shēnghuó qìxī de diànshìjù bèishòu shìjièrén de

青睐。悄悄兴起和推动了"韩流"的高潮。使"亚洲四小龙"之一的美
qīnglài. 　Qiāoqiāo xìngqǐ hé tuīdòng le 　"hánliú" 　de gāocháo. Shǐ 　"Yàzhōu sì xiǎolóng" zhīyī de měi

名，早已波及海内外，韩国是一个令人向往的地方。
míng, 　zǎoyǐ bōjí hǎinèi wài, 　　　Hánguó shì yí gè lìng rén xiàngwǎng de dìfang.

　　한반도의 토지 면적은 22만 여 ㎢ 에 70%는 산지와 구릉 지대입니다. 그 중 대한민국이 45%를 점유하고 있으며, 삼면이 바다인 반도의 나라입니다. 한글은 1443년 조선 왕조의 세종 대왕이 창제하였으며, "훈민정음"은 1446년에 공식 발표되었습니다. 한국의 국기는 "태극기"이고, 국화는 "무궁화"입니다. 행정 단위는 1개 특별시, 1개 특별 자치시, 6개 광역시, 8개도, 1개 특별자치도입니다. 기후는 "3한4온"의 사계절이 분명한 온대 대륙 해양성 기후입니다. 한민족 전통 복장은 "한복"이고, 전통 가옥은 "한옥"이라고 합니다.

　　1945년 한반도 독립. 1948년 남·북한 각자 정부 수립. 1950년 한국 전쟁 발발. 1953년 휴전 협정 체결. 한반도는 여전히 남·북 분단 상태입니다. 1960년대부터 한국은 신속한 발전을 이루기 시작하였고, 1988년에 서울에서 "세계 올림픽"을 성공적으로 개최하였고, 2002년에는 한·일 공동 "월드컵'을 개최해 한국 축구팀이 "4강의 기적"을 창조하였습니다. 2010년에는 "G20 정상회의"를 원만하게 진행하였고, 2012년에는 서울 삼성동 COEX에서 50여 개 나라 핵안보 정상 회의를 열었으며, 전남 여수에서 "국제 해양 엑스포"를 거행하였습니다. 2014년에는 17회 아시안 게임이 인천에서 개최되었고, 2015년에는 제28회 광주 유니버시아드를 주최해 한국이 종합성적 1위에 올랐습니다. 2018년에는 강원도 평창군에서 제23회 동계 올림픽이 열리게 됩니다.

跻身于[jīshēnyú] [동] 어떤 대열·위치에 들어서다, 오르다

青睐[qīnglài] 선호 받다, 인기 있다

令人向往的 [lìng rén xiàngwǎng de] 동경하게 하는, 열망하게 하는, 갈망하게 하는

경제적으로는 "한강의 기적"을 창조하였으며, 경공업, 자동차, 선박 등 중공업에서, 특히 IT 기술, 의료 기술에서 세계적인 대열의 선두로 나아가게 되었습니다.

한국의 문화 예술, 특히 한국인의 생활 패턴이 고스란히 담겨 있는 TV 인기 드라마는 글로벌 한류 열풍을 일게 하였고, "아시아의 네 마리 용"이라는 명성이 천하에 알려지면서, 한국은 세계인이 동경하는 나라로 부상하였습니다.

请说说韩国的总统制、国会议员制及党派的政治制度。

한국의 대통령제,국회의원제 및 당파의 정치제도에 대해 말해 보세요.

韩国的总统制是，任期5年，不能连任。由全民参加，直接选举产
Hánguó de zǒngtǒngzhì shì, rènqī　　nián,　bù néng liánrèn. Yóu quánmín cānjiā, zhíjiē xuǎnjǔ chǎn

生。国会议员是，任期4年，可以连任。
shēng. Guóhuì yìyuán shì, rènqī　　nián, kěyǐ liánrèn.

韩国的党派是，有与党（执政党）、野党（其他党）等多党制。民
Hánguó de dǎngpài shì,　yǒu yǔdǎng(zhízhèng dǎng)、　yědǎng(qítā dǎng) děng duō dǎngzhì.　　Mín

主思想的基本原则是以协商为原则。
zhǔ sīxiǎng de jīběn yuánzé shì yǐ xiéshāng wéi yuánzé.

한국의 대통령제는 5년의 임기로 연임할 수 없으며, 전 국민이 참여하는 직접선거로 선출됩니다. 국회의원의 임기는 4년으로 연임이 가능합니다.

한국의 당파는 여당, 야당 등 여러 당이 있는 제도로 민주사상의 기본원칙은 협상을 원칙으로 합니다.

请简单对照性地列举韩、中历史。

한·중의 역사를 간단하게 대조하여 열거해 보세요.

① 史前时代（中国：史前时代）；
  Shǐqián shídài   (Zhōngguó: shǐqián shídài);

② 古朝鲜时代(中国：上古时代)；
  Gǔcháoxiǎn shídài (Zhōngguó: shànggǔ shídài);

③ 三国时代(中国：汉朝-唐朝)；
  Sānguó shídài (Zhōngguó: Hàncháo - Tángchác);

④ 新罗统一三国时代、渤海时代（中国：唐朝-辽国）；
  Xīnluó tǒngyī sānguó shídài、 Bóhǎi shídài   (Zhōngguó: Tángcháo - Liáoguó);

⑤ 高丽时代（中国：五代十国-明朝）；
  Gāolí shídài   (Zhōngguó: Wǔdài Shíguó - Míngcháo);

⑥ 朝鲜时代（中国：明、清时代）；
  Cháoxiǎn shídài (Zhōngguó: Míng、Qīng shídài);

⑦ 日帝强占期（中国：清末-民国时期）；
  Rìdì qiángzhànqī   (Zhōngguó: Qīngmò - Mínguó shíqī);

⑧ 当代（中国：民国时期-社会主义时期）。
  Dāngdài (Zhōngguó: Mínguó shíqī - shèhuì zhǔyì shíqī).

① 선사 시대 (중국: 선사시대);

② 고조선 시대 (중국: 상고시대);

③ 삼국 시대 (중국: 한나라 – 당나라 시대);

④ 신라 통일 삼국 시대, 발해 시대 (중국: 당나라 – 요나라 시대);

⑤ 고려 시대 (중국: 5대10국 – 명나라 시대);

⑥ 조선 시대 (중국: 명나라 – 청나라 시대);

⑦ 일제 강점기 (중국: 청나라 말 – 민국 시대);

⑧ 당대 (중국: 민국 시대 – 사회주의 시대)

请列一下韩半岛各王朝年代及始祖。

한반도의 각 왕조 연대와 시조를 나열하세요.

1 史前时代，约70万年前。
　　Shǐqián shídài,　yuē　　wàn niánqián.

2 古朝鲜时代（公元前2333年～公元前108年），始祖：檀君王
　　Gǔcháoxiǎn shídài, (gōngyuánqián　nián～gōngyuánqián　nián),　　shǐzǔ:　Tánjūn wáng

俭。
jiǎn.

3 三国时代（公元前1世纪～676年）。
　　Sānguó shídài (gōngyuánqián　shìjì～　　nián).

　① 高句丽（公元前37年～668年），始祖：高朱蒙。
　　　Gāogōulí　(gōngyuánqián nián～　　nián),　shǐzǔ:　Gāo Zhūméng.

　② 新罗（公元前57年～935年），始祖：朴赫居世。
　　　Xīnluó　(gōngyuánqián nián～　　nián),　shǐzǔ:　Piáo Hèjūshì.

　③ 百济（公元前18年～660年），始祖：温祚王。
　　　Bǎijì　(gōngyuánqián nián～　　nián),　shǐzǔ:　Wēnzuò wáng.

4 新罗统一三国（676年～935年），及渤海（698年～926年）时代，
　　Xīnluó tǒngyī sānguó　(　nián～　nián),　jí Bóhǎi　(　nián～　　nián) shídài,

渤海始祖：大祚荣。
Bóhǎi shǐzǔ:　Dà Zuòróng.

5 高丽时代（918年～1392年），始祖：王建。
　　Gāolí shídài　(　nián～　　nián),　shǐzǔ:　Wáng Jiàn.

6 朝鲜时代（1392年～1910年），始祖：李成桂。
　　Cháoxiǎn shídài (　nián～　　nián),　shǐzǔ:　Lǐ Chéngguì.

7 日帝强占期（1910年～1945年）。
　　Rìdì qiángzhànqī　(　nián～　　nián).

8 现代（1945年～现在）。
　　Xiàndài (　nián～　xiànzài).

总统 [zǒngtǒng] 총통, 대통령. 외국에 대하여 국가를 대표하고 나라 살림을 맡은 행정부의 우두머리가 되는 최고 통치권자

国会议员 [guóhuì yìyuán] 국회의원은 입법부이며 국민의 대표 기관인 국회의 구성원

1 선사시대 약 70만 년 전

2 고조선 시대 (B.C. 2333년 ~ B.C. 108년) 시조: 단군왕검

3 삼국 시대 (B.C. 1세기 ~ A.D. 676년)

  ① 고구려 (B.C. 37년 ~ A.D. 668년) 시조: 고주몽

  ② 신라 (B.C. 57년 ~ A.D. 935년), 시조: 박혁거세

  ③ 백제 (B.C. 18년 ~ 660년) 시조: 온조왕

4 신라 삼국통일 (676 ~ 935년)과 발해(696 ~ 926년)시대, 발해 시조: 대조영

5 고려 시대 (918 ~ 1392년) 시조: 왕건

6 조선 시대 (1392 ~ 1910년) 시조: 이성계

7 일제강점기 (1910 ~ 1945년)

8 당대 (1945년 ~ 현재)

문제 5

请说说四大史库和五大史库。

4대 사고와 5대 사고에 대해 말해 보세요.

史库是保管历史书或王朝实录的地方，也叫实录阁。

Shǐkù shì bǎoguǎn lìshǐshū huò wángcháo shílù de dìfang, yě jiào shílùgé.

四大史库是指1445 年（世宗27）时期的，内史库景福宫里的春秋

Sìdà shǐkù shì zhǐ　　　　　nián　(Shìzōng)　　　shíqī de, nèishǐkù Jǐngfúgōnglǐ de Chūnqiū

馆，及外史库忠州（忠北），全州（全北），星洲（庆北）的史库。

guǎn, jí wàishǐkù Zhōngzhōu(Zhōngběi),　Quánzhōu(Quánběi),　Xīngzhōu (Qìngběi) de shǐkù.

五大史库是指朝鲜王朝后期的，春秋馆，江华岛，妙香山，太白

Wǔdà shǐkù shì zhǐ Cháoxiǎn wángcháo hòuqī de, Chūnqiūguǎn, Jiānghuádǎo, Miàoxiāngshān, Tàibái

山，五台山的史库。

shān, Wǔtáishān de shǐkù.

사고는 역사서나 왕조실록을 보관했던 곳으로, 실록각이라고도 합니다.

4대 사고는 1445년(세종 27)때 내사고 경복궁 안의 춘추관 및 외사고 충주(충북), 전주(전북), 성주(경북)의 사고를 말합니다.

5대 사고는 조선왕조 후기의 춘추관, 강화도, 묘향산, 태백산, 오대산의 사고를 말합니다.

请列举朝鲜王朝历代王。

조선 왕조의 역대 왕을 열거해 보세요.

顺位 shùnwèi	谥号 shìhào	名字 míngzi	在位年代 zàiwèi niándài
第1代 dì dài	太祖 Tàizǔ	李成桂 Lǐ Chéngguì	1392 - 1398
第2代 dì dài	定宗 Dìngzōng	李芳果 Lǐ Fāngguǒ	1398 - 1400
第3代 dì dài	太宗 Tàizōng	李芳远 Lǐ Fāngyuǎn	1400 - 1418
第4代 dì dài	世宗 Shìzōng	李祹 Lǐ Táo	1418 - 1450
第5代 dì dài	文宗 Wénzōng	李珦 Lǐ Xiàng	1450 - 1452
第6代 dì dài	端宗 Duānzōng	李弘暐 Lǐ Hóngwěi	1452 - 1455
第7代 dì dài	世祖 Shìzǔ	李瑈 Lǐ Róu	1455 - 1468
第8代 dì dài	睿宗 Ruìzōng	李晄 Lǐ Huǎng	1468 - 1469
第9代 dì dài	成宗 Chéngzōng	李娎 Lǐ Xiē	1469 - 1494
第10代 dì dài	燕山君 Yānshānjūn	李隆 Lǐ Lóng	1494 - 1506
第11代 dì dài	中宗 Zhōngzōng	李怿 Lǐ Yì	1506 - 1544
第12代 dì dài	仁宗 Rénzōng	李峼 Lǐ Gào	1544 - 1545
第13代 dì dài	明宗 Míngzōng	李峘 Lǐ Huán	1545 - 1567
第14代 dì dài	宣祖 Xuānzǔ	李昖 Lǐ Yán	1567 - 1608
第15代 dì dài	光海君 Guānghǎijūn	李珲 Lǐ Hún	1608 - 1623
第16代 dì dài	仁祖 Rénzǔ	李倧 Lǐ Zōng	1623 - 1649
第17代 dì dài	孝宗 Xiàozōng	李淏 Lǐ Hào	1649 - 1659

顺位 shùnwèi	谥号 shìhào	名字 míngzi	在位年代 zàiwèi niándài
第18代 dì dài	显宗 Xiǎnzōng	李棩 Lǐ Yuān	1659 - 1674
第19代 dì dài	肃宗 Sùzōng	李焞 Lǐ Tūn	1674 - 1720
第20代 dì dài	景宗 Jǐngzōng	李昀 Lǐ Yún	1720 - 1724
第21代 dì dài	英祖 Yīngzǔ	李昑 Lǐ qín	1724 - 1776
第22代 dì dài	正祖 Zhèngzǔ	李祘 Lǐ Suàn	1776 - 1800
第23代 dì dài	纯祖 Chúnzǔ	李玜 Lǐ Hóng	1800 - 1834
第24代 dì dài	宪宗 Xiànzōng	李奂 Lǐ Huàn	1834 - 1849
第25代 dì dài	哲宗 Zhézōng	李昇 Lǐ Shēng	1849 - 1863
第26代 dì dài	高宗 Gāozōng	李熙 Lǐ Xī	1863 - 1907
第27代 dì dài	纯宗 Chúnzōng	李坧 Lǐ zhǐ	1907 - 1910

순위	시호	이름	재위 연대
제1대	태조	이성계	1392 – 1398
제2대	정종	이방과	1398 – 1400
제3대	태종	이방원	1400 – 1418
제4대	세종	이도	1418 – 1450
제5대	문종	이향	1450 – 1452
제6대	단종	이홍위	1452 – 1455
제7대	세조	이유	1455 – 1468
제8대	예종	이황	1468 – 1469
제9대	성종	이혈	1469 – 1494
제10대	연산군	이융	1494 – 1506
제11대	중종	이역	1506 – 1544
제12대	인종	이호	1544 – 1545
제13대	명종	이환	1545 – 1567
제14대	선조	이균	1567 – 1608
제15대	광해군	이훈	1608 – 1623
제16대	인조	이종	1623 – 1649
제17대	효종	이호	1649 – 1659
제18대	현종	이연	1659 – 1674
제19대	숙종	이순	1674 – 1720
제20대	경종	이윤	1720 – 1724
제21대	영조	이금	1724 – 1776
제22대	정조	이산	1776 – 1800
제23대	순조	이공	1800 – 1834
제24대	헌종	이환	1834 – 1849
제25대	철종	이승	1849 – 1863
제26대	고종	이희	1863 – 1907
제27대	순종	이척	1907 – 1910

请说说韩国的行政区划。

한국의 행정구역에 대해 말해 보세요.

一个特别市: 首尔市;
Yí gè tèbiéshì :　　　Shǒu'ěrshì;

一个特别自治市: 世宗市;
yí gè tèbié zìzhìshì :　　　Shìzōngshì;

六个广域市: 釜山，大邱，仁川，光州，大田，蔚山;
liù gè guǎngyùshì :　Fǔshān,　Dàqiū,　Rénchuān, Guāngzhōu, Dàtián, Wèishān;

八个道: 京畿道，江原道，忠清北道，忠清南道，庆尚北道，庆尚
bā gè dào : Jīngjīdào, Jiāngyuándào, Zhōngqīngběidào, Zhōngqīngnándào, Qìngshàngběidào, Qìngshàng

南道，全罗北道，全罗南道。
nándào,　Quánluóběidào, Quánluónándào.

一个特别自治道: 济州道。
Yí gè tèbié zìzhìdào:　　　Jìzhōudào.

基础行政单位是: 市、郡、区、邑、面、洞。
Jīchǔ xíngzhèng dānwèi shì : shì、jūn、qū, yì、miàn、dòng.

1개 특별시: 서울시;

1개 특별 자치시: 세종시;

6개 광역시: 부산, 대구, 인천, 광주, 대전, 울산;

8개도: 경기도, 강원도, 충청북도, 충청남도, 경상북도, 경상남도, 전라북도, 전라남도;

1개 특별자치도: 제주도.

단계별 행정체계: 시, 군, 구, 읍, 면, 동입니다.

请说说韩国的国旗。

한국의 국기에 대해 말해 보세요.

韩国国旗名为"太极旗"。1882 年朴泳孝设计, 1883 年1 月27 日成
Hánguó guóqí míngwéi "tàijíqí". nián Piáo Yǒngxiào shèjì, nián yuè rì chéng

为正式国旗。中央以易学中象征"宇宙与真理"的太极为圆, 红与蓝
wéi zhèngshì guóqí. Zhōngyāng yǐ yìxué zhōng xiàngzhēng "yǔzhòu yǔ zhēnlǐ" de tàijí wéi yuán, hóng yǔ lán

象征着阴和阳、男与女、水与火、黑与白、静与动的对立与统一。四角
xiàngzhēngzhe yīn hé yáng、nán yǔ nǚ、shuǐ yǔ huǒ、hēi yǔ bái、jìng yǔ dòng de duìlì yǔ tǒngyī. Sìjiǎo

的爻卦分别代表着乾、坤、坎、离, 象征着天、地、日、月的对称与均
de yáoguà fēnbié dàibiǎozhe qián、kūn、kǎn、lí, xiàngzhēngzhe tiān、dì、rì、yuè de duìchèn yǔ jūn

衡。国旗底色为白色, 象征韩民族的纯洁和对和平的热爱。而整个国
héng. Guóqí dǐsè wéi báisè, xiàngzhēng hánmínzú de chúnjié hé duì hépíng de rè'ài. Ér zhěngge guó

旗则代表韩国国民永远与宇宙协调发展的理想。
qí zé dàibiǎo Hánguó guómín yǒngyuǎn yǔ yǔzhòu xiétiáo fāzhǎn de lǐxiǎng.

한국 국기는 "태극기"라 합니다. 1882년 박영효가 설계하여 1883년 1월 27일 공식 국기로 되었습니다. 중앙의 "태극" 원은 역학에서의 "우주와 진리"의 상징이며, 빨간색과 파란색은 음과 양, 남과 여, 물과 불, 흑과 백, 정지와 움직임의 대립과 통일을 상징하고, 사각의 팔괘는 건, 곤, 감, 리를 대표하며, 천, 지 ,일, 월의 대칭과 균형을 상징합니다. 국기의 바탕은 흰색으로 한겨레의 순결함과 평화를 도모하는 상징입니다. 또한 태극기는 우주와 조화를 이루며 영원히 앞으로 나아간다는 한국 국민들의 정서가 담겨져 있습니다.

朴泳孝 [Piáo Yǒngxiào] 1861~1939. 조선 말기의 관료 · 정치가

爻卦 [yáoguà] [명] 효과, 점괘

对称 [duìchèn] [형] (도형이나 물체가) 대칭이다

문제 9

请说说韩国的国花。
한국의 국화에 대해 말해 보세요.

无穷花，学名木槿。象征着韩民族不屈不挠的坚强品格。（或，坚
Wúqiónghuā, xuémíng mùjǐn.　Xiàngzhēngzhe hánmínzú bùqūbùnáo de jiānqiáng pǐngé.　(huò,　jiān

定意志。）
dìng yìzhì.)

무궁화, 학명은 목근이라고 합니다. 한민족의 불요불굴한 의지를 상징합니다.

문제 10

请说说 "K-Smile" 运动。
"K-스마일"의 캠페인에 대해 말해 보세요.

"韩国的微笑传向世界"。为提高韩国在国际上的形象，为迎接
"Hánguó de wēixiào chuán xiàng shìjiè". Wéi tígāo Hánguó zài guójì shang de xíngxiàng,　wéi yíngjiē

2018 年平昌（23 届）冬奥会的到来，营造热情欢迎外国游客的氛围，
nián Píngchāng (　jiè)　dōng'àohuì de dàolái,　yíngzào rèqíng huānyíng wàiguó yóukè de fēnwéi,

鼓舞更多的游客多次访韩的积极性，韩国政府号召全国民共同参与，
gǔwǔ gèng duō de yóukè duōcì fǎng hán de jījíxìng, Hánguó zhèngfǔ hàozhào quánguómín gòngtóng cānyǔ,

掀起了 "K-Smile" 运动的热潮。并宣布了 2016 年到 2018 年是 "韩国的访
xiānqǐ le　　　　　　　yùndòng de rècháo. Bìng xuānbù le　　nián dào　　nián shì "Hánguó de fǎng

问年"。
wèn nián".

"한국이 웃으면 세계가 웃는다." 한국의 국제적인 이미지 향상을 위해 2018년 평창(23회) 동계올림픽을 맞이하면서 외국인 관광객을 친절히 환영하는 분위기를 조성하기 위하여 외국인 관광객들이 다시 찾고 싶은 대한민국을 만들기 위하여 한국 정부는 범국민 참여를 호소 하면서 "K-스마일" 친절 캠페인을 전개하였습니다. 그리고 2016년에서 2018년은 "한국 방문의 해"라고 공표하였습니다.

请说说跆拳道。

태권도에 대해 말해 보세요.

跆拳道是拳脚并用，以格斗进行对抗的运动。是韩国的一项技击
Táiquándào shì quánjiǎo bìngyòng, yǐ gédòu jìnxíng duìkàng de yùndòng. Shì Hánguó de yí xiàng jìjī

传统武术。"跆拳道"的"跆"指踢击、"拳"指拳击、"道"指道行。跆
chuántǒng wǔshù. "Táiquándào" de "tái" zhǐ tī jī, "quán" zhǐ quán jī, "dào" zhǐ dào xíng. Tái

拳道动作追求速度，以刚制刚，直击直打，礼始礼终。
quándào dòngzuò zhuīqiú sùdù, yǐgāngzhìgāng, zhíjīzhídǎ, lǐshǐlǐzhōng.

1973 年5 月，在首尔成立了世界跆拳道联盟（简称WTF）。同时举
nián yuè, zài Shǒu'ěr chénglì le shìjiè táiquán dào liánméng (jiǎnchēng). Tóngshí jǔ

行了第一届世界跆拳道锦标赛。1988 年首尔奥运会和1992 年巴塞罗那
xíng le dì yī jiè shìjiè táiquándào jǐnbiāosài. nián Shǒu'ěr Àoyùnhuì hé nián Bāsàiluónà

奥运会上，跆拳道成为示范项目，到2000 年第27 届悉尼奥运会开始，
Àoyùnhuì shàng, táiquándào chéngwéi shìfàn xiàngmù, dào nián dì jiè Xīní Àoyùnhuì kāishǐ,

跆拳道成了世界性的正式比赛项目。
táiquándào chéng le shìjièxìng de zhèngshì bǐsài xiàngmù.

태권도는 수족을 병용하여 격투로 대항하는 스포츠입니다. 한국 전통 기격술의 일종입니다. "태권도"의 "태"는 척격을 가리키고 "권"은 권격을 가리키며, "도"는 도행을 가리킵니다. 태권도의 동작은 속도, 이강제강, 직격직타, 예시예종을 추구합니다.

1973년 5월 서울에서 세계 태권도 연맹(약칭 WTF)을 설립하였고, 동시에 제1차 세계 태권도 선수권 대회를 열었습니다. 1988년 서울 올림픽 경기 대회와 1992년 바르셀로나 올림픽 경기 대회에서 시범 종목으로 채택되었다가, 2000년 제27회 시드니 올림픽 경기 대회 때부터 태권도는 세계적인 정식 경기 종목으로 채택되었습니다.

生词 새단어

锦标赛 [jǐnbiāosài] [명] 선수권 대회

悉尼 [Xīní] [명] 시드니(오스트레일리아 뉴사우스웨일스주(州)의 주도(州都))

请说说釜山广域市。

부산광역시에 대해 말해 보세요.

釜山是韩国六大广域市之一。是韩半岛最大的港口，韩国第二大
Fǔshān shì Hánguó liù dà guǎngyùshì zhī yī.　Shì hánbàndǎo zuìdà de gǎngkǒu,　Hánguó dì èr dà

城市，东南端的门户。釜山面积为765.82 平方公里（㎢），人口约（2015 年
chéngshì, dōngnánduān de ménhù. Fǔshān miànjī wéi　　píngfāng gōnglǐ,　　rénkǒu yuē　　(nián

止）355 万多人。
zhǐ) wàn duō rén.

名胜景点及处所有：龙头山公园及釜山塔；著名的三台：太宗
Míngshèng jǐngdiǎn jíchù suǒyǒu; Lóngtóushān gōngyuán jí Fǔshāntǎ;　zhùmíng de sān tái;　Tàizōng

台，海云台，没云台；著名寺刹：梵鱼寺，海东龙宫寺等；国内最大的
tái,　Hǎiyúntái,　Méiyúntái;　zhùmíng sìchà;　Fànyúsì,　Hǎidōnglónggōngsì děng; guónèi zuìdà de

水产市场，札嘎其市场；世界唯一的联合国墓地，联合国纪念公园；
shuǐchǎn shìchǎng, Zhágāqí shìchǎng;　shìjiè wéiyī de Liánhéguó mùdì,　　Liánhéguó jìniàn gōngyuán;

韩战时期难民们发展起来的国际市场；国内最大的海洋水族馆；海云
hánzhàn shíqī nànmínmen fāzhǎnqǐlái de Guójì shìchǎng;　　guónèi zuìdà de hǎiyáng shuǐzúguǎn; Hǎiyún

台、广安里等海水浴场；釜山周末游船；东来温泉；釜山的明洞—南
tái、Guǎng'ānlǐ děng hǎishuǐyùchǎng; Fǔshān zhōumò yóuchuán; Dōnglái wēnquán; Fǔshān de Míngdòng – Nán

浦洞；釜山的华人街上海街等。
pǔdong;　Fǔshān de huárénjiē Shànghǎijiē děng.

还有韩国的圣托里尼，马丘比丘"甘泉文化村"；亚洲最有声誉
Háiyǒu Hánguó de Shèngtuōlǐní,　Mǎqiūbǐqiū　"Gānquán wénhuàcūn"; Yàzhōu zuì yǒu shēngyù

的国际电影节举办地"BIFF"广场；载入世界吉尼斯大全的最大的百
de guójì diànyǐngjié jǔbàndì　　guǎngchǎng; zǎirù Shìjiè Jínísīdàquán de zuìdà de bǎi

货商店，新世界百城；釜山MICE 产业的发祥地，国际会展中心BEXCO
huò shāngdiàn, Xīnshìjiè bǎichéng; Fǔshān　　chǎnyè de fāxiángdì,　Guójì huìzhǎn zhōngxīn

（原：世峰楼）等。让釜山一跃成为亚洲第4 位，世界第9 位（2014年）的
(yuán; Shìfēnglóu) děng.　Ràng Fǔshān yíyuè chéngwéi Yàzhōu dì wèi,　shìjiè dì　　wèi　　(nián) de

国际会议城市，具有"釜山曼哈顿"之称。
guójì huìyì chéngshì,　　jùyǒu　"Fǔshān Mànhādùn"　zhīchēng.

各种庆典有: 釜山海洋庆典; 国际电影节; 摇滚音乐节; 国内最大

的水产品文化节, 札嘎其庆典等。

부산은 한국의 6대 광역시 중의 하나입니다. 한반도의 최대 항구이자, 한국의 제2도시이며, 동남단의 관문입니다. 부산의 면적은 765.82㎢이고, 인구는 약 355만 여 명입니다.

부산의 명승과 명소는 용두산공원 및 부산타워, 유명한 3대 태종대, 해운대, 몰운대, 유명 사찰 범어사, 해동 용궁사 등, 국내 최대 수산물 시장 자갈치시장, 세계의 유일한 UN 묘지 UN 기념공원, 한국 전쟁시 피난민으로부터 시작된 국제시장, 국내에서 가장 큰 해양 아쿠아리움, 해운대, 광안리 등의 해수욕장, 주말 항크루즈, 동래온천, 부산의 명동 — 남포동, 부산의 차이나타운 상해거리 등이 있습니다.

그리고 또 한국의 산토리니, 마추픽추 "감천문화마을", 아시아 최고의 명성을 누리는 국제영화제 개최지 "BIFF" 광장, 세계 기네스북에 오른 최대 백화점인 부산 신세계 센텀시티점, 부산의 마이스(MICE) 산업의 메카 국제 컨벤션센터 벡스코(BEXCO, 원명: 누리마루 하우스) 등이 있습니다. 부산은 아시아 4위, 세계 9위(2014년)의 국제회의 도시로 급성장하였고, "부산의 맨하탄"으로 불리웁니다.

다양한 축제로는 부산 바다 축제, 국제 영화제, 록 페스티벌, 국내 최대의 수산물 문화축제 자갈치축제 등이 있습니다.

请说说"汉江奇迹"。

"한강의 기적"에 대해 말해 보세요.

韩国自上世纪60 年代以来，特别是朴正熙总统执政的年代，走
Hánguó zì shàng shìjì　　niándài yǐlái,　tèbié shì Piáo Zhèngxī zǒngtǒng zhízhèng de niándài, zǒu

"输出立国，发展经济"的道路，开展"新乡村运动"，"五年经济开发
"shūchūlì guó,　　fāzhǎn jīngjì"　de dàolù,　kāizhǎn　"xīn xiāngcūn yùndòng", "wǔ nián jīngjì kāifā

计划"等，在短短20 年的时间里，使韩国经济飞速发展，由战后废墟
jìhuá"　děng, zài duǎnduǎn　nián de shíjiān lǐ,　shǐ Hánguó jīngjì fēisù fāzhǎn,　yóu zhànhòu fèixū

的国家，一跃成为中上等的"亚洲四小龙"之一的发达国家。这一时期
de guójiā,　yíyuè chéngwéi zhōngshàngděng de "Yàzhōu sìxiǎolóng" zhīyī de fādá guójiā.　Zhè yī shíqī

韩国经济的发展，被称为"汉江奇迹"。
Hánguó jīngjì de fāzhǎn,　bèi chēngwéi "Hànjiāng qíjì".

　　한국은 1960년대 이래 특히 박정희 대통령 집권 시기에 "수출입국 경제 발전"의 길을 걸었고, "새마을 운동", "경제 개발 5개년 계획" 캠페인을 전개하여 짧은 20년 동안 한국 경제는 신속한 발전을 이루었습니다. 전쟁으로 인해 폐허된 나라에서 중상위권으로 도약하여 "아시아의 네 마리 용" 중 하나인 선진국으로 부상하였습니다. 이 시기의 한국 경제의 발전을 "한강의 기적"이라고 합니다.

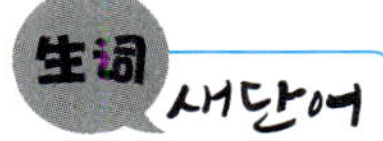

执政 [zhízhèng] [동] 집권하다, 정권을 잡다

崛起 [juéqǐ] [동] 우뚝 솟다

문제 14

请说说韩国国民的四大义务。

한국 국민의 4대 의무에 대해 말해 보세요.

教育，纳税，国防，勤劳。

Jiāoyù, nàshuì, guófáng, qínláo.

교육, 납세, 국방, 근로

문제 15

请说说韩国国民的五大权利。

한국 국민의 5대 권리에 대해 말해 보세요.

平等权、自由权、请求权、参政权、社会权。

Píngděngquán、zìyóuquán、qǐngqiúquán、cānzhèngquán、shèhuìquán.

평등권, 자유권, 청구권, 참정권, 사회권

문제 16

请说说韩国的四大保险。

한국의 4대 보험에 대해 말해 보세요.

健康保险，国民年金，产灾保险，雇佣保险。

Jiànkāng bǎoxiǎn, guómín niánjīn, chǎnzāi bǎoxiǎn, gùyòng bǎoxiǎn.

건강 보험, 국민 연금, 산재 보험, 고용 보험

문제 17

韩国的支柱产业是?

한국의 주축 산업은?

电子、造船、汽车、观光产业。
Diànzǐ、 zàochuán、qìchē、 guānguāng chǎnyè.

전자, 조선, 자동차, 관광산업

문제 18

韩国五大出口产品是?

한국의 5대 수출품은?

半导体，手机，汽车，电视，船舶。
Bàndǎotǐ, shǒujī, qìchē, diànshì, chuánbó.

반도체, 휴대전화, 자동차, TV, 선박

半导体 [bàndǎotǐ] 반도체(전기가 잘 통하는 도체와 통하지 않는 절연체의 중간적인 성질을 나타내는 물질)

韩国何时起发展为什么体制的国家?

한국은 언제부터 어떤 체제의 국가로 발전하였습니까?

自二十世纪六十年代开始，已成功地发展为自由民主制国家。

Zì èrshí shìjì liùshí niándài kāishǐ, yǐ chénggōngde fāzhǎn wéi zìyóu mínzhǔzhì guójiā.

20세기 60년대부터 성공적으로 자유민주제의 나라로 발전하였습니다.

请说说韩国文化财的划分。

한국의 문화재 구분에 대해 말해 보세요.

文化财按类型划分为：有形文化财；无形文化财；纪念物；民俗

Wénhuàcái àn lèixíng huàfēnwéi: yǒuxíng wénhuàcái; wúxíng wénhuàcái; jìniànwù; mínsú

资料等。按指定与否划分为，指定文化财和非指定文化财。

zīliào děng. Àn zhǐdìng yǔfǒu huàfēnwéi, zhǐdìng wénhuàcái hé fēizhǐdìng wénhuàcái.

문화재는 유형에 따라 유형문화재·무형문화재·기념물·민속자료 등으로 구분합니다. 지정 여부에 따라 지정 문화재와 비지정 문화재로 구분합니다.

生词 새단어

文化财 [wénhuàcái] 문화재는 고고학·선사학·역사학·문학·예술·과학·종교·민속·생활양식 등에서 문화적 가치가 있다고 인정되는 인류 문화활동의 소산(所産)

重要无形文化财第1-5号是?

중요 무형문화재 제 1~5호는?

一号：宗庙祭礼乐，
Yī hào:　Zōngmiàojìlǐyuè,

二号：扬州别山台游戏，
èr hào:　Yángzhōu biéshāntái yóuxì,

三号：男寺党游戏，
sān hào: Nánsìdǎng yóuxì,

四号：冠活儿（编斗笠），
sì hào:　Guànhuór　(biāndǒulì),

五号：板索里。
wǔ hào:　Bǎnsuǒlǐ.

1호: 종묘제례악, 2호: 양주별산대놀이, 3호: 남사당놀이, 4호: 갓일, 5호: 판소리

国宝第1-5号是?

국보 제 1~5호는?

一号：崇礼门，
yī hào:　Chónglǐmén,

二号：圆觉寺址十层石塔，
èr hào:　Yuánjuésìzhǐ shí céng shítǎ,

三号：北汉山新罗真兴王巡狩碑，
sān hào: Běihànshān Xīnluó Zhēnxīng wáng xúnshòubēi,

四号：高达寺址浮屠，
sì hào:　Gāodásìzhǐ fútú,

五号：双狮子石灯。
wǔ hào:　Shuāngshīzǐ shídēng.

1호: 숭례문, 2호: 원각사지 10층 석탑, 3호: 북한산 신라 진흥왕 순수비, 4호: 고달사지 부도, 5호: 쌍사자 석등

宝物第1-5号?

보물 제 1~5호는?

一号：兴仁之门，
yī hào:　Xīngrénzhīmén,

二号：普信阁钟，
èr hào:　Pǔxìngézhōng,

三号：大圆觉寺碑，
sān hào:　Dàyuánjuésìbēi,

四号：中初寺址幢竿支柱，
sì hào:　Zhōngchūsìzhǐ zhuànggān zhīzhù,

五号：中初寺址三层石塔。
wǔ hào:　Zhōngchūsìzhǐ sān céng shítǎ.

1호: 흥인지문, 2호: 보신각종, 3호: 대원각사비, 4호: 중초사지 당간지주, 5호: 중초사지 삼층 석탑

国宝与宝物的差异?

국보와 보물의 차이점은?

都是宝物，但国宝是指有特殊史料价值，并来源罕见、稀有、珍
Dōushì bǎowù,　dàn guóbǎo shì zhǐ yǒu tèshū shǐliào jiàzhí,　　　bìng láiyuán hǎnjiàn、xīyǒu、　zhēn

贵价值的财宝。
guì jiàzhí de cáibǎo.

국보와 보물은 다 보물이지만 국보는 특정한 역사적 자료 가치가 있고, 출처가 보기 드물고 희귀하며, 진귀한 보화
입니다.

史迹第1-5号是?

사적 제 1~5호는?

一号：庆州的鲍石亭址，
yī hào:　Qìngzhōu de Bàoshítíngzhǐ,

二号：金海凤凰洞遗址，
èr hào:　Jīnhǎi fènghuángdòng yízhǐ,

三号：水原华城，
sān hào:　Shuǐyuán Huáchéng,

四号：扶余加林城，
sì hào:　Fúyú Jiālínchéng,

五号：扶余扶苏山城。
wǔ hào:　Fúyú Fúsū shānchéng.

1호: 경주 포석정지, 2호: 김해 봉황동 유적, 3호: 수원 화성, 4호: 부여 가림성, 5호: 부여 부소산성

天然纪念物第1~5号是?

천연기념물 제 1~5호는?

一号：道洞的侧柏树林，
yī hào:　Dàodòng de cèbǎi shùlín,

二号：陕川天鹅迁徙地，
èr hào: Shǎnchuān tiān'é qiānxǐdì,

三号：孟山满州黑松树林，
sān hào: Mèngshān mǎnzhōu hēisōng shùlín,

四号：首尔通义洞的白松，
sì hào:　Shǒu'ěr tōngyìdòng de báisōng,

五号：首尔内资洞的白松。
wǔ hào: Shǒu'ěr nèizīdòng de báisōng.

1호: 도동의 측백수림, 2호: 합천 백조 도래지, 3호: 맹산의 만주흑송수림, 4호: 서울 통의동의 백송, 5호: 서울 내자동의 백송

重要民俗资料第1号是?

중요 민속자료 제 1호는?

德温公主唐衣。目前收藏在檀国大学石宙善纪念博物馆。
Déwēn gōngzhǔ tángyī. Mùqián shōucáng zài Tánguó dàxué Shí Zhòushàn jìniàn bówùguǎn.

德温公主(1822～1844)是朝鲜王朝第23代王纯祖(1790～1834)的第
Déwēn gōngzhǔ   shì Cháoxiǎn wángcháo dì dài wángchúnzǔ   de dì

三个女儿。
sān ge nǚ'ér.

덕온공주 당의는 현재 단국대학교 석주선 기념박물관에 소장되어 있습니다. 덕온공주(1822~1844)는 조선의 제23대 왕인 순조(1790~1834)의 셋째 딸입니다.

请说说智异山十景。

지리산 10경에 대해 말해 보세요.

① 天王日出，② 老姑云海，③ 般若落照，④ 碧宵明月，⑤ 烟霞
　Tiānwáng rìchū,　　Lǎogū yúnhǎi,　　Bānruò luòzhào,　　Bìxiāo míngyuè,　　Yānxiá

仙（雪）景，⑥ 佛日显瀑，⑦ 皮亚谷丹枫、稷田丹枫，⑧ 细石杜鹃，
xiān （xuě)jǐng,　　Fórìxiǎnpù,　　Píyàgǔ dānfēng、　Jìtián dānfēng,　　Xìshí dùjuān,

⑨ 七仙溪谷，⑩ 蟾津清流。
　Qīxiān xīgǔ,　　Chánjīnqīngliú.

① 천왕 일출, ② 노고 운해, ③ 반야 낙조, ④ 벽소 명월, ⑤ 연하선(설)경, ⑥ 불일현폭, ⑦ 피아골 단풍, 직전 단풍,
⑧ 세석 철쭉, ⑨ 칠선 계곡, ⑩ 섬진청류

문제 29

请说说韩半岛8景。

한반도 8경에 대해 말해 보세요.

① 白头山天池，② 妙香山（跨部分平安北道、平安南道的山），
　　Báitóushān Tiānchí,　　　　Miàoxiāngshān (kuà bùfèn Píng'ānběi dào、Píng'ānnán dào de shān),

③ 金刚山一万两千峰，④ 大同江乙密台（高句丽时代的亭子），
　　Jīngāngshān yí wàn liǎng qiān fēng,　　Dàtóngjiāng yǐmìtái　　(Gāogōulí shídài de tíngzi),

⑤ 汉拿山白鹿潭，⑥ 智异山云海，⑦ 石窟庵日出（吐含山日出），
　　Hànnáshān Báilùtán,　　　Zhìyìshān yúnhǎi,　　　Shíkū'ān rìchū　　(Tǔhánshān rìchū),

⑧ 海云台晚月。
　　Hǎiyúntái wǎnyuè.

① 백두산 천지, ② 묘향산(부분적으로 평안북도, 평안남도 산을 가로지름), ③ 금강산 1만 2천 봉, ④ 대동강 을밀대(고려 시대의 정자), ⑤ 한라산 백록담, ⑥ 지리산 운해, ⑦ 석굴암 일출(토함산 일출), ⑧ 해운대 저녁 달

문제 30

请说说丹阳八景。

단양 8경에 대해 말해 보세요.

① 上仙岩，② 中仙岩，③ 下仙岩，④ 龟潭峰，⑤ 玉笋峰，
　　Shàngxiānyán,　　Zhōngxiānyán,　　Xiàxiānyán,　　Guītánfēng,　　Yùsǔnfēng,

⑥ 岛潭三峰，⑦ 石门，⑧ 舍人岩。
　　Dǎotánsānfēng,　　Shímén,　　Shěrényán.

① 상선암, ② 중선암, ③ 하선암, ④ 구담봉, ⑤ 옥순봉, ⑥ 도담삼봉, ⑦ 석문, ⑧ 사인암

请说说金刚山四季的名称。

금강산의 4계절 명칭에 대해 말해 보세요.

春天：金刚山，夏天：蓬莱山，秋天：枫岳山，冬天：皆骨山。

Chūntiān: Jīngāngshān, Xiàtiān: Pénglánshān, Qiūtiān: Fēngyuèshān, Dōngtiān: Jiēgǔshān.

봄: 금강산, 여름: 봉래산, 가을: 풍악산, 겨울: 개골산

韩半岛最高的山是?

한반도에서 가장 높은 산은?

白头山 2,750m 。

Báitóushān

백두산 2,750m

韩国第1~3高山是?

한국에서 1~3번째로 높은 산은?

汉拿山 1,950m，智异山 1,915m，雪岳山 1,708m 。

Hànnáshān　　　Zhìyìshān　　　Xuěyuèshān

한라산 1,950m, 지리산 1,915m, 설악산 1,708m

韩国的三大寺刹是?

한국의 3대 사찰은?

华严寺, 海印寺, 通度寺。
Huáyánsì,　Hǎiyìnsì,　　Tōngdùsì.

화엄사, 해인사, 통도사

韩国的三宝寺刹及三宝是?

한국의 3보 사찰 및 3보란?

通度寺（佛宝）, 海印寺（法宝）, 松广寺（僧宝）。
Tōngdùsì　(fóbǎo),　　Hǎiyìnsì　(fǎbǎo),　　Sōngguǎngsì (sēngbǎo).

통도사(불보), 해인사(법보), 송광사(승보)

寺刹 [sìchà] 사찰은 불상, 탑 등을 모셔 놓고 승려와 신자들이 거처하면서 불도를 닦고 교리를 설파하는 건축물 혹은 그 소재 영역을 뜻함

请列举韩国的国立公园。

한국의 국립공원을 열거해 보세요.

第1号，智异山国立公园，位于全南、北，庆南。
Dì　hào, Zhìyìshān guólì gōngyuán, wèiyú Quánnán、běi, Qìngnán.

第2号，庆州国立公园，位于庆北。
Dì　hào, Qìngzhōu guólì gōngyuán, wèiyú Qìngběi.

第3号，鸡龙山国立公园，位于忠南，大田。
Dì　hào, Jīlóngshān guólì gōngyuán, wèiyú Zhōngnán, Dàtián.

第4号，闲丽海上国立公园，位于全南，庆南。
Dì　hào, Xiánlì hǎishàng guólì gōngyuán, wèiyú Quánnán, Qìngnán.

第5号，雪岳山国立公园，位于江原。
Dì　hào, Xuěyuèshān guólì gōngyuán, wèiyú Jiāngyuán.

第6号，俗离山国立公园，位于忠北，庆北。
Dì　hào, Súlíshān guólì gōngyuán,　wèiyú Zhōngběi, Qìngběi.

第7号，汉拿山国立公园，位于济州。
Dì　hào, Hànnáshān guólì gōngyuán, wèiyú Jìzhōu.

第8号，内藏山国立公园，位于全南、北。
Dì　hào, Nèicángshān guólì gōngyuán, wèiyú Quánnán、běi.

第9号，伽耶山国立公园，位于庆南、北。
Dì　hào, Jiāyēshān guólì gōngyuán,　wèiyú Qìngnán、 běi.

第10号，德裕山国立公园，位于全北，庆南。
Dì　hào, Déyùshān guólì gōngyuán,　wèiyú Quánběi, Qìngnán.

第11号，五台山国立公园，位于江源。
Dì　hào, Wǔtáishān guólì gōngyuán,　wèiyú Jiāngyuán.

第12号，周王山国立公园，位于庆北。
Dì　hào, Zhōuwángshān guólì gōngyuán, wèiyú Qìngběi.

第13号，泰安海岸国立公园，位于忠南。
Dì　hào, Tài'ān hǎi'àn guólì gōngyuán,　wèiyú Zhōngnán.

第14号，多岛海海上国立公园，位于全南。
Dì　hào, Duōdǎohǎi hǎishàng guólì gōngyuán, wèiyú Quánnán.

第15号，北汉山国立公园，位于首尔，京畿。
Dì　hào, Běihànshān guólì gōngyuán, wèiyú Shǒu'ěr, Jīngjī.

第16号，雉岳山国立公园，位于江源。
　Dì　　hào, Zhìyuèshān guólì gōngyuán, wèiyú Jiāngyuán.

第17号，月岳山国立公园，位于忠北，庆北。
　Dì　　hào, Yuèyuèshān guólì gōngyuán, wèiyú Zhōngběi, Qìngběi.

第18号，小白山国立公园，位于忠北，庆北。
　Dì　　hào, Xiǎobáishān guólì gōngyuán, wèiyú Zhōngběi, Qìngběi.

第19号，边山半岛国立公园，位于全北。
　Dì　　hào, Biānshān bàndǎo guólì gōngyuán, wèiyú Quánběi.

第20号，月出山国立公园，位于全南。
　Dì　　hào, Yuèchūshān guólì gōngyuán, wèiyú Quánnán.

第21号，无等山国立公园，位于光州。
　Dì　　hào, Wúděngshān guólì gōngyuán, wèiyú Guāngzhōu.

第22号，太白山国立公园，位于江原。
　Dì　　hào, Tàibáishān guólì gōngyuán, wèiyú Jiāngyuán.

제1호, 지리산 국립공원, 위치는 전남, 전북, 경남입니다.

제2호, 경주 국립공원, 위치는 경북입니다.

제3호, 계룡산 국립공원, 위치는 충남, 대전입니다.

제4호, 한려해상 국립공원, 위치는 전남, 경남입니다.

제5호, 설악산 국립공원, 위치는 강원입니다.

제6호, 속리산 국립공원, 위치는 충북, 경북입니다.

제7호, 한라산 국립공원, 위치는 제주입니다.

제8호, 내장산 국립공원, 위치는 전남, 전북입니다.

제9호, 가야산 국립공원, 위치는 경남, 경북입니다.

제10호, 덕유산 국립공원, 위치는 전북, 경남입니다

제11호, 오대산 국립공원, 위치는 강원입니다.

제12호, 주왕산 국립공원, 위치는 경북입니다.

제13호, 태안해안 국립공원, 위치는 충남입니다.

제14호, 다도해해상 국립공원, 위치는 전남입니다.

제15호, 북한산국립공원, 위치는 서울, 경기입니다.

제16호, 치악산 국립공원, 위치는 강원입니다.

제17호, 월악산 국립공원, 위치는 충북, 경북입니다.

제18호, 소백산 국립공원, 위치는 충북, 경북입니다.

제19호, 변산반도 국립공원, 위치는 전북입니다.

제20호, 월출산 국립공원, 위치는 전남입니다.

제21호, 무등산 국립공원, 위치는 광주입니다.

제22호, 태백산 국립공원, 위치는 강원입니다.

请说说韩国最长的探访路 "太阳与海蓝之路"。

한국에서 최장의 탐방로 "해파랑길"에 대해 말해 보세요.

"太阳与海蓝之路" 是大韩民国最长的乡村徒步旅行探访路。也
"Tàiyáng yǔ hǎilán zhī lù"　　shì Dàhánmínguó zuì cháng de xiāngcūn túbù lǚxíng tànfǎnglù.　　Yě

是象征东海岸的 "与太阳同步的思索之路"。全长约700㎞。
shì xiàngzhèng dōnghǎi'àn de "yǔ tàiyáng tóngbù de sīsuǒ zhī lù".　　Quánchángyuē.

从釜山五六岛迎朝阳公园，到江原道高城郡的统一瞭望台，达
Cóng Fǔshān Wǔliùdǎo yíng Zhāoyáng gōngyuán, dào Jiāngyuándào Gāochéngjùn de Tǒngyī liàowàngtái, dá

五十条路线。
wǔshí tiáo lùxiàn.

2010 年9 月15 日，被韩国文化体育观光部选定为东海岸的探访路，
　　　　nián　yuè　　rì，bèi Hánguó wénhuà tǐyù guānguāngbù xuǎndìngwéi dōnghǎi'àn de tànfǎnglù,

其名称叫 "太阳与海蓝之路"。
qí míngchēng jiào "tàiyáng yǔ hǎilán zhī lù".

　"해파랑길"은 대한민국에서 가장 긴 최장의 향촌 트레일 거리입니다. 동해안의 상징인 "태양과 걷는 사색의 길"이기도 합니다. 총 길이는 약 700㎞입니다.

　부산광역시 오륙도 해맞이 공원에서 강원도 고성군 통일 전망대에 이르는 50개의 코스에 달합니다.

　2010년 9월 15일, 문화체육관광부가 선정한 동해안 탐방길로, 그 이름을 "해파랑길"이라 하였습니다.

思索 [sīsuǒ] [동] 사색하다, 깊이 생각하다

瞭望台 [liàowàngtái] [명] 감시탑, 전망대

探访 [tànfǎng] [동] 방문하다, 탐방하다, 취재하다

请说说韩国民俗村。

한국민속촌에 대해 말해 보세요.

韩国民俗村位于京畿道龙仁市。1974 年开张。是韩国人以及外国
Hánguó Mínsúcūn wèiyú Jīngjīdào Lóngrénshì.　　　　nián kāizhāng. Shì Hánguórén yǐjí wàiguó

游客经常前往的地方。民俗村生动地再现了朝鲜时代的生活样式，有
yóukè jīngcháng qiánwǎng de dìfang.　Mínsúcūn shēngdòngde zàixiàn le Cháoxiǎn shídài de shēnghuó yàngshì, yǒu

270 余栋传统韩屋。包括农舍、贵族宅邸、官衙、书院、私塾、韩药房、
yú dòng chuántǒng hánwū. Bāokuò nóngshě、guìzú zháidǐ、guānyá、shūyuàn、sīshú、　hányàofáng、

寺院、城隍庙、占卜屋等。还能看到布置装扮成各种各样的商街，这
sìyuàn、chénghuángmiào、zhànbowū děng. Hái néng kàndào bùzhì zhuāngbànchéng gèzhǒnggèyàng de shāngjiē, zhè

里还是好多电影、电视剧的场景拍摄地。完美地再现了数百年前的生
li háishì hǎo duō diànyǐng、diànshìjù de chǎngjǐng pāishèdì. Wánměi de zàixiàn le shùbǎi nián qián de shēng

活景象。
huó jǐngxiàng.

한국민속촌은 경기도 용인시에 위치하고 있습니다. 1974년에 개장하였고 내·외국 관광객들이 자주 방문하는 곳입니다. 민속촌은 조선 시대의 생활양식을 생동감 있게 재현해 놓은 270여 채의 전통가옥으로 구성되었습니다. 농가, 귀족주택, 관아, 서원, 서당, 한약방, 사찰, 서낭당, 점술집 등이 있습니다.

이곳에서는 다양하게 꾸며진 저잣거리도 구경할 수 있으며, 또한 수많은 영화와 드라마 촬영이 이루어지고 있습니다. 수백 년 전의 생활 모습을 완벽히 드러내고 있습니다.

请说说韩国四季庆典。

한국의 4계절 축제에 대해 말해 보세요.

春天
chūntiān

首尔汉江春花游园庆典（4月）；
Shǒu'ěr Hànjiāng chūnhuā yóuyuán qìngdiǎn(yuè);

庆南昌原镇海军港祭(4月)。
Qìngnán Chāngyuán Zhènhǎi Jūngǎngjì (yuè).

夏天
xiàtiān

忠南保宁美容泥浆节（7月）；
Zhōngnán Bǎoníng Měiróngníjiāngjié (yuè);

仁川摇滚音乐节（8月）。
Rénchuān Yáogǔn yīnyuèjié (yuè).

秋天
qiūtiān

釜山国际电影节（10月）；
Fǔshān Guójì diànyǐngjié (yuè);

安东国际假面舞节（9~10月）；
Āndōng Guójì jiǎmiànwǔjié (yuè);

全北金堤地平线庆典（10月）。
Quánběi Jīndī dìpíngxiàn qìngdiǎn (yuè).

冬天
dōngtiān

江原大关岭雪花节（1~2月）；
Jiāngyuán Dàguānlǐng xuěhuājié (yuè);

江原华川山鳟鱼庆典（1月）；
Jiāngyuán Huáchuān shānzūnyú qìngdiǎn (yuè);

济州正月野火节。
Jìzhōu zhēngyuè yěhuǒjié.

봄
한강 봄꽃 피크닉 페스티벌(4월);
경남 창원 진해 군항제(4월).

여름
충남 보령 머드 축제(7월);
인천 펜타포트 록페스티벌(8월).

가을
부산 국제영화제(10월);
안동 국제 탈춤 페스티벌(9~10월);
전북 김제 지평선 축제(10월).

겨울
강원 대관령 눈꽃 축제(1~2월);
강원 화천 산천어 축제(1월);
제주 정월대보름 들불 축제

请介绍韩国(高丽)人参。

한국(고려) 인삼을 소개해 보세요.

1 韩国(高丽)人参
Hánguó (Gāolì) rénshēn

韩国人参,自古称高丽人参。分为"红参"、"白参"、"水参"。
Hánguó rénshēn, zìgǔ chēng Gāolì rénshēn.　　Fēnwéi "hóngshēn"、"báishēn"、"shuǐshēn".

"红参"是精选最好品种的六年生根人参加工制作的。"白参"一般
"hóngshēn" shì jīngxuǎn zuìhǎo pǐnzhǒng de liù nián shēnggēn rénshēn jiāgōng zhìzuò de. "Báishēn" yībān

是用三年或六年生根人参加以晒干而成的。"水参"是没有晒干的新
shì yòng sān nián huò liù nián shēnggēn rénshēn jiāyǐ shàigàn ér chéng de. "Shuǐshēn" shì méiyǒu shàigàn de xīn

鲜人参。在韩国最有名的人参产地是江华岛（仁川）、锦山（忠南）和
xiān rénshēn. Zài Hánguó zuì yǒumíng de rénshēn chǎndì shì Jiānghuádǎo(Rénchuān)、Jǐnshān(Zhōngnán) hé

丰基（庆北）。
Fēngjī(Qìngběi).

2 人参的功效
rénshēn de gōngxiào

有补五脏、安神、止惊悸、解除精神疲劳,明目开心益智功效。有
Yǒu bǔ wǔzàng、ānshén、zhǐjīngjì、jiěchú jīngshén píláo, míngmù kāixīn yìzhì gōngxiào.Yǒu guīlǜ de

规律的服用人参,可预防和治疗动脉硬化和高血压,预防和治疗癌和
fúyòng rénshēn, kě yùfáng hé zhìliáo dòngmài yìnghuà hé gāoxuèyā, yùfáng hé zhìliáo ái hé zhǒngyáng, kěyǐ

肿疡,可以防衰老,延年益寿。
fángshuāilǎo, yánnián yìshòu.

3 人参皂苷的功效
rénshēn zàogān de gōngxiào

人参皂苷（ginsenoside）有恢复元气,提高（增强）免疫力,滋养强
Rénshēn zàogān　　　　　　　yǒu huīfù yuánqì,　　tígāo(zēngqiáng) miǎnyìlì, zīyǎng

壮,抗癌的功效。
qiángzhuàng, kàng'ái de gōngxiào.

4 韩国人参的特征是什么?

Hánguó rénshēn de tèzhēng shì shémme?

人参有韩国参、中国参、美国参。但是韩国人参是世界最有名的

Rénshēn yǒu Hánguóshēn、Zhōngguóshēn、Měiguóshēn. Dànshì Hánguó rénshēn shì shìjiè zuì yǒumíng de

人参。自古称"高丽人参"。在台湾、日本、中国、美国等世界60多个

rénshēn. Zìgǔ chēng "Gāolì rénshēn". Zài Táiwān、Rìběn、Zhōngguó、Měiguó děng shìjiè duō gè

国家和地区公认为是"韩国名品"。据专家们分析说,这和韩国的土

guójiā hé dìqū gōngrènwéi shì "Hánguó míngpǐn". Jù zhuānjiāmen fēnxī shuō, zhè hé Hánguó de tǔ

质、阳光、空气很有关系。韩国适合生长质量、效果最上乘的人参。韩

zhì、yángguāng、kōngqì hěn yǒu guānxi. Hánguó shìhé shēngzhǎng zhìliàng、xiàoguǒ zuì shàngchéng de rénshēn. Hán

国人参最大特点是含有20多种人参皂苷,是皂苷含量最高的人参。

guó rénshēn zuìdà tèdiǎn shì hányǒu duō zhǒng rénshēn zàogān, shì zàogān hánliàng zuì gāo de rénshēn.

5 长脑参

chángnǎoshēn

长脑参是种植栽培的山参。

Chángnǎoshēn shì zhòngzhí zāipéi de shānshēn.

6 正官庄

Zhèngguānzhuāng

正官庄是六年根红参熬出的浓缩液。是韩国的品牌产(商)品。从

Zhèngguānzhuāng shì liù nián gēn hóngshēn áochū de nóngsuōyè. Shì Hánguó de pǐnpái chǎn(shāng)pǐn. Cóng

1899年朝鲜王朝实施由国家专卖以来,已经有一百多年的历史了。成了

nián Cháoxiǎn wángcháo shíshī yóu guójiā zhuānmài yǐlái, yǐjīng yǒu yì bǎi duō nián de lìshǐ le. Chéng le

韩国乃世界级的品牌。

Hánguó nǎi shìjiè jí de pǐnpái.

1 한국(고려) 인삼

한국 인삼, 예로부터 고려 인삼이라 합니다. "홍삼", "백삼", "수삼"으로 구분하는데 "홍삼"은 정선된 가장 좋은 6년 근 인삼을 가공 제조한 것입니다. "백삼"은 보통 3년이나 6년근 인삼을 햇볕에 말린 삼입니다. "수삼"은 말리지 않은 인 삼입니다. 한국에서 가장 유명한 인삼지는 강화도(인천), 금산(충남)과 풍기(경북) 입니다

2 인삼의 효능

오장을 보강하고 신경을 안정시키며 경기를 멈추게 하고 신경 피로 해소, 눈이 밝아지고 머리를 지혜롭게 합니다. 인삼을 규칙적으로 복용하면 동맥경화와 고혈압, 종양과 암, 예방 및 치료, 노화방지, 연년익수 즉 장수할 수 있습니다.

3 사포닌의 효능

인삼 사포닌(진세노사이드 ginsenoside)은 원기 회복, 면역력 증진, 자양 강장, 항암 효능이 있습니다.

4 한국 인삼의 특징은 무엇입니까?

인삼은 한국삼, 중국삼, 미국삼이 있습니다. 그러나 한국 인삼은 세계적으로 가장 유명한 인삼입니다. 예로부터 "고려 인삼"이라 불리웠습니다. 대만, 일본, 중국, 미국 등 세계 60여 개 나라와 지역에서 공식 인정한 "한국브랜드"입니다. 전문가들의 분석에 의하면 이는 한국에 토질, 햇빛, 기후와 매우 관련 있다 합니다. 한국은 품질, 효능이 가장 탁월한 인삼이 나는 최적지라 합니다. 한국 인삼의 가장 큰 특징은 20여 종의 인삼 사포닌이 함유되어 있어 사포닌 함량이 최고로 높은 인삼이라고 합니다.

5 장뇌삼

장뇌삼은 양식 재배한 산삼입니다.

6 정관장

정관장은 6년근 홍삼을 달여낸 농축액입니다. 한국에 브랜드 상품입니다. 1899년 조선왕조가 국가 독점 판매로 실시한 후 이미 100여 년의 역사를 이어오고 있습니다. 한국 뿐만 아니라 세계급의 브랜드로 거듭났습니다.

(4) 서울 소개 및 명소 안내

请介绍首尔。

서울을 소개하세요.

首尔是韩国的首都，有600多年的历史，是韩国政治、经济、教
Shǒu'ěr shì Hánguó de shǒudū, yǒu duō nián de lìshǐ, shì Hánguó zhèngzhì、jīngjì、 jiào

育、文化的中心。面积为605.39平方公里，人口约1000万以下。有众多的
yù、 wénhuà de zhōngxīn. Miànjī wéi píngfāng gōnglǐ, rénkǒu yuē wàn yǐxià. Yǒu zhòngduō de

古迹，有世界一流的公交、公共设施，是世界十大城市之一。是高度数
gǔjì, yǒu shìjiè yīliú de gōngjiāo、 gōnggòng shèshī, shì shìjiè shí dà chéngshì zhīyī. Shì gāodù shù

字化的城市，其数字机会指数排名世界第一。汉江横跨首尔南北，江
zìhuà de chéngshì, qí shùzì jīhuì zhǐshù páimíng shìjiè dì yī. Hàn Jiāng héngkuà Shǒu'ěr nánběi, jiāng

北是古城，江南是新城。首尔不愧是一座美丽的设计之都，可以说，首
běi shì gǔchéng, jiāngnán shì xīnchéng. Shǒu'ěr búkuì shì yí zuò měilì de shèjì zhī dū, kěyǐ shuō, Shǒu

尔是融合了现代和传统美感的国际化的大都市。
ěr shì rónghé le xiàndài hé chuántǒng měigǎn de guójìhuà de dàdūshì.

首尔的主要名胜古迹如下。
Shǒu'ěr de zhǔyào míngshènggǔjì rúxià.

市区有：首尔五大宫，宗庙，社稷坛，兴仁之门（东大门），东大
Shìqū yǒu: Shǒu'ěr Wǔdàgōng, zōngmiào, shèjìtán, Xīngrénzhīmén (Dōngdàmén), Dōngdà

门设计广场（DDP），崇礼门（南大门），南山韩屋村、南山公园，钟路
mén shèjì guǎngchǎng, Chónglǐmén (Nándàmén), Nánshān Hánwūcūn、Nánshān gōngyuán, Zhōng Lù

的普信阁、塔洞公园、N首尔塔，汉江、清溪川，明洞天主教堂，曹溪
de Pǔxìngé、 Tǎ Dòng gōngyuán、Shǒu'ěrtǎ、Hàn Jiāng、Qīngxīchuān, Míngdòng tiānzhǔjiàotáng, Cáoxī

寺，奉恩寺，东庙，乐天世界，乐天世界大厦，63大厦等。
sì, Fèng'ēnsì, Dōngmiào, Lètiān shìjiè, Lètiān shìjiè dàshà, dàshà děng.

郊区有：韩国民俗村，首尔大公园，龙仁爱宝乐园，板门店，水原
Jiāoqū yǒu: Hánguó mínsúcūn, Shǒu'ěr Dàgōngyuán, Lóngrén Àibǎo lèyuán, Bǎnméndiàn, Shuǐyuán

华城，南汉山城等。
Huáchéng, Nánhàn shānchéng děng.

市内还有古老的传统市场及代表前卫时尚的，购物，消费，娱乐
Shìnèi hái yǒu gǔlǎo de chuántǒng shìchǎng jí dàibiǎo qiánwèi shíshàng de, gòuwù, xiāofèi, yúlè

一应俱全的地方。如，明洞，钟路，仁寺洞，东大门市场，广藏市场，南
yìyīngjùquán de dìfang. Rú, Míng Dòng, Zhōng Lù, Rénsì Dòng, Dōngdàmén shìchǎng, Guǎngzàng shìchǎng, Nán

大门市场，美丽莱购物中心，狎鸥亭洞，梨泰院，亚洲最大的地下商
dàmén shìchǎng, Měilìlái gòuwù zhōngxīn, Xiá'ōutíng Dòng, Lítàiyuàn, Yàzhōu zuì dà de dìxià shāng

街综合贸易商厦COEX MALL 等。都是购物、娱乐、消遣的最佳空间。
jiē zōnghé màoyì shāngshà děng. Dōushì gòuwù、 yúlè、 xiāoqiǎn de zuìjiā kōngjiān.

서울은 한국의 수도이고, 600여 년이란 역사를 지니고 있으며, 한국의 정치, 경제, 교육, 문화의 중심지입니다. 면적은 605.39㎢, 인구는 약 1,000만 명 이하입니다. 수많은 명승고적이 있고, 세계 일류의 대중 교통 시설들이 갖춰져 있으며, 세계의 10대 도시 중 하나입니다. 또한 고디지털화 도시이자, 디지털 기회 지표가 세계 1위인 도시입니다. 한강이 서울의 남북을 가로 지르고 있는데, 강북은 옛 도시이며, 강남은 뉴타운입니다. 서울은 아름다운 디자인의 도시로 손색이 없으며, 현대미와 전통미로 융합된 국제화 대도시라고 할 수 있습니다.

서울의 주요 명승고적은 다음과 같습니다.

시내 안에는 서울 5대궁, 종묘, 사직단, 흥인지문(동대문), 동대문 디자인 플라자(DDP), 숭례문(남대문), 남산 한옥마을, 남산공원, 종로의 보신각, 탑골공원, N서울타워, 한강, 청계천, 명동성당, 조계사, 봉은사, 동묘, 롯데월드, 롯데월드타워, 63빌딩 등이 있습니다.

시외에는 한국민속촌, 서울대공원, 용인 에버랜드, 판문점, 수원화성, 남한산성 등이 있습니다.

시내에는 또한 전통시장과 전위적이며 유행을 대표하는 쇼핑, 오락, 즐거움을 함께 누릴 수 있는 거리가 있습니다. 예를 들어 명동, 종로, 인사동, 동대문시장, 광장시장, 남대문시장, 밀리오레, 압구정동, 이태원, 아시아 최대의 지하상가인 종합무역센터 COEX MALL 등이 있습니다. 모두 여행의 즐거움과 여유를 만끽할 수 있는 최적화된 공간입니다.

生词 새단어

横跨 [héngkuà] [동] 가로 지르다, 뛰어넘다

消遣 [xiāoqiǎn] 한가하게 시간을 보내다, 심심풀이, 소일거리

最佳 [zuìjiā] [형] 최적이다, 가장 적당하다, 가장 좋다, 최상의

象征首尔市的花，鸟，树，角色是?

서울시를 상징하는 꽃·새·나무·캐릭터는?

象征首尔市的花是连翘，鸟是喜鹊，树是银杏树，角色是獬豸。

Xiàngzhēng Shǒu'ěr de huā shì liánqiáo, niǎo shì xǐquè, shù shì yínxingshù, juésè shì xièzhì.

서울시를 상징하는 꽃은 개나리, 새는 까치, 나무는 은행나무, 캐릭터는 해치입니다.

首尔著名的大学是?

서울에 있는 유명 대학은?

首尔大学，延世大学，高丽大学。

Shǒu'ěr dàxué, Yánshì dàxué,   Gāolí dàxué.

서울대학교, 연세대학교, 고려대학교 등이 있습니다.

獬豸 [xièzhì] [명] 해치, 해태(선악을 구별하고 정의를 지키는 전설 속의 동물)

문제 4

首尔五大宫是?

서울의 5대궁은?

景福宫，昌德宫，昌庆宫，德寿宫，庆熙宫。
Jǐngfúgōng, Chāngdégōng, Chāngqìnggōng, Déshòugōng, Qìngxīgōng.

경복궁, 창덕궁, 창경궁, 덕수궁, 경희궁

문제 5

首尔曾经的别称是?

서울의 옛 별칭은?

徐伐，徐那伐，徐罗伐，徐耶伐，汉城，汉阳。
Xúfá, Xúnàfá, Xúluófá, Xúyēfá, Hànchéng, Hànyáng.

서벌, 서나벌, 서라벌, 서야벌, 한성, 한양입니다.

문제 6

京畿的含义是?

경기의 의미는?

首都及其周边地区叫京畿。
Shǒudū jí qí zhōubiān dìqū jiào Jīngjī.

수도 및 주변 지역을 경기라고 합니다.

新罗别称 [Xīnluó biéchēng] 신라 별칭은 사로(斯卢), 사라(斯罗), 서나(徐那), 서나벌(徐那伐), 서야(徐耶), 서야벌(徐耶伐), 서라(徐罗), 서라벌(徐罗伐), 서벌(徐伐)입니다.

首尔五宫正殿及正门是?

서울 5궁의 정전 및 정문은?

景福宫（史迹117号）：勤政殿（国宝223号）、光化门。
Jǐngfúgōng (shǐjì hào): Qínzhèngdiàn (guóbǎo hào)、 Guānghuàmén.

昌德宫（史迹122号）：仁政殿（国宝225号）、敦化门（宝物383号）。
Chāngdégōng (shǐjì hào): Rénzhèngdiàn (guóbǎo hào)、 Dūnhuàmén (bǎowù hào).

昌庆宫（史迹123号）：明政殿（国宝226号）、弘化门（宝物384号）。
Chāngqìnggōng (shǐjì hào): Míngzhèngdiàn (guóbǎo hào)、 Hónghuàmén (bǎowù hào).

德寿宫（史迹124号）：中和殿（宝物819号）、大汉门。
Déshòugōng (shǐjì hào): Zhōnghédiàn (bǎowù hào)、 Dàhànmén.

庆熙宫：崇政殿（首尔有形文化财第20号）、兴化门（首尔有形文
Qìngxīgōng: Chóngzhèngdiàn (Shǒu'ěr yǒuxíng wénhuàcái dì hào)、Xīnghuàmén (Shǒu'ěr yǒuxíng wén

化财第19号）。
huàcái dì hào).

경복궁(사적 117호): 근정전(국보 223호), 광화문
창덕궁(사적 122호): 인정전(국보 225호), 돈화문(보물 383호)
창경궁(사적 123호): 명정전(국보 226호), 홍화문(보물 384호)
덕수궁(사적 124호): 중화전(보물 819호), 대한문
경희궁: 숭정전 (서울 유형문화재 제20호), 홍화문(서울 유형문화재 제19호)

史迹 [shǐjì] 역사상 중대한 사건과 시설의 자취

请介绍景福宫。

경복궁을 소개하세요.

景福宫位于首尔钟路区的世宗路。史迹第117号，面积43多平方
Jǐngfúgōng wèiyú Shǒu'ěr Zhōnglù Qū de Shìzōng Lù. Shǐjì dì hào, miànjī duō píngfāng

米，创建于1395年。是朝鲜王朝的始祖李成桂下令建筑的第一个正宫。
mǐ, chuàngjiàn yú nián. Shì Cháoxiān wángcháo de shǐzǔ Lǐ Chéngguì xiàlìng jiànzhù de dì yī gè zhènggōng.

至今已有600多年的历史。首尔五大宫中规模最大，最古老，最壮观，
Zhìjīn yǐ yǒu duō nián de lìshǐ. Shǒu'ěr wǔdàgōng zhōng guīmó zuì dà, zuì gǔlǎo, zuì zhuàngguān,

最灿烂的居五宫之首的宫殿。景福宫初建当时，有前朝后廷勤政殿、
zuì cànlàn de jū wǔgōng zhī shǒu de gōngdiàn. Jǐngfúgōng chūjiàn dāngshí, yǒu qiáncháo hòutíng Qínzhèngdiàn、

思政殿、康宁殿、交泰殿、慈庆殿、庆会楼、香远亭等殿阁与回廊。
Sīzhèngdiàn、Kāngníngdiàn、Jiāotàidiàn、Cíqìngdiàn、Qìnghuìlóu、Xiāngyuǎntíng děng diàngé yǔhuíláng.

景福宫之名是郑道传借"诗经"里"君子万年，介尔景福"的诗句
Jǐngfúgōng zhī míng shì Zhèng Dàochuán jiè "Shījīng" lǐ "jūnzǐwànnián, jiè'ěrjǐngfú" de shījù

所起。意思是"祝愿君王和百姓千秋万代享受太平盛世"之含义。景福
suǒ qǐ. Yìsi shì "zhùyuàn jūnwáng hé bǎixìng qiānqiūwàndài xiǎngshòu tàipíng shèngshì" zhī hányì. Jǐngfú

宫1592年壬辰倭乱时等，先后被日本人破坏，遭受过多次毁损。
gōng nián Rénchénwōluàn shí děng, xiānhòu bèi Rìběnrén pòhuài, zāoshòuguò duōcì huǐsǔn.

景福宫现存最具代表性的建筑有，正殿举行君王即位大典的和
Jǐngfúgōng xiàncún zuì jù dàibiǎoxìng de jiànzhùyǒu, zhèngdiàn jǔxíng jūnwáng jíwèi dàdiǎnde hé

文武百官朝礼仪式的"勤政殿"(国宝第223号)；有用作迎宾馆，接待
wénwǔ bǎiguān cháolǐ yíshì de "Qínzhèngdiàn"(guóbǎo dì hào); yǒuyòng zuò yíngbīnguǎn, jiēdài

外国使臣，举行各种宴会的，两层建筑"庆会楼"（国宝第224号）等。
wàiguó shǐchén, jǔxíng gè zhǒng yànhuì de, liǎng céng jiànzhù "Qìnghuìlóu" (guóbǎo dì hào) děng.

园内的莲花池叫"香远亭"至今保存完好。
Yuánnèi de liánhuāchí jiào "Xiāngyuǎntíng" zhìjīn bǎocún wánhǎo.

景福宫呈现了朝鲜王朝的兴旺与繁荣，也展现了朝鲜王朝的
Jǐngfúgōng chéngxiàn le Cháoxiǎn wángcháo de xīngwàng yǐ fánróng, yě zhǎnxiàn le Cháoxiǎn wángcháo de

宫殿建筑艺术特色及其风范。
gōngdiàn jiànzhù yìshù tèsè jí qí fēngfàn.

경복궁은 종로구 세종로에 위치하고 있으며, 사적 제 117호로, 면적은 43만여 ㎡로 1395년에 창건하였습니다. 조선 왕조 태조 이성계의 명으로 세워진 최초의 정궁입니다. 오늘날까지 600여 년의 역사를 지니고 있으며, 서울 5대궁 중 가장 규모가 크고 가장 오래되었으며, 웅장하고 휘황찬란한 5궁 중의 수위입니다. 경복궁 창건 당시, 전조 후궁으로 구성된 근정전, 사정전, 강녕전, 교태전, 자경전, 경회루, 향원정 등의 전각과 회랑이 있었습니다.

경복궁이라는 이름은 정도전이 "시경"에서의 "군자만년, 개이경복"이라는 글귀를 따서 지은 명칭입니다. 즉 "군왕과 백성모두가 태평성세의 복을 누리리라"는 의미입니다. 경복궁은 1592년 임진왜란 등 잇따른 일본인의 파괴로 여러차례 훼손 당하였습니다.

경복궁의 현존하는 가장 대표적인 건물은 정전인 임금의 즉위 의식과 문무백관 조례 의식이 거행되는 "근정전"(국보 제223호), 영빈관 역할로 외국 사신을 접견하고 궁중 연회를 베푸는 2층 건물인 "경회루"(국보 제224호) 등이 있습니다. 그리고 정원에 있는 연못 "향원정"은 오늘날까지 잘 보존되어 있습니다.

경복궁은 조선 왕조의 흥성과 번영을 의미하였으며, 또한 조선 궁전 예술의 특징 및 기풍도 보여 주었습니다.

문제 9

请说说景福宫的踏道。

경복궁의 답도에 대해 말해 보세요.

踏道是国王坐轿子经过的道儿。

Tàdào shì guówáng zuò jiàozi jīngguò de dàor.

답도는 임금이 가마를 타고 지나는 길입니다.

生词 새단어

风范 [fēngfàn] [명] 품격, 풍모, 기품, 매너, 패기
呈现 [chéngxiàn] [동] 나타나다, 드러나다, 양상을 띠다

请说说景福宫里的凤凰。

경복궁의 봉황에 대해 말해 보세요.

凤凰是人们想像出的高贵而吉祥的鸟。传说一个国家出现圣人，
Fènghuáng shì rénmen xiǎngxiàngchū de gāoguì ér jíxiáng de niǎo. Chuánshuō yí ge guójiā chūxiàn shèngrén,

使国家进入太平盛世时才显现的吉祥之鸟。凤是雄，凰是雌，凤凰一
shǐ guójiā jìnrù tàipíngshèngshì shí cái xiǎnxiàn de jíxiáng zhī niǎo. Fèng shì xióng, huáng shì cí, fènghuáng yì

般会落在梧桐树上，吃竹果（吃竹子树上结的果）。传说凤凰无论怎
bān huì luò zài wútóngshù shang, chī zhúguǒ (chī zhúzishù shang jié de guǒ). Chuánshuō fènghuáng wúlùn zěn

么饥饿，也不会去吃谷子类。所以，凤凰象征着高贵而廉洁，成了四
me jī'è, yě búhuì qù chī gǔzilèi. Suǒyǐ, fènghuáng xiàngzhēngzhe gāoguì ér liánjié, chéng le sì

灵（凤凰、麒麟、龟、龙）中，一个神圣的鸟。因此，宫廷里的礼服、装
líng (fènghuáng、qílín、guī、lóng) zhōng, yí ge shénshèng de niǎo. Yīncǐ, gōngtíngli de lǐfú、zhuāng

饰物、家具、工艺品等艺术画中，总会出现凤凰图案。
shìwù、jiājù、gōngyìpǐn děng yìshùhuà zhōng, zǒng huì chūxiàn fènghuáng tú'àn.

在韩国的景福宫中就有三处凤凰图。
zài Hánguó de Jǐngfúgōng zhōng jiù yǒu sān chù fènghuángtú.

1 光化门天花板上画有一对凤凰图。
Guānghuàmén tiānhuābǎn shang huà yǒu yí duì fènghuángtú.

2 景福宫峨眉山烟囱（宝物第811号）上也有凤凰图。
Jǐngfúgōng Éméishān yāncōng (bǎowù dì hào) shang yě yǒu fènghuángtú.

3 景福宫勤政殿的台阶踏道上还有一对雕凿的凤凰图。
Jǐngfúgōng Qínzhèngdiàn de táijiē tàdào shang hái yǒu yí duì diāozáo de fènghuángtú.

体现了朝鲜王朝祈愿王宫、国家、百姓永远享受太平盛世之含
Tǐxiàn le Cháoxiǎn wángcháo qíyuàn wánggōng、guójiā、bǎixìng yǒngyuǎn xiǎngshòu tàipíngshèngshì zhī hán

义。
yì.

生词 새단어

廉洁 [liánjié] [형] 청렴결백하다

雕凿 [diāozáo] 끌이나 정으로 파고 새기다, 조각하다

봉황은 상상에서 나온 고귀하고 상서로운 새입니다. 한 나라에 성인(聖人)이 나타나 태평 성세에 나타나는 새라고 전해져 내려옵니다. 봉은 수컷 황(凰)은 암컷으로 봉황은 일반적으로 오동 나무에 깃들며, 대나무 열매를 먹습니다. 봉황은 아무리 배가 고파도 곡류는 먹지 않는다고 합니다. 때문에 봉황은 청렴의 상징으로 여겨져 또한 기린, 거북, 용과 함께 사령(四靈)의 하나로 신성스러운 새로 인정 받아왔습니다. 그래서 궁중의 예복, 장신구, 가구, 공예품, 예술화 등에서 늘 봉황도를 감상 할 수 있습니다.

경복궁에는 봉황도가 3곳이 있습니다.

1 광화문 천장에 그려진 봉황 한 쌍으로 있습니다.

2 경복궁 아미산의 굴뚝(보물 제811호)에도 있습니다.

3 경복궁 근정전 계단 답도에도 한 쌍의 봉황이 새겨져 있습니다.

조선 왕조의 왕궁·나라·백성이 영원토록 태평성대를 누리리라는 바람이 깃들어 있습니다.

请说说勤政殿广场上的品阶石。

경복궁 광장의 품계석에 대해 말해 보세요.

景福宫勤政殿的广场上，有朝鲜宫廷的文武百官按照身份站
Jǐngfúgōng Qínzhèngdiàn de guǎngchǎng shang, yǒu Cháoxiǎn gōngtíng de wénwǔ bǎiguān ànzhào shēnfèn zhàn

位的品阶石，于东西两侧排列着。排列的顺序是，文官居东，武官居
wèi de pǐnjiēshí, yú dōngxī liǎng cè páilièzhe. Páiliè de shùnxù shì, wénguān jū dōng, wǔguān jū

西。
xī.

경복궁 근정전 광장에 조선 궁정의 문무백관이 신분에 따라 서는 품계석이 동서로 배열되어 있습니다. 줄 서는 순서는 문관이 동쪽에 위치하고 무관이 서쪽에 위치합니다.

请说说景福宫勤政殿的日月五峰图。

경복궁 근정전의 일월오봉도에 대해 말해 보세요.

"日月五峰图"也叫"日月昆仑图"。具有祈愿王权、王族永远昌
"Rìyuè wǔfēngtú" yě jiào "Rìyuè kūnlúntú". Jùyǒu qíyuàn wángquán、wángzú yǒngyuǎn chāng

盛之含义。
shèng zhī hányì.

构成日月五峰图的素材是：日、月、五座山峰、松树、波涛、瀑布。
Gòuchéng Rìyuèwǔfēngtú de sùcái shì: rì、 yuè、wǔ zuò shānfēng、sōngshù、bōtāo、pùbù.

日：象征君王，月：象征王后。
Rì: xiàngzhēng jūnwáng, yuè: xiàngzhēng wánghòu.

五座山峰：象征祭拜山神的五岳。即，金刚山，白头山，智异山，妙香
Wǔ zuò shānfēng: xiàngzhēng jìbài shānshén de wǔyuè. Jí, Jīngāng Shān, Báitóu Shān, Zhìyì Shān, Miàoxiāng

山，三角山。同时也象征祈愿君王万寿无疆。
Shān, Sānjiǎo Shān. Tóngshí yě xiàngzhēng qíyuàn jūnwáng wànshòuwújiāng.

松树：象征着祈愿王的子孙，像枝繁叶茂的松树一样代代昌盛。
Sōngshù: xiàngzhēngzhe qíyuàn wáng de zǐsūn, xiàng zhīfányèmào de sōngshù yíyàng dàidàichāngshèng.

波涛：象征朝廷。
Bōtāo: xiàngzhēng cháotíng.

总之，日月五峰图象征绝对的王权王威，赞颂王族，祈愿王族的
Zǒngzhī, Rìyuè wǔfēngtú xiàngzhēng juéduì de wángquán wángwēi, zànsòng wángzú, qíyuàn wángzú de

永久繁荣，可称得上是朝鲜宫廷吉祥装饰的代表。
yǒngjiǔ fánróng, kě chēngdeshàng shì Cháoxiǎn gōngtíng jíxiáng zhuāngshì de dàibiǎo.

"일월오봉도"는 "일월곤륜도"라고도 합니다. 왕권·왕족의 무궁번창을 기원한다는 뜻입니다.

일월오봉도를 구성하는 소재들은 해와 달·다섯 봉우리·소나무·파도·폭포입니다. 해는 임금을 상징하고 달은 왕후를 상징합니다.

다섯 봉우리는 산신에게 제를 올리던 오악을 상징합니다. 즉 금강산·백두산·지리산·묘향산·삼각산입니다. 동시에 임금의 만수무강을 기원 상징하기도 합니다.

소나무는 소나무 가지가 무성하듯 왕손이 대대손손 번창하기를 기원 상징합니다.

파도는 조정(朝廷)을 상징합니다.

즉 일월오봉도는 절대적인 왕권과 왕위를 상징하고, 왕족을 칭송하고, 영원히 번영하기를 기원하며, 조선 궁정의 길상 장식의 대표적인 예라고 할 수 있습니다.

请说说景福宫勤政殿的"Deumeu(门海)"。

경복궁 근정전의 "드므 Deumeu"에 대해 말해 보세요.

景福宫勤政殿的"Deumeu 门海",是铁制的用来装水的大缸。放
Jǐngfúgōng Qínzhèngdiàn de　　　　"ménhǎi",　shì tiězhì de yònglái zhuāngshuǐ de dàgāng. Fàng

在了东西月台的角落里。原来上下月台各有两个，共四个，现在只有两
zài le dōngxī yuètái de jiǎoluòlǐ.　　　Yuánlái shàngxià yuètái gè yǒu liǎng gè, gòng sì gè, xiànzài zhǐ yǒu liǎng

个。中国故宫宫殿门前也有门海。据说门海有两个作用。一是防止火
gè.　Zhōngguó Gùgōng gōngdiàn ménqián yě yǒu ménhǎi. Jùshuō ménhǎi yǒu liǎng gè zuòyòng. Yī shì fángzhǐ huǒ

灾用的水缸作用，二是驱鬼避邪的作用。火魔通过水面照着自己可怕
zāi yòng de shuǐgāng zuòyòng, èr shì qūguǐbìxié de zuòyòng.　　Huǒmó tōngguò shuǐmiàn zhàozhe zìjǐ kěpà

的面目后，会逃之夭夭的照妖镜作用。
de miànmù hòu, huì táozhīyāoyāo de zhàoyāojìng zuòyòng.

韩国叫"Deumeu"，中国叫"门海"以比喻缸中的水似海般多，可
Hánguó jiào　　　　　Zhōngguó jiào "ménhǎi" yǐ bǐyù gāng zhōng de shuǐ sìhǎi bān duō, kě

以扑灭火，预防火灾，故又被誉为"吉祥缸"。
yǐ pūmiè huǒ,　　yùfáng huǒzāi,　gù yòu bèi yùwéi　　"jíxiánggāng".

　　경복궁 근정전의 "드므 Deumeu"는 무쇠로 된 물을 담아 두는 큰 항아리입니다. 동서 월대 모퉁이에 놓여 있습니다. 원래는 상하 월대에 두 개씩 총 네 개가 있었으나 지금은 두 개만 남아 있습니다. 중국 자금성 궁전 문 앞에도 "드므 Deumeu"가 있습니다. 드므는 두 가지 역할을 한다고 합니다. 하나는 화재 방지용 물통의 역할을 하고 또 하나는 귀신을 쫓고 액을 막는 역할을 합니다. 즉 불귀신이 수면에 비친 자신의 무서운 모습을 보고 줄행랑을 놓고 도망가는 요술 거울 역할을 한다고 합니다.

　　한국에서는 "드므 Deumeu"라 하고, 중국은 "门海"라 하여 항아리 물이 바다만큼 많다는 뜻으로 불을 끄고 화재를 예방할 수 있다고 해서 또한 "길상의 항아리"라고도 합니다.

大缸 [dàgāng] 독, 항아리

角落 [jiǎoluò] [명] 구석, 모퉁이, 외딴 곳, 외진 곳

逃之夭夭 [táozhīyāoyāo] [성] 줄행랑을 놓다, 멀리 달아나 버리다

景福宫四大门是?

경복궁의 4대문은?

东: 建春门, 西: 迎秋门, 南: 光化门, 北: 神武门。

Dōng: Jiànchūnmén, xī: Yíngqiūmén,　nán: Guānghuàmén, běi: Shénwǔmén.

동: 건춘문, 서: 영추문, 남: 광화문, 북: 신무문

景福宫慈庆殿烟囱上的十长生是?

경복궁 자경전 굴뚝의 십장생은?

日, 月, 山, 川, 竹, 松, 龟, 鹤, 鹿, 不老草。含有祈愿长生不老之

Rì,　yuè,　shān, chuān, zhú, sōng, guī, hè,　lù,　bùlǎocǎo. Hányǒu qíyuàn chángshēngbùlǎo zhī

含意。

hányì.

해, 달, 산, 천, 대나무, 소나무, 거북, 학, 사슴, 불로초입니다. 불로장생을 기원하는 의미가 깃들어 있습니다.

请说说 "乙未事变"。

"을미사변"에 대해 말해 보세요.

1895 年 10 月 8 日, 明成皇后在景福宫被邪恶的日本人, 残害事件叫

nián　yuè　rì,　Míngchéng huánghòu zài Jǐngfúgōng bèi xié'è de Rìběnrén, cánhài shìjiàn jiào

"乙未事变"。

"Yǐwèi shìbiàn".

1895년 10월 8일, 경복궁에서 명성황후가 사악한 일본인에 의해 참혹하게 살해 당한 사건을 "을미사변"이라고 합니다.

慈庆殿 [Cíqìngdiàn] 경복궁의 내전이며 대비가 거처하였던 침전

为什么光化门广场上立了李舜臣将军的铜像?

광화문 광장에 이순신 장군의 동상을 세운 이유는?

光化门广场上李舜臣将军的铜像铸造于1968 年4 月27 日。整体
Guānghuàmén guǎngchǎng shàng Lǐ Shùnchén jiāngjūn de tóngxiàng zhùzào yú nián yuè rì. Zhěngtǐ gāo

高度为17m (铜像6.5m, 底座10.5m)。李舜臣将军铜像前面的喷水池建于
dù wéi (tóngxiàng dǐzuò). Lǐ Shùnchén jiāngjūn tóngxiàng qiánmiàn de pēnshuǐ chí jiànyú

2009 年8 月。
nián yuè.

根据风水地理之说，为了抵挡世宗路和太平路南侧，来自日本的
Gēnjù fēngshuǐdìlǐ zhī shuō, wèile dǐdǎng Shìzōng Lù hé Tàipíng Lù náncè, láizì Rìběn de

邪气，而立了壬辰倭乱时期多次打退日本侵略军，守卫了国家的民族
xiéqì, ér lì le Rénchénwōluàn shíqī duō cì dǎtuì Rìběn qīnlüèjūn, shǒuwèi le guójiā de mínzú

英雄李舜臣将军的铜像。让人们永久怀念这位英雄、伟人，也成了代
yīngxióng Lǐ Shùnchén jiāngjūn de tóngxiàng. Ràng rénmen yǒngjiǔ huáiniàn zhè wèi yīngxióng、wěirén, yě chéng le dài

表首尔光化门广场，世宗路上标志性的建筑和象征。
biǎo Shǒu'ěr Guānghuàmén guǎngchǎng, Shìzōng Lù shang biāozhìxìng de jiànzhù hé xiàngzhēng.

　　광화문 광장에 있는 이순신 장군의 동상은 1968년 4월 27일에 주조되었습니다. 전체 높이는 17m(동상은 6.5m, 기단 10.5m)입니다. 이순신 장군의 동상 앞 분수대는 2009년 8월에 세워졌습니다.

　　풍수지리설에 의하면 세종로와 태평로 남측에 일본으로부터 오는 액을 막기 위해, 임진왜란 시 여러 차례 일본 침략군을 격퇴하고 나라를 수호하신 민족 영웅인 이순신 장군의 동상을 세웠다고 합니다. 사람들로 하여금 민족의 영웅이자 위인이신 이순신 장군을 영원히 기리며, 또한 한국 서울 광화문 광장과 세종로의 지표인 건축물과 상징이 되기도 하였습니다.

李舜臣 [Lǐ Shùnchén] 이순신 – 조선 시대의 장수로 임진왜란에서 삼도수군통제사로 수군을 이끌고 전투마다 승리를 거두어 왜군을 물리치는 데 큰 공을 세웠다.

请说说景福宫前的獬豸石像的作用。

경복궁 앞의 해태상의 역할에 대해 말해 보세요.

獬豸是人们想象中的动物。传说獬豸有两个功能。一是能分辨是
Xièzhì shì rénmen xiǎngxiàng zhōng de dòngwù. Chuánshuō xièzhì yǒu liǎng gè gōngnéng. Yī shì néng fēnbiàn shì

非曲直，能判断对错。二是有吞噬火焰的作用。
fēiqǔzhí, néng pànduàn duìcuò. Èr shì yǒu tūnshì huǒyàn de zuòyòng.

景福宫前立獬豸石像，就是为阻挡冠岳山的火气，而立了传说中
Jǐngfúgōng qiánlì xièzhì shíxiàng, jiùshì wéi zǔdǎng Guànyuèshān de huǒqì, ér lì le chuánshuō zhōng

吞噬火焰的獬豸石象。
tūnshì huǒyàn de xièzhì shíxiàng.

2008年獬豸被韩国政府指定为代表首尔的象征。
nián xièzhì bèi Hánguó zhèngfǔ zhǐdìng wéi dàibiǎo Shǒu'ěr de xiàngzhēng.

해태는 사람들이 상상하는 동물입니다. 전하는 바에 의하면 해태는 두 가지 역할을 한다고 합니다. 하나는 시비곡직을 분별하고 옳고 그름을 판단하며, 하나는 화기를 삼키는 역할을 한답니다.

경복궁 앞에 해태상을 세운 것은 관악산의 화기를 막기 위해 불을 삼키는 전설의 동물인 해태 석상을 세웠습니다.

2008년에 해태는 한국 정부에 의해 서울을 대표하는 상징으로 지정되었습니다.

吞噬 [tūnshì] [동] 삼키다, 통째로 먹다

请说说昌德宫被指定为世界遗产的理由。

창덕궁이 세계 문화 유산으로 지정된 이유를 말해 보세요.

昌德宫位于钟路区。史迹第122 号。是1405 年继景福宫之后，太宗
Chāngdégōng wèiyú Zhōnglù Qū. Shǐjì dì   hào. Shì   nián jì Jǐngfúgōng zhīhòu,   Tàizōng

时建造的别宫。位于正宫景福宫的东面，所以也叫"东宫、东阙"。是朝
shí jiànzào de biégōng.   Wèiyú zhènggōng Jǐngfúgōng de dōngmiàn, suǒyǐ yě jiào "Dōnggōng、Dōngquè". Shì Cháo

鲜王朝五宫中保存最完好的宫殿。特别是景福宫被毁后，昌德宫当作
xiān wángcháo wǔgōng zhōng bǎocún zuì wánhǎo de gōngdiàn. Tèbié shì Jǐngfúgōng bèi huǐ hòu, Chāngdégōng dāngzuò

正宫使用，约300 年之久。园内还有当时人工造景艺术的精华——后
zhènggōng shǐyòng, yuē   nián zhī jiǔ.   Yuánnèi hái yǒu dāngshí réngōng zàojǐng yìshù de jīnghuá – – hòu

苑等。登上宙合楼，园内的美景更可一览无遗。
yuàn děng. Dēngshàng Zhòuhélóu, yuánnèi de měijǐng gèng kě yìlǎnwúyí.

所以，于1997 年12 月被联合国教科文组织指定为世界文化遗产。
Suǒyǐ,   yú   nián   yuè bèi Liánhéguó jiàokēwénzǔzhī zhǐdìng wéi Shìjiè wénhuà yíchǎn.

　　창덕궁은 종로구에 위치하고 있으며 사적 제122호입니다. 1405년 경복궁에 이어서 태종 때 지어진 별궁입니다. 정궁인 경복궁의 동쪽에 위치하여 "동궁·동궐"이라고도 합니다. 조선 왕조 5궁 중 가장 완벽하게 보존된 궁전입니다. 특히 경복궁이 훼손된 후 창덕궁은 약 300년 동안 조선 왕조의 정궁 역할을 하여 왔습니다. 창덕궁에는 당시 인공 조경 예술의 정수인 후원 등이 있습니다. 주합루에 오르면 궁 안의 아름다운 경치도 한눈에 바라볼 수 있습니다.

　　그래서 1997년 12월에 유네스코에 의해 세계 문화 유산으로 지정되었습니다.

　　㈜ 제2장 한국의 세계 유산 – (1) 세계 문화 유산에서도 출제되는 문제입니다.

精华 [jīnghuá] [명] 정화, 정수

被毁 [bèi huǐ] [동] 훼손하다, 파괴 당하다

一览无遗 [yìlǎnwúyí] 남김 없이 한번 죽 훑어보다

请说说昌德宫后苑和北京颐和园的差异。

창덕궁 후원과 북경 이화원의 차이에 대해 말해 보세요.

后苑是昌德宫的御花园。朝鲜王朝1405年建。昌德宫的后苑有，历
Hòuyuàn shì Chāngdégōng de yùhuāyuán. Cháoxiǎn wángcháo　nián jiàn.　Chāngdégōng de hòuyuàn yǒu, lì

代国王垂钓的"芙蓉池"，科举考试的考场"映花堂"，举行宫廷各种
dài guówáng chuídiào de "Fúróngchí",　kējǔ kǎoshì de kǎochǎng　"Yìnghuātáng", jǔxíng gōngtíng gè zhǒng

宴会的"宙合楼"等。都是人工造景艺术的精华，也是美不胜收的人
yànhuì de　"Zhòuhélóu"　děng. Dōushì réngōng zàojǐng yìshù de jīnghuá,　yě shì měibúshèngshōu de rén

间仙境。
jiān xiānjìng.

北京颐和园是中国最大的皇家园林。清朝1750年建。主要由万寿
Běijīng Yíhéyuán shì Zhōngguó zuì dà de huángjiā yuánlín.　Qīngcháo　nián jiàn. Zhǔyào yóu Wànshòu

山和昆明湖，两部分园林建筑组成。被称为"天下第一廊"。
Shān hé Kūnmíng Hú, liǎng bùfen yuánlín jiànzhù zǔchéng. Bei chēngwéi "tiānxià dì yī láng".

韩、中园林建筑差异是：
Hán、Zhōng yuánlín jiànzhù chāyì shì:

韩国是尊重自然，依自然地形而建。把建筑物插入在美丽的大自
Hánguó shì zūnzhòng zìrán, yī zìrán dìxíng ér jiàn.　Bǎ jiànzhùwù chārù zài měilì de dàzì

然中。追求建筑物与大自然融为一体的和谐效果。
rán zhōng. Zhuīqiú jiànzhùwù yǔ dàzìrán róngwéiyìtǐ de héxié xiàoguǒ.

中国是人工雕琢，追求的是把人间的美景都集中在一处，雕梁
Zhōngguó shì réngōng diāozhuó, zhuīqiú de shì bǎ rénjiān de měijǐng dōu jízhōng zài yí chù.　Diāoliáng

画栋，达到一步一景，如诗如画的境地。
huàdòng, dádào yí bù yì jǐng,　rúshīrúhuà de jìngdì.

生词 새단어

美不胜收 [měibúshèngshōu] [성] 훌륭한 것이 많아서 이루 다 즐길 수 없다

雕琢 [diāozhuó] [동] (옥·돌을) 조각하다, 지나치게 꾸미다

雕梁画栋 [diāoliánghuàdòng] [성] 기둥과 대들보를 채화(彩畵)로 화려하게 장식하다

후원은 창덕궁의 어화원입니다. 조선 왕조 1405년에 지어졌습니다. 창덕궁의 후원에는 역대 임금의 낚시터인 "부용지", 과거를 치르는 고사장인 "영화당", 궁정의 각종 연회를 베푸는 "주합루" 등이 있습니다. 후원은 인공 조경 예술의 정수이자 이루 헤아릴 수 없는 아름다운 인간 세상의 선경입니다.

북경 이화원은 중국에서 가장 큰 황실 원림입니다. 청나라 시기 1750년에 지어졌습니다. 주로 만수산과 곤명호 두 부류의 원림 건물로 구성되어 있습니다. "천하의 으뜸회랑"이라고 불립니다.

한중 원림 건축의 차이는 다음과 같습니다.

한국은 자연을 존중하면서 지형에 따라 건축합니다. 즉 건축물을 아름다운 대자연 속에 삽입하여 건물과 대자연의 융합으로 아름다운 조화를 이루는 효과를 추구합니다.

중국은 인공 조각 축성으로 세상의 아름다운 경치를 한 자리에 집대성화하여, 가는 곳마다 경치있고 시와 그림 같은 경지의 효과를 추구합니다.

请说说乐善斋。

낙선재에 대해 말해 보세요.

乐善斋是朝鲜王朝1847年（宪宗13）建在昌德宫和昌庆宫地界
Lèshànzhāi shì Cháoxiān wángcháo　　　nián（Xiànzōng）　　jiàn zài Chāngdégōng hé Chāngqìnggōng dìjiè

上的建筑物。是国王读书消遣的空间。也是丧失国权的王后们，穿
shàng de jiànzhùwù.　　Shì guówáng dúshū xiāoqiǎn de kōngjiān.　　Yě shì sàngshī guóquán de wánghòumen,　chuān

着素衣隐居在这里，度过余生的地方。
zhe sùyī yǐnjū zài zhèli,　　　　dùguò yúshēng de dìfang.

2012年3月2日，被韩国政府指定为宝物第1764号。
nián　yuè　rì,　bèi Hánguó zhèngfǔ zhǐdìngwéi bǎowù dì　　hào

낙선재는 조선 왕조 1847년(헌종13)에 창덕궁과 경희궁의 경계를 이루는 곳에 자리 잡은 건물입니다. 왕이 책을 읽고 쉬는 공간입니다. 또한 국상을 당한 왕후들이 소복을 입고 이 곳에 은거하여 여생을 보낸 곳이기도 합니다.

2012년 3월 2일, 한국 정부에 의해 보물 제1764호로 지정되었습니다.

请说说德寿宫。

덕수궁에 대해 말해 보세요.

德寿宫位于首尔市政府的对面。史迹124号。首尔五宫中最小的一
Déshòugōng wèiyú Shǒu'ěr shìzhèngfǔ de duìmiàn. Shǐjì　hào. Shǒu'ěr wǔgōng zhōng zuì xiǎo de yí

个。称为"西宫"。原来是朝鲜第九任君王成宗的哥哥月山大君的私
gè. Chēngwéi "Xīgōng". Yuánlái shì Cháoxiǎn dì jiǔ rèn jūnwáng Chéngzōng de gēge Yuèshān dàjūn de sī

邸。因壬辰倭乱景福宫等所有的宫殿被毁时，把这里当作过临时王
dǐ. Yīn Rénchénwōluàn Jǐngfúgōng děng suǒyǒu de gōngdiàn bèi huǐ shí, bǎ zhèlǐ dàngzuòguò línshí wáng

宫。
gōng.

宣祖、光海君、仁祖（朝鲜14、15、16代王）先后居住在这里，后来
Xuānzǔ、 Guānghǎijūn、 Rénzǔ (Cháoxiǎn　　 dài wáng) xiānhòu jūzhù zài zhèlǐ,　　 hòulái

高宗（朝鲜26代王，大韩帝国第1代皇帝）"俄馆播迁"时把居处从俄
Gāozōng (Cháoxiǎn　dàiwáng, Dàhán dìguó dì　　dài huángdì) "Éguǎnbōqiān"　 shí bǎ jūchù cóng É

罗斯公馆移到此地后，作为正式宫殿使用，直至去世。
luósī gōngguǎn yídào cǐdì hòu,　　 zuòwéi zhèngshì gōngdiàn shǐyòng, zhízhì qùshì.

正殿是"中和殿"，宫内还保存有韩国最早的西洋式建筑"石造
Zhèngdiàn shì "Zhōnghédiàn", gōngnèi hái bǎocún yǒu Hánguó zuì zǎo de xīyángshì jiànzhù "Shízào

殿"、"静观轩"、水钟"自击漏"等。是朝鲜时代第一座传统式建筑和
diàn"、　 "Jìngguānxuān"、 shuǐzhōng "Zìjīlòu"　 děng. Shì Cháoxiǎn shídài dì yí zuò chuántǒngshì jiànzhù hé

西洋式建筑风格结合起来的奇特而美丽的宫殿。
xīyángshì jiànzhù fēnggé jiéhéqǐlái de qítè ér měilì de gōngdiàn.

덕수궁은 서울 시청 맞은편에 자리하고 있습니다. 사적 제124호로 서울 5궁 중 가장 작은 궁으로 "서궁"이라 부릅니다. 덕수궁은 원래 조선 제9대 임금 성종의 형 월산대군의 사저였습니다. 임진왜란 당시 경복궁 등 모든 왕궁이 회손되면서 이곳을 임시 왕궁으로 삼았습니다.

조선 시대 선조, 광해군, 인조(조선 14, 15, 16대 왕) 등의 왕들이 선후로 이곳에서 지냈었고, 후에 고종(조선 26대왕, 대한제국 제 1대 황제)이 "아관파천" 시 러시아 공사관으로부터 이곳으로 옮겨 승하할 때까지 이곳에서 정궁으로 지냈습니다.

정전은 "중화전"이고 궁 안에는 또한 한국에서 가장 오래된 서양식 건물인 "석조전", "정관헌", 물시계인 "자격루" 등이 있습니다. 덕수궁은 조선 시대의 전통식 건축 양식과 서양식 건축 양식의 기풍이 어우러져 있는 특이하면서 아름다운 궁전입니다.

请说说德寿宫的咸宁殿。

덕수궁 함녕전에 대해 말해 보세요.

咸宁殿是高宗皇帝居住过的生活寝殿。也是高宗皇帝驾崩的地
Xiánníngdiàn shì Gāozōng huángdì jūzhùguò de shēnghuó qǐndiàn. Yě shì Gāozōng huángdì jiàbēng de dì

方。作为朝鲜王朝后期的建筑，有建筑史料的研究价值。
fang. Zuòwéi Cháoxiǎn wángcháo hòuqī de jiànzhù, yǒu jiànzhù shǐliào de yánjiū jiàzhí.

함녕전은 고종 황제가 거처하던 생활 침전이자 또한 고종 황제가 승하한 곳이기도 합니다. 조선 왕조 후기의 건축물로 건축사 연구 자료로 가치가 있습니다.

请说说云岘宫。

운현궁에 대해 말해 보세요.

云岘宫位于首尔钟路区。朝鲜第26代王，第一代皇帝高宗（在
Yúnxiàngōng wèiyú Shǒu'ěr Zhōnglùqū.　Cháoxiān dì　dài wáng,　dì yī dài huángdì Gāozōng(zài

位1863 － 1907）的父亲，是兴宣大院君（李昰应1820 － 1898）的私邸。也
wèi)　　　de fùqīn,　shì Xìngxuān dàyuànjūn　(Lǐ Shìyīng)　　　de sīdǐ.　Yě

是高宗出生到12岁止，生活过的地方。
shì Gāozōng chūshēng dào suì zhǐ,　shēnghuó guò de dìfang.

1977 年11 月22 日，被韩国政府指定为史迹第257 号。
　　nián　yuè　rì,　bèi Hánguó zhèngfǔ zhǐdìngwéi shǐjì dì　　hào

운현궁은 서울 종로에 위치하고 있으며 조선 제26대왕 제1대 황제 고종(高宗:재위 1863~1907)의 부친 흥선대원군(이하응 李昰應 1820－1898)의 사저(私邸)로 고종이 출생하여 12세까지 생활한 곳이기도 합니다.

1977년 11월 22일,한국 정부에 의해 사적 제257호로 지정되었습니다.

成宗 [Chéngzōng] 성종은 조선의 제9대 왕(1457~1494). 숭유억불(崇儒抑佛) 정책을 추진하고 사림파를 등용하였다. 조선 전기의 문물제도를 거의 완성하였으며, 《경국대전》을 반포하였다.

月山大君 [Yuèshān dàjūn] 월산대군은 조선 초기의 종친(宗親). 덕종(德宗)의 맏아들, 성종(成宗)의 형. 산수를 좋아하여 풍류적인 생활을 하였다.

请说说首尔四大门。

서울의 4대문에 대해 말해 보세요.

东: 兴仁之门, 西: 敦义门, 南: 崇礼门, 北: 肃靖门。
Dōng: Xīngrénzhīmén, xī: Dūnyìmén, nán: Chónglǐmén, běi: Sùjìngmén.

동: 흥인지문, 서: 돈의문, 남: 숭례문, 북: 숙정문

请说说首尔四小门。

서울의 4소문에 대해 말해 보세요.

东: 惠化门（也叫弘化门）, 西: 昭义门（也叫昭德门）, 南: 光熙门
Dōng: Huìhuàmén (yě jiào Hónghuàmén), xī: Zhāoyìmén (yě jiào Zhāodémén), nán: Guāngxīmén

（也叫水口门, 尸口门）, 北: 彰义门（也叫紫霞门）。
(yě jiào Shuǐkǒumén, Shīkǒumén), běi: Zhāngyìmén (yě jiào Zǐxiámén)

동: 혜화문(홍화문이라고도 함), 서: 소의문(소덕문이라고도 함), 남: 광희문(수구문, 시구문이라고도 함), 북: 창의문(자하문이라고도 함)

首尔外四山?

서울의 외 4산은?

东：峨嵯山（龙马峰，384m），西：德阳山（孝敬山，236m），南：冠
Dōng: Écuóshān (Lóngmǎfēng),　　　　xī:　Déyángshān (Xiàojìngshān),　　　nán: Guàn

岳山（629m），北：北汉山（三角山，华山837m）。
yuèshān,　　　　běi:　Běihànshān (Sānjiǎoshān, Huáshān).

동: 아차산(용마봉, 384m), 서: 덕양산(효경산, 236m), 남: 관악산(629m), 북: 북한산(삼각산, 화산 837m)

首尔内四山?

서울의 내 4산은?

东：骆山（驼骆山），西：仁旺山，南：南山（木觅山），北：北岳山
Dōng: Luòshān (Tuóluòshān),　xī:　Rénwàngshān, nán: Nánshān (Mùmìshān),　běi:　Běiyuèshān

（案山）。
(Ànshān).

동: 낙산(타락산), 서: 인왕산, 남: 남산(목멱산), 북: 북악산(안산)

请说说东大门和南大门的差异。

동대문과 남대문의 차이를 말해 보세요.

东大门 "宝物第一号"，叫 "兴仁之门"。
Dōngdàmén "bǎowù dì yī hào", jiào "Xīngrénzhīmén".

南大门 "国宝第一号"，叫 "崇礼门"。创建于1398 年，都具有600
Nándàmén "guóbǎo dì yī hào", jiào "Chónglǐmén". Chuàngjiànyú nián, dōu jùyǒu

多年的历史，是朝鲜王朝城门建筑的代表。
duō nián de lìshǐ, shì Cháoxiǎn wángcháo chéngmén jiànzhù de dàibiǎo.

东大门比南大门多一个半圆形的瓮城。
Dōngdàmén bǐ Nándàmén duō yí gè bànyuánxíng de wèngchéng.

南大门上面两层木造楼阁2008 年被烧毁，我们今天看到的是2013
Nándàmén shàngmian liǎng céng mùzào lóugé nián bèi shāohuǐ, wǒmen jīntiān kàndào de shì

年修葺一新的南大门。
nián xiūqìyìxīn de Nándàmén.

동대문은 "보물 제1호"이며, "흥인지문"이라고 합니다.

남대문은 "국보 제1호"이며, "숭례문"이라고 합니다. 1398년에 창건하여 모두 600여 년의 역사를 지닌 조선 왕조의 대표적인 성문 건축물입니다.

동대문은 남대문에 비해 반원형 옹성이 더 있습니다.

남대문의 윗쪽에 2층은 목조 누각인데 2008년에 불에 타서 훼손되었으며, 현재 우리가 보는 것은 2013년 개축 후 새로운 모습의 남대문입니다.

生词 새단어

瓮城 [wèngchéng] [명] 옹성

修葺一新 [xiūqìyìxīn] [성] 개축된 후 새롭게 참신한 면모를 드러내다, 보수하여 면모를 일신하다

请说说东大门市场。

동대문 시장에 대해 말해 보세요.

1905 年先是布匹商们云集在这里从广藏市场开始发展起来的。
nián xiān shì bùpǐshāngmen yúnjí zài zhèli cóng Guǎngzàng shìchǎng kāishǐ fāzhǎnqǐlai de.

如今成了24 小时的不夜城。在国内外也早已成为享有名气的时尚潮
Rújīn chéng le   xiǎoshí de búyèchéng. Zài guónèiwài yě zǎoyǐ chéngwéi xiǎngyǒu míngqì de shíshàng cháo

流的大本营。
liú de dàběnyíng.

"美丽来"，"斗山大厦(都塔)"，"平和市场"，"东大门综合市
"Měilìlái",   "Dǒushān dàshà (Dūtǎ)",   "Pínghé shìchǎng",   "Dōngdàmén zōnghé shì

场"，"新平和市场"，"东大门设计广场(DDP)"，"阿妮可韩国服
chǎng",   "Xīn pínghé shìchǎng",   "Dōngdàmén shèjì guǎngchǎng",   "Ānīkě Hánguó fú

饰"(Uno Core)等，各大传统市场和现代化的批发零售商店云集在此。
shì"   děng, gè dà chuántǒng shìchǎng hé xiàndàihuà de pīfā língshòu shāngdiàn yúnjí zài cǐ.

规模宏大，品种繁多，质优价廉。从服饰到鞋帽，厨房炊具到登山用
Guīmó hóngdà,   pǐnzhǒng fán duō, zhìyōujiàlián. Cóng fúshì dào xiémào, chúfáng chuījù dào dēngshān yòng

具应有尽有。东大门市场是受世界人瞩目的地方。特别是最受中国香
jù yīngyǒujìnyǒu.   Dōngdàmén shìchǎng shì shòu shìjièrén zhǔmù de dìfang. Tèbié shì zuì shòu Zhōngguó Xiāng

港、大陆游客青睐的地方。
gǎng、dàlù yóukè qīnglài de dìfang.

生词 새단어

时尚 [shíshàng] [명] 시대적 유행, 시류

批发零售 [pīfā língshòu] 도매 소매 하다

应有尽有 [yīngyǒujìnyǒu] [성] 모두 갖추어져 있다

1905년, 처음에는 포목 상인들이 이곳에 모여 광장시장으로 시작하여 발전해 왔습니다. 오늘날 이 곳 또한 24시 불야성을 이루는 곳이 되었고, 오래전부터 국내외 명성을 떨치고, 전위적이며 시대 유행에 앞서는 패션 도·소매 상가의 진영 허브가 되었습니다.

"밀리오레", "두타", "평화시장", "동대문종합시장", "신평화시장", "동대문 디자인 플라자(DDP)", "아트플라자", "우노꼬레(Uno Core)" 등 전통 상권과 현대화 도소매 상권으르 형성된 상점들이 이곳에 운집하였습니다. 방대한 규모, 수많은 종류의 상품들, 품질이 우수하고 값도 저렴합니다. 각종 패션에서부터 장식품과 모자 신발까지, 주방용품에서부터 등산 용품까지, 없는 것 없이 전부 갖추어져 있습니다. 동대문 시장은 전 세계인의 이목을 끄는 곳입니다. 특히 중국의 홍콩, 대륙의 손님들이 가장 선호하는 곳입니다.

请说说广藏市场。

광장 시장에 대해 말해 보세요.

广藏市场1905 年开张, 位于韩国首尔钟路5 街。在韩国有一百多
Guǎngzàng shìchǎng nián kāizhāng, wèiyú Hánguó Shǒu'ěr Zhōnglù jiē. Zài Hánguó yǒu yì bǎi duō

年最悠久历史的, 规模最宏大的传统市场之一。这里有许多吸引人的
nián zuì yōujiǔ lìshǐ de, guīmó zuì hóngdà de chuántǒng shìchǎng zhī yī. Zhèlǐ yǒu xǔduō xīyǐn rén de

美味小吃店、小吃摊。更有许多批发、零售棉、麻等纺织品的店铺。所
měiwèi xiǎochīdiàn、 xiǎochītān. Gèng yǒu xǔduō pīfā、 língshòu mián、má děng fǎngzhīpǐn de diànpù. Suǒ

有商品物美价廉, 特别是这里的小吃, 即, 有瘾的紫菜（海苔）饭卷,
yǒu shāngpǐn wùměijiàlián, tèbié shì zhèlǐ de xiǎochī, jí, yǒu yǐn de zǐcài (hǎitái) fànjuǎn,

绿豆煎饼, 生鱼片等, 得到了众多的批发商和国内外游客的青睐和夸
lǜdòu jiānbǐng, shēngyúpiàn děng, dédào le zhòngduō de pīfāshāng hé guónèiwài yóukè de qīnglài hé kuā

奖。
jiǎng.

广藏市场隶属于清溪观光特区。韩国政府2006 年指定了清溪观
Guǎngzàng shìchǎng lìshǔyú Qīngxī guānguāng tèqū. Hánguó zhèngfǔ nián zhǐdìng le Qīngxī guān

光特区。
guāng tèqū.

광장 시장은 1905년에 설립한 한국의 서울 종로 5가에 위치한 100여 년의 가장 유구한 역사를 지닌 규모가 가장 방대한 전통시장 중 하나입니다. 여기에는 사람들의 이목을 끄는 많은 맛있는 간이 분식집과 포장마차가 있습니다. 더 많이 있는 것은 포목 직물 도·소매 점포들입니다. 모든 상품은 품질이 좋고 가격도 저렴하며, 특히 이곳의 분식, 즉, 마약김밥, 빈대떡, 생선회 등이 수많은 도매상인과 국내외 관광객들의 인기와 칭찬을 받고 있습니다.

광장 시장은 청계관광특구에 예속되어 있습니다. 한국 정부는 2006년에 청계관광특구를 지정하였습니다.

请说说南大门市场。

남대문 시장에 대해 말해 보세요.

南大门市场，是首尔最古老的传统批发零售市场之一。规模虽然
Nándàmén shìchǎng, shì Shǒu'ěr zuì gǔlǎo de chuántǒng pīfā língshòu shìchǎng zhīyī. Guīmó suīrán

没有东大门市场大，但是朝鲜时代1414 年（太宗14 ）起，至今已拥有
méiyǒu Dōngdàmén shìchǎng dà, dànshì Cháoxiǎn shídài   nián (Tàizōng)   qǐ,   zhìjīn yǐ yōng yǒu

600 多年的历史了。当时交易的商品是农产品，海产品，水果，杂货等，
duō nián de lìshǐ le.   Dāngshí jiāoyì de shāngpǐn shì nóngchǎnpǐn, hǎichǎnpǐn, shuǐguǒ, záhuò děng,

其中主要商品是农产品（谷物类）。
qízhōng zhǔyào shāngpǐn shì nóngchǎnpǐn (gǔwùlèi).

随着时代的变迁，南大门市场发生了很大的变化。目前出售的商
Suízhe shídài de biànqiān, Nándàmén shìchǎng fāshēng le hěn dà de biànhuà. Mùqián chūshòu de shāng

品，品种齐全，琳琅满目，有各种服装、服饰、纤维制品、厨房用品、
pǐn,   pǐnzhǒng qíquán, línlángmǎnmù,   yǒu gè zhǒng fúzhuāng, fúshì, xiānwéizhìpǐn,   chúfáng yòngpǐn,

家电产品、民间艺术品、海产品、土特产品及各种进口商品。其中主
jiādiàn chǎnpǐn,   mínjiān yìshùpǐn,   hǎichǎnpǐn,   tǔtè chǎnpǐn jí gè zhǒng jìnkǒu shāngpǐn. Qízhōng zhǔ

要商品是服装类。特别是淑女服销量最大。不仅在东南亚，还远播
yào shāngpǐn shì fúzhuāng lèi. Tèbié shì shūnǚfú xiāoliàng zuì dà.   Bùjǐn zài Dōngnányà,   hái yuǎnbō

到欧洲、美洲都有销量。儿童服装的销量占全国童装市场的90% 以
dào Ōuzhōu,   Měizhōu dōu yǒu xiāoliàng. Értóng fúzhuāng de xiāoliàng zhàn quánguó tóngzhuāng shìchǎng de yǐ

上。
shàng.

这里每天客流量达几十万人次，逛累了，可以品尝路边帐篷摊子
Zhèlǐ měitiān kèliúliàng dá jǐ shí wàn rén cì,   guànglèi le, kěyǐ pǐncháng lùbiān zhàngpéng tānzi

的各种小吃。也是经营24 小时的不夜城市场之一。
de gè zhǒng xiǎochī. Yě shì jīngyíng   xiǎoshí de búyèchéng shìchǎng zhīyī.

物美价廉 [wùměijiàlián] [성] 상품의 질이 좋고 값도 저렴하다

喧嚣 [xuānxiāo] [형] 시끄럽다, 왁자지껄하다

逛 [guàng] 거닐다, 구경하다, 노닐다

남대문 시장은 서울에서 가장 오래된 전통 도 · 소매 시장 중 하나입니다. 규모는 비록 동대문 시장보다 크지 않지만, 조선 시대 1414년(태종14)부터 오늘날까지 600여 년이란 역사를 지니고 있습니다. 당시 교역한 상품들은 농산물, 해산물, 과일, 잡화 등이었고, 그 중 주요 상품은 농산물(곡류)이었습니다.

세월이 흐르면서 남대문 시장은 아주 큰 변화가 생겼습니다. 현재 판매하는 물건들은 품종이 다양하고 알쏭달쏭 눈으로 헤아릴 수 없을 정도로 훌륭한 물건들이 너무 많습니다. 각종 의류 · 장식품 · 섬유 제품 · 주방용품 · 가전 제품 · 민간 예술품 · 해산물 · 특산품과 각종 수입상품 등이 있습니다. 그 중 주요 상품은 의류입니다. 특히 숙녀복이 가장 잘 팔리고, 동남아 뿐만 아니라 널리 유럽 · 미주까지도 판매를 이루고 있습니다. 아동복 판매율은 전국 아동복 시장의 90%를 차지하고 있으며, 이곳 또한 고객 유동 인구가 매일 몇 십만 명에 달합니다. 상점을 거닐다가 힘들면 분식도 맛볼 수 있는 거리 포장마차도 있습니다. 역시 24시 운영하는 불야성을 이루는 시장 중 하나입니다.

请说说东大门设计广场(DDP)。

동대문 디자인 플라자(DDP)에 대해 말해 보세요.

东大门设计广场(DDP: Dongdaemun Design Plaza)，于2014年3月21日
Dōngdàmén shèjì guǎngchǎng, yú nián yuè rì

正式对外开放。已成为首尔市引人注目的新地标。建筑的总设计师是
zhèngshì duìwài kāifàng. Yǐ chéngwéi Shǒu'ěr shì yǐnrénzhùmù de xīn dìbiāo. Jiànzhù de zǒng shèjìshī shì

现居伦敦的伊拉克籍世界级女建筑师扎哈·哈迪德(Zaha Hadid)。
xiànjū Lúndūn de Yīlākè jí shìjièjí nǚ jiànzhùshī Zhāhā. Hādídé.

东大门设计广场充分采用三维立体构思的设计技术，由外而内
Dōngdàmén shèjì guǎngchǎng chōngfèn cǎiyòng sānwéi lìtǐ gòusī de shèjìjìshù, yóuwài'érnèi

完全没有直线的，是世界上最大的非标准建筑。具有流线型的外观建
wánquán méiyǒu zhíxiàn de, shì shìjiè shang zuì dà de fēi biāozhǔn jiànzhù. Jùyǒu liúxiànxíng de wàiguān jiàn

筑设计特征。它的外观是用4万5千多（45,133）块不同大小曲面的铝嵌
zhù shèjì tèzhēng. Tā de wàiguān shì yòng wàn qiān duō kuài bùtóngdàxiǎo qǔmiàn de lǚqiàn

板包裹而成，被称作是有世界水平且值得一看的建筑物。
bǎn bāoguǒ ér chéng, bèi chēngzuò shì yǒu shìjiè shuǐpíng qiě zhídé yí kàn de jiànzhùwù.

总面积为86,574平方米，最高高度29米，地下有3层，地上有4层
Zǒngmiànjī wéi píngfāngmǐ, zuì gāo gāodù mǐ, dìxià yǒu céng, dìshàng yǒu céng

的广阔空间里，由"艺术厅"、"展览馆"、"设计实验室"，"创意市
de guǎngkuò kōngjiānlǐ, yóu "yìshùtīng"、 "zhǎnlǎnguǎn"、 "shèjìshíyànshì", "chuàngyìshì

集"，"东大门历史文化公园"等，五个主题场馆构成。
jí", "Dōngdàmén lìshǐ wénhuà gōngyuán" děng, wǔ gè zhǔtí chǎngguǎn gòuchéng.

2015年1月，东大门设计广场(DDP)被美国《时代周刊》选定为，
nián yuè, Dōngdàmén shèjì guǎngchǎng bèi Měiguó 《Shídài zhōukān》 xuǎndìngwéi, "yídìng

"一定要去看的世界52处名所"之一。
yào qù kàn de shìjiè chùmíng suǒ" zhīyī.

生词 새단어

铝嵌板 [lǚqiànbǎn] 끼어 넣을 수 있는 알루미늄 패널

包裹 [bāoguǒ] [명] 소포, 보따리 | [동] 싸다, 포장하다

　　동대문 디자인 플라자(DDP)는 2014년 3월 21일 공식 개관하였습니다. 서울시에서 또 하나의 인목을 *끄는* 새로운 지표로 거듭났습니다. 건축 총 디자이너는 현재 런던에 거주하고 있는 이라크 국적인 글로벌 여류 건축가 Zaha Hadid라고 합니다.

　　동대문 디자인 플라자는 3D 입체 구상 디자인 기술로, 외부르부터 내부까지 전혀 직각선이 없는 세계에서 가장 큰 비정형적 건축물이며, 스트림 라인드형의 외관 건축 디자인이 특징입니다. 그 외관은 4만 5천여(45,133) 개 크고 작은 여러 곡면으로 된 알루미늄판으로 끼워서 두른 것입니다. 세계 수준일 뿐만 아니라 볼만한 가치가 있는 건물입니다.

　　동대문 디자인 플라자의 총면적은 86,574㎡, 최고 높이 29m, 지하 3층, 지상 4층으로 광활한 공간에 "아트홀", "전시관", "디자인 나눔터", "아이디어 장터", "동대문역사문화공원" 등 5개의 테마 장소로 구성되었습니다.

　　〈뉴욕타임즈〉는 2015년 1월에 DDP를 "꼭 가봐야 할 세계 명소 52곳" 중 하나로 선정하였습니다.

请说说明洞繁华的理由。

명동이 번화한 이유에 대해 말해 보세요.

明洞是代表韩国时尚的商业街。各大百货，名牌高级免税专卖
Míngdòng shì dàibiǎo Hánguó shíshàng de shāngyèjiē. Gè dà bǎihuò, míngpái gāojí miǎnshuì zhuānmài

店，餐厅，咖啡厅、夜总会、银行证券公司云集在此。乐天百货商场，
diàn, cāntīng, kāfēitīng、 yèzǒnghuì、 yínháng zhèngquàn gōngsī yúnjí zài cǐ. Lètiān bǎihuò shāngchǎng,

新世界百货商场，美利莱购物中心，南大门市场，中国大使馆等都在
Xīnshìjiè bǎihuò shāngchǎng, Měilìlái gòuwùzhōngxīn, Nándàmén shìchǎng, Zhōngguó dàshǐguǎn děng dōu zài

这里。充满了新潮浪漫的气氛。
zhèli. Chōngmǎn le xīncháo làngmàn de qìfēn.

好多中国游客说："明洞类似于香港的，'旺角'，北京的'王府
Hǎoduō Zhōngguó yóukè shuō: "Míngdòng lèisì yú Xiānggǎng de, 'Wàngjiǎo', Běijīng de 'Wángfǔ

井'"。但是这里不同于东大门和南大门市场的是，集中了许多质量
jǐng'". Dànshì zhèlǐ bùtóng yú Dōngdàmén hé Nándàmén shìchǎng de shì, jízhōng le xǔduō zhìliàng

上乘的品牌产品是这里的最大特征。
shàngchéng de pǐnpái chǎnpǐn shì zhèli de zuì dà tèzhēng.

明洞是无数国内外游客向往、光临、购物、消费、游玩儿的必经
Míngdòng shì wúshù guónèiwài yóukè xiàngwǎng、 guānglín、 gòuwù、 xiāofèi、 yóuwánr de bìjīng

之地。
zhī dì.

명동은 한국의 최신 유행을 대표하는 상업 거리입니다. 대형 백화점, 고급 브랜드 면세점·레스토랑·커피숍·나이트 클럽·은행 증권사가 집중 되어 있는 지역으로 롯데백화점·신세계백화점·밀리오레·남대문 시장·중국 대사관 등도 이곳에 모여 있어 심플하고 로맨틱한 분위기가 넘치는 곳입니다.

많은 중국 관광객들은 명동을 홍콩 "旺角", 북경 "王府井"과 유사하다고 합니다. 하지만 명동이 동대문·남대문 시장과 다른 점은 품질이 매우 뛰어난 브랜드 상품이 주를 이룬다는 것이 가장 큰 특징입니다.

명동은 수많은 국내외 관광객들이 동경하는 관람·쇼핑·소비·놀이의 명소로 필수 관광 코스가 되었습니다.

时尚 [shíshàng] [명] 시대적 유행, 당시의 분위기, 시류

云集 [yúnjí] [동] 구름같이 모여들다, 운집하다

请说说N首尔塔。

N서울타워에 대해 말해 보세요.

N 首尔塔是 1969 年建造的韩国第一座综合电波塔。海拔479.7m (南
Shǒu'ěrtǎ shì　　　　nián jiànzào de Hánguó dì yī zuò zōnghé diànbōtǎ.　　Hǎibá,　　　(Nán

山的高度262m, 铁塔、塔身各高度是101m·135.7m), 塔上还建有展望台。
Shān de gāodù,　　tiětǎ、　　tǎshēn gè gāodù shì),　　　tǎshang hái jiàn yǒu zhǎnwàngtái,

可以纵览绚丽的首尔夜景, 如今采用最新LED 照明技术, 经常举行各
kěyǐ zònglǎn xuànlì de Shǒu'ěr yèjǐng,　　rújīn cǎiyòng zuìxīn　　zhàomíng jìshù,　jīngcháng jǔxíng gè

种文化活动。若是和恋人在一起, 那么可以在"爱情锁铁栏"上, 上一
zhǒng wénhuà huódòng. Ruòshì hé liànrén zài yìqǐ,　nàme kěyǐ zài　　"àiqíng suǒtiělán" shàng,　shàng yì

把锁留下罗曼蒂克的纪念。也是深受无数国内外游客流连忘返的地
bǎ suǒ liúxià luómàndìkè de jìniàn.　　Yě shì shēnshòu wúshù guónèiwài yóukè liúlián wàngfǎn de dì

方。
fang.

　　N서울타워는 1969년에 한국에서 첫 번째로 건설된 종합 전파탑입니다. 해발 479.7m(남산 높이는 262m, 철탑·탑신 높이가 각각 101m·135.7m)이며, 탑 위에는 또 전망대가 있는데, 서울의 야경을 한눈에 바라볼 수 있으며, 오늘날 이 곳 또한 LED 조명 기술로 각종 문화 캠페인이 자주 열리고 있으며, 만약 연인과 함께한다면 "사랑의 자물쇠 난간"에 자물쇠를 걸어 로맨틱한 추억을 기념으로 남길 수 있습니다. 역시 수많은 국내외 관광객들이 돌아가기 아쉬울 정도로 각광을 받는 곳입니다.

生词 새단어

纵览 [zònglǎn] [동] 종람하다, 넓게 보다

绚丽 [xuànlì] [형] 화려하고 아름답다, 눈부시게 아름답다

若是 [ruòshì] [접] 만일, 만약

罗曼蒂克 [luómàndìkè] [형] 로맨틱(romantic)하다

请说说仁寺洞。
인사동에 대해 말해 보세요.

仁寺洞位于钟路二街塔洞公园一带。朝鲜王朝初期是官衙和达
Rénsì Dòng wèiyú Zhōng Lù èr Jiē Tǎ Dòng gōngyuán yídài. Cháoxiǎn wángcháo chūqī shì guānyá hé dá

官贵人的居住地。后来逐渐发展为"古董街"、"文房四宝街"韩国代
guān guìrén de jūzhùdì. Hòulái zhújiàn fāzhǎnwéi "gǔdǒng jiē", "wénfángsìbǎo jiē" Hánguó dài

表性的"传统文化街"。是体验韩国传统文化的首选地。
biǎoxìng de "chuántǒng wénhuàjiē". Shì tǐyàn Hánguó chuántǒng wénhuà de shǒuxuǎndì.

这里有古、现代美术品，各种韩服，古、现代陶瓷器，各种古董
Zhèlǐ yǒu gǔ、 xiàndài měishùpǐn, gè zhǒng hánfú, gǔ、 xiàndài táocíqì, gè zhǒng gǔdǒng

品，传统的工艺品，及旅游纪念品商店等。还有100多家画廊集中在这
pǐn, chuántǒng de gōngyìpǐn, jí lǚyóu jìniànpǐn shāngdiàn děng. Hái yǒu duō jiā huàláng jízhōng zài zhè

里，被称为韩国代表性的画廊街。古朴典雅的传统料理餐厅及茶馆、
lǐ, bèi chēngwéi Hánguó dàibiǎoxìng de huàláng jiē. Gǔpǔdiǎnyǎ de chuántǒng liàolǐ cāntīng jí cháguǎn、

酒吧鳞次栉比，是一个古、现代文化艺术相融合的街道。
jiǔbā líncìzhìbǐ, shì yí gè gǔ、 xiàndài wénhuà yìshù xiāngrónghé de jiēdào.

周末成为步行街，有传统表演等热闹非凡，占卜算命的，卖麦芽
Zhōumò chéngwéi bùxíngjiē, yǒu chuántǒng biǎoyǎn děng rènào fēifán, zhānbǔsuànmìng de, mài màiyá

糖的老者，也在这里亮相，仍保留着韩国独具的传统古韵风情和特
táng de lǎozhě, yě zài zhèlǐ liàngxiàng, réng bǎoliúzhe Hánguó dújù de chuántǒng gǔyùn fēngqíng hé tè

色。深受年轻人、中年人、外国人的喜爱。曾经英国女王伊丽莎白访
sè. Shēnshòu niánqīngrén、zhōngniánrén、wàiguórén de xǐài. Céngjīng Yīngguó nǚwáng Yīlìshābái fǎng

问仁寺洞，她对这里的古董瓷器赞不绝口。
wèn Rénsì Dòng, tā duì zhèlǐ de gǔdǒng cíqì zànbùjuékǒu.

生词 새단어

文房四宝 [wénfángsìbǎo] [명] 문방사보(붓·먹·종이·벼루)

画廊 [huàláng] [명] 화랑, 갤러리

首尔市1988年指定仁寺洞为"韩国传统文化街"，2004年4月24日
Shǒu'ěrshì　　　nián zhǐdìng Rénsì Dòng wéi "Hánguó chuántǒng wénhuàjiē"，　nián　yuè　rì

指定仁寺洞为"第1号文化地区"。
zhǐdìng Rénsì Dòng wéi "dì　hào wénhuà dìqū".

인사동은 종로2가 탑골공원 인근에 있습니다. 조선 왕조 초기에는 관아와 양반 귀족의 거주지였는데 훗날 점차 이곳은 "골동품 거리", "문방4우 거리" 한국의 대표적 "전통문화거리"로 발전하였습니다. 한국의 전통 문화를 체험할 수 있는 으뜸가는 지역입니다.

　이곳은 고·현대 미술품, 다양한 한복, 고·현대 도자기. 각종 골동품, 전통 공예품 및 여행 기념품 상점들이 있고, 또한 100여 개의 갤러리가 밀집되어 한국의 대표적인 갤러리 거리로 불리고 있으며, 고풍스럽고 우아한 전통 음식점, 전통 찻집, 전통 주점도 즐비하여 고·현대 문화 예술이 융합된 거리로 유명합니다.

주말이면 이곳은 차 없는 거리가 되어 전통 공연으로 굉장히 떠들썩합니다. 사주와 궁합을 보거나 엿을 파는 할아버지도 함께 등장하여 여전히 한국 전통 고풍과 독특한 모습을 지니고 있는 곳입니다. 그래서 수많은 젊은이들과 중년층 및 외국인의 각광을 받고 있으며, 영국 여왕 엘리자베스도 인사동을 방문한 적이 있습니다. 그는 인사동의 골동품, 도자 공예품에 대해 칭찬을 아끼지 않았다고 합니다.

서울시에서는 1988년에 인사동을 "전통 문화의 거리"로 지정하였고, 2002년 4월 24일에는 "제1호 문화지구"로 지정하였습니다.

请说说梨泰院。

이태원에 대해 말해 보세요.

梨泰院是位于首尔龙山区南山南麓的商街。1997 年最早被首尔市
Lítàiyuàn shì wèiyú Shǒu'ěr Lóngshān Qū Nán Shān nánlù de shāngjiē.　　nián zuì zǎo bèi Shǒu'ěr shì

政府指定为观光特区。临近有驻韩美军基地，商店招牌大多使用英
zhèngfǔ zhǐdìngwéi guānguāng tèqū.　Línjìn yǒu zhù Hán měijūn jīdì,　shāngdiàn zhāopái dàduō shǐyòng Yīng

文。街上外国游客熙熙攘攘，富有异国情调。这里的畅销商品是牛仔
wén.　Jiēshàng wàiguó yóukè xīxīrǎngrǎng,　fùyǒu yìguó qíngdiào.　Zhèlǐ de chàngxiāo shāngpǐn shì niúzǎi

装及貂皮、皮革制品。价格比一般市场低廉。鳄鱼、鳗鱼皮制作的皮
zhuāng jí diāopí,　pígé zhìpǐn.　Jiàgé bǐ yìbān shìchǎng dīlián.　Èyú、　mányúpí zhìzuò de pí

包、皮夹是韩国的特产，也是受国内外顾客青睐的品牌商品。
bāo、　píjiā shì Hánguó de tèchǎn,　yě shì shòu guónèiwài gùkè qīnglài de pǐnpái shāngpǐn.

梨泰院每年还举行声势浩大的世界地球村庆典，还有别有洞天
Lítàiyuàn měinián hái jǔxíng shēngshìhàodà de shìjiè dìqiúcūn qìngdiǎn,　háiyǒu biéyǒudòngtiān

的伊斯兰街，伊斯兰清真寺。一些国家的大使馆，如挪威、丹麦、塞内
de yīsīlán jiē,　yīsīlán qīngzhēnsì.　Yìxiē guójiā de dàshǐguǎn,　rú Nuówēi、　Dānmài、Sāinèi

加尔、斯里兰卡等国家的大使馆也在这里。梨泰院在韩国是典型的国
jiā'ěr、　Sīlǐlánkǎ děng guójiā de dàshǐguǎn yě zài zhèlǐ.　Lítàiyuàn zài Hánguó shì diǎnxíng de guó

际化的区域。
jìhuà de qūyù.

이태원은 서울 용산구 남산 남록에 위치한 상가입니다. 1997년 서울시에 의해 최초의 관광특구로 지정되었습니다. 인근에 주한 미군 기지가 있어 상점 간판은 거의 영어로 표기되어 있습니다. 거리에는 또한 외국인들로 북적이고 이국 정취가 물씬 풍기는 거리입니다. 이곳의 인기 상품으로는 청의류 · 밍크 · 가죽 제품입니다. 가격은 일반 시장보다 저렴합니다. 악어 · 장어 가죽으로 만든 핸드백 · 지갑은 한국의 특산품으로 국내외 고객들의 각광을 받는 브랜드 인기 상품입니다.

이태원에는 매년 성대한 세계 지구촌 페스티벌이 열리고 또한 황홀한 느낌을 주는 별천지같은 이슬람 거리 · 이슬람교 사원 모스크도 있습니다. 일부 국가의 대사관 즉 노르웨이 · 덴마크 · 세네갈 · 스리랑카 등의 대사관도 모두 이태원에 있습니다. 이태원은 한국에서 전형적인 국제화의 지역입니다.

 生词 새단어

牛仔装 [niúzǎizhuāng] 청의류, 카우보이(cowboy) 복장
貂皮大衣 [diāopí dàyī] 밍크 코트

韩国战争纪念馆位于首尔市龙山区。是收集、保存、展出战争史
Hánguó zhànzhēng jìniànguǎn wèiyú Shǒu'ěrshì Lóngshānqū. Shì shōují, bǎocún, zhǎnchū zhànzhēng shǐ

料，追忆战争创伤，悼念护国英烈的丰功伟绩，祈愿永久和平的战争
liào, zhuīyì zhànzhēng chuàngshāng, dàoniàn hùguó yīngliè de fēnggōng wěijì, qíyuàn yǒngjiǔ hépíng de zhànzhēng

纪念公园。也是以战争为教训，培养爱国、爱和平精神的教育现场博
jìniàn gōngyuán. Yě shì yǐ zhànzhēng wéi jiàoxùn, péiyǎng àiguó, ài hépíng jīngshén de jiàoyù xiànchǎng bó

物馆。1994 年开馆。占地面积约82.6 ㎢，由地下两层，地上四层的大楼
wùguǎn.　　nián kāiguǎn. Zhàndì miànjī yuē,　　yóu dìxià liǎng céng, dìshàng sì céng de dàlóu

组成。这里有"护国缅怀室"、"战争历史室"、"韩国战争室"、"海
zǔchéng.　Zhèlǐ yǒu "hùguó miǎnhuáishì"、　"zhànzhēng lìshǐshì"、　"Hánguó zhànzhēngshì"、"hǎi

外派兵室"、"国军发展室"、"大型装备室"等6 个展厅和室外展示
wài pàibīngshì"、　"guójūn fāzhǎnshì"、　"dàxíng zhuāngbèishì" děng gè zhǎntīng hé shìwài zhǎnshì

场。陈列的展品有1 万多件，都是与战争相关的各种武器、资料和遗
chǎng. Chénliè de zhǎnpǐn yǒu　wàn duō jiàn, dōushì yǔ zhànzhēng xiāngguān de gè zhǒng wǔqì, zīliào hé yí

物。室外展示场摆放着，战争当时使用过的陆、海、空重型武器。如，
wù.　Shìwài zhǎnshìchǎng bǎifàngzhe, zhànzhēng dāngshí shǐyòngguò de lù、hǎi、kōng zhòngxíng wǔqì. Rú,

战斗机、装甲车、潜水艇等。还有著名的"广开土大王碑"模型、"兄
zhàndòujī、　zhuāngjiǎchē、qiánshuǐtǐng děng. Háiyǒu zhùmíng de "Guǎngkāitǔ dàwángbēi"　móxíng、"xiōng

弟之像"、"烈士纪念碑"、象征先史时代的"青铜剑塔"等。
dì zhī xiàng"、　"lièshì jìniànbēi"、　xiàngzhēng xiānshǐ shídài de "qīngtóng jiàntǎ" děng.

每周末下午和纪念日，在这里还举行英姿飒爽的国军仪仗队检
Měi zhōumò xiàwǔ hé jìniànrì, zài zhèlǐ hái jǔxíng yīngzīsàshuǎng de guójūn yízhàngduì jiǎn

阅和军乐队演奏等，更增添了战争纪念馆的魅力。
yuè hé jūnyuèduì yǎnzòu děng, gèng zēngtiān le zhànzhēng jìniànguǎn de mèilì.

摩登 [módēng] [형] 모던(modern)하다, (최)신식이다

风靡 [fēngmí] [동] 풍미하다, 유행하다

한국 전쟁기념관은 서울시 용산구에 자리하고 있습니다. 전쟁 역사 자료를 수집·보존·전시하고 전쟁의 아픈 상처를 회억하고 선렬들의 호국 위훈을 추모하며 영원한 평화를 기원하는 전쟁 기념 공원입니다. 또한 전쟁을 교훈으로 평화와 호국 정신을 양성하는 교육 현장 박물관이기도 합니다. 1994년에 개관하고 부지 면적은 약 82.6㎢이며 지하 2층 지상 4층으로 구성되었습니다. 이곳에는 호국추모실·전쟁역사실·한국전쟁실·해외파병실·국군발전실·대형장비실 등 6개 전시실과 야외 전시장이 있습니다. 진열된 전시품은 1만여 건으로 모두 전쟁과 관련된 각종 무기, 자료와 유물입니다. 실외 전시장에는 전쟁 당시 사용하였던 육·해·공의 중형장비들로 전투기, 전차, 잠수함 등이 있고 유명한 광개토대왕비 모형·형제의 상·용사 기념비·선사시대를 상징하는 청동검탑 등도 있습니다.

주말 오후와 기념일에 이곳에서 펼쳐지는 국군의장대의 사열과 군악대의 연주 등으로 전쟁기념관의 매력을 더하고 있습니다.

문제 39

请说说韩国综合贸易中心。

한국의 종합무역센터에 대해 말해 보세요.

韩国综合贸易中心（KWTC）, 位于首尔江南区三成洞, 创建于
Hánguó zōnghé màoyì zhōngxīn,　　　wèiyú Shǒu'ěr Jiāngnán qū Sānchéng Dòng. Chuàngjiàn yú

1988 年。是55 层高的韩国出口及国际贸易中心的办公大楼。这里有贸
nián.　Shì　　céng gāo de Hánguó chūkǒu jí guójì màoyì zhōngxīn de bàngōng dàlóu.　Zhèli yǒu mào

易会馆, 有"COEX"的国际展览厅, 附设免税店的洲际大饭店, 有高
yì huìguǎn,　yǒu　　　　de guójì zhǎnlǎntīng,　fùshè miǎnshuìdiàn de Zhōujì dàfàndiàn,　yǒu gāo

档商品云集的购物区和现代百货商店, 机场客运站等。是商务、住宿、
dàng shāngpǐn yúnjí de gòuwùqū hé Xiàndài bǎihuòshāngdiàn, jīchǎng kèyùnzhàn děng. Shì shāngwù、zhùsù、

购物等设施集于一处的韩国的商业中心区。
gòuwù děng shèshī jíyú yíchù de Hánguó de shāngyè zhōngxīnqū.

한국의 종합무역센터(KWTC)는 서울 강남구 삼성동에 위치한 1988년에 세워진 55층 높이로 된 한국의 수출 및 국제 무역 중심의 트레이드타워입니다. 여기에는 무역회관·한국 종합전시장(COEX)·면세점이 부설된 인터콘티넨탈 호텔·고급 브랜드 상품 쇼핑몰과 현대백화점·도심 공항터미널 등이 있으므로 비즈니스·숙박·쇼핑 등의 시설이 한 곳에 집대성으로 이루어진 한국의 상업 센터입니다.

请说说狎鸥亭洞。
압구정동에 대해 말해 보세요.

狎鸥亭洞位于江南区。狎鸥亭的名字是朝鲜时代世祖时期的权
Xiá'ōutíng Dòng wèiyú Jiāngnán Qū. Xiá'ōutíng de míngzì shì Cháoxiǎn shídài Shìzǔ shíqī de quán

臣韩明浍所起。狎鸥亭洞韩国时尚的代表区之一，被称为"时尚大
chén Hán Mínghuì suǒ qǐ. Xiá'ōutíng dòng Hánguó shíshàng de dàibiǎoqū zhīyī, bèi chēngwéi "shíshàng dà

街"，"整形美容一条街"。
jiē", "zhěngxíng měiróng yì tiáo jiē".

狎鸥亭洞有大型进口品牌专卖店，高级时装设计师专卖店，高级
Xiá'ōutíng Dòng yǒu dàxíng jìnkǒu pǐnpái zhuānmàidiàn, gāojí shízhuāng shèjìshī zhuānmàidiàn, gāojí

韩服店，首饰精品店，整形美容外科、美发厅，各式餐厅，西点咖啡厅，
hánfúdiàn, shǒushì jīngpǐndiàn, zhěngxíng měiróng wàikē、měifàtīng, gè shì cāntīng, xīdiǎn kāfēitīng,

KTV 练歌厅，高级住宅等密集如林。这里的主要顾客是年轻人。商品
liàngētīng, gāojí zhùzhái děng mìjí rúlín. Zhèlǐ de zhǔyào gùkè shì niánqīngrén. Shāngpǐn

价格虽然偏高，但却可以满足选购时尚品牌商品的欲望。
jiàgé suīrán piāngāo, dàn què kěyǐ mǎnzú xuǎngòu shíshàng pǐnpái shāngpǐn de yùwàng.

由于韩流的影响，医疗观光的兴起，狎鸥亭洞也成了购物、消
Yóuyú hánliú de yǐngxiǎng, yīliáo guānguāng de xīngqǐ, Xiá'ōutíng Dòng yě chéng le gòuwù、xiāo

费、整形美容的首选地之一。
fèi、 zhěngxíng měiróng de shǒuxuǎndì zhīyī.

압구정동은 강남구에 위치하고 있습니다. 압구정이란 이름은 조선 시대 세조 때의 권신 한명회가 지은 이름입니다. 압구정동은 한국 시류의 대표적인 지역으로 "유행의 거리", "성형미용의 거리"로 불리우고 있습니다.

압구정동에는 대형 수입 브랜드 상품 전문 매장이 있고, 고급 뉴패션 디자이너 전문 매장, 고급 한복점, 정품 장신구점, 성형 미용 외과, 펌 미용실, 다양한 레스토랑, 케이크 커피숍, KTV 노래방, 고급 주택 등이 즐비하게 밀집되어 있습니다. 이곳의 주요 고객은 젊은층입니다. 상품 가격이 좀 비싸지만 고객의 고급 상품 구매욕을 만족시킬 수 있으며, 또한 한류 열풍과 의료 관광의 붐으로 압구정동도 쇼핑·소비·성형미용 코스로 손꼽히는 지역 중의 하나로 부상하였습니다.

品牌 [pǐnpái] [명] 상표, 브랜드(brand)

请说说首尔的乐天世界。

서울의 롯데월드에 대해 말해 보세요.

乐天世界位于首尔松坡区蚕室洞。1989 年开业，同美国的迪士尼
Lètiān Shìjiè wèiyú Shǒu'ěr Sōngpō Qū Cánshì Dòng.　　　nián kāiyè,　tóng Měiguó de Díshìní

乐园一样，是世界级的主题公园。
lèyuán yíyàng,　shì shìjièjí de zhǔtí gōngyuán.

韩国的乐天世界是世界上最大的室内主题公园，已被载入吉尼
Hánguó de Lètiān Shìjiè shì shìjièshàng zuì dà de shìnèi zhǔtí gōngyuán,　yǐ bèi zǎirù Jíní

斯世界纪录大全里。乐天世界是娱乐与文化融为一体的超级娱乐
sī shìjiè jìlù dàquánlǐ.　Lètiān Shìjiè shì yúlè yǔ wénhuà róngwéi yìtǐ de chāojí yúlè

城。
chéng.

有以冒险与神秘为主题的"乐天世界探险"，以及湖上的魔术岛
Yǒu yǐ màoxiǎn yǔ shénmì wéi zhǔtí de　"Lètiān Shìjiè tànxiǎn"　yǐjí húshang de móshù dǎo

"梦幻岛"等各种游乐设备。
"Mènghuàndǎo" děng gè zhǒng yóulè shèbèi.

还有民俗馆、大饭店，免税店、大型优惠打折商场、电影院，各种
Háiyǒu mínsúguǎn、dàfàndiàn、miǎnshuìdiàn、dàxíng yōuhuì dǎzhé shāngchǎng、diànyǐngyuàn, gè zhǒng

表演场、室内游泳池、室内溜冰场、保龄球馆、会员制的运动俱乐部
biǎoyǎnchǎng、shìnèi yóuyǒngchí、　shìnèi liūbīngchǎng、　bǎolíngqiúguǎn、　huìyuánzhì de yùndòng jùlèbù

体育中心，百货公司、超市、购物中心等。是一座名副其实的"城中之
tǐyù zhōngxīn,　bǎihuògōngsī、chāoshì、gòuwù zhōngxīn děng. Shì yí zuò míngfù qíshí de "chéngzhōng zhī

城"。
chéng".

롯데월드는 서울 송파구 잠실동에 있습니다. 1989년에 개장한 미국 디즈니랜드처럼 월드급 테마파크입니다.

한국의 롯데월드는 세계에서 가장 큰 실내 테마파크로서 세계기네스북에 올랐습니다. 롯데월드는 오락과 문화로 융합된 최첨단 오락 공간입니다.

롯데월드는 모험과 신비를 주제로 한 "롯데월드 어드벤처" 및 호수 마법의 섬 "매직 아일랜드" 등 다양한 오락 시설이 있습니다.

그리고 또 민속관, 고급 호텔, 면세점, 대형 할인 쇼핑몰, 영화관, 다양한 공연장, 실내수영장, 실내 아이스링크, 볼링장, 회원제 스포츠 클럽 센터, 백화점, 슈퍼마켓, 쇼핑 센터 등이 있습니다. 롯데월드는 명실상부한 "성 중의 성"입니다.

请说说首尔的乐天世界大厦。

서울의 롯데월드타워에 대해 말해 보세요.

"韩国地标"的乐天世界大厦（又称：第二乐天世界，乐天超市
"Hánguó dìbiāo" de Lètiān shìjiè dàshà (yòu chēng: Dì èr Lètiān shìjiè, Lètiān chāoshì

大厦）在韩国及韩半岛（平壤柳京酒店330米，101层）是最高的，世界
dàshà) zài Hánguó jí Hánbàndǎo (Píngrǎng Liǔjīng jiǔdiàn mǐ, céng) shì zuì gāo de, shìjiè

排名第五的摩天大楼。位于首尔市松坡区新川洞。由瞭望台、六星级
páimíng dì wǔ de mótiān dàlóu. Wèiyú Shǒu'ěrshì Sōngpōqū Xīnchuāndòng. Yóu liàowàngtái、liùxīng jí

酒店、办公区、商住两用室等构成的复合型的大厦。地上123层，（地
jiǔdiàn、 bàngōngqū、shāngzhù liǎngyòngshì děng gòuchéng de fùhéxíng de dàshà. Dìshàng céng, (dì

下6层，总面积为42万多平方米）高555米。（建设周期2009年～2016
xià céng, zǒng miànjī wéi wàn duō píngfāngmǐ) gāo mǐ. (Jiànshè zhōuqī nián～

年）2017年4月3日正式开张。
nián) nián yuè rì zhèngshì kāizhāng.

如今世界排前四名的高楼有，第一是阿拉伯联合酋长国迪拜
Rújīn shìjiè pái qián sì míng de gāolóu yǒu, dì yī shì Ālābó liánhé qiúzhǎngguó Díbài

的哈里发塔（828米，162层）；第二是中国上海中心大厦（632米，121
de Hālǐfātǎ (mǐ, céng); dì èr shì Zhōngguó Shànghǎi zhōngxīn dàshà (mǐ,

层）；第三是，沙特阿拉伯的麦加皇家钟塔（601米，95层）；第四是，
céng); dì sān shì, Shātè Ālābó de Màijiā huángjiāzhōngtǎ (mǐ, céng); dì sì shì,

中国深圳的平安国际金融中心（592.5米，118层）。
Zhōngguó Shēnzhèn de Píng'ān guójì jīnróng zhōngxīn(mǐ, céng).

据专家鉴定韩国的乐天世界大厦是，能在9级地震中屹立不倒
Jù zhuānjiā jiàndìng Hánguó de Lètiān shìjiè dàshà shì, néng zài jí dìzhèn zhōng yìlì bù dǎo

的，世界上最安全的摩天大楼。
de, shìjièshàng zuì ānquán de mótiān dàlóu.

"한국의 랜드마크"인 롯데월드타워(별칭: 제2롯데월드, 롯데수퍼타워)는 한국 및 한반도(평양 유경호텔 330m, 101층)에서 가장 높고, 세계 5위의 마천루입니다. 서울 송파구 신천동에 위치하고 있으며, 전망대, 6성급 호텔, 오피스, 주상복합 등의 기능을 갖춘 복합형 건물입니다. 지상 123층(지하 6층, 연면적은 42만 여㎡), 높이는 555m입니다. (건축 기간 2009년 ~ 2016년) 2017년 4월 3일에 공식 개장하였습니다.

현존하는 세계 4위까지의 초고층 건물로는, 첫 번째는 아랍에미리트 두바이의 부르즈 할리파 타워(828m, 162층), 두 번째는 중국의 상하이 타워(632m, 121층), 세 번째는 사우디아라비아의 아브라즈 알 바이트타워(601m, 95층), 네 번째는 중국 선전의 평안국제금융센터(592.5m, 118층)입니다.

전문가의 검증에 따르면 한국의 롯데월드타워는 진도 9의 강진에도 견딜 수 있는 세계에서 가장 안전한 마천루라고 합니다.

请介绍汉江。

한강을 소개해 보세요.

贯穿首尔中心的汉江，发源于江原道太白山，全长514km，是韩国
Guànchuān Shǒu'ěr zhōngxīn de Hàn Jiāng, fāyuányú Jiāngyuán Dào Tàibái Shān, quáncháng, shì Hánguó

的第二大江，最后流入韩国的西海。汉江也是韩国的象征之一。
de dì èr dà jiāng, zuìhòu liúrù Hánguó de Xīhǎi. Hàn Jiāng yě shì Hánguó de xiàngzhēng zhīyī.

自古把首尔分为南北两个部分。江北为老城，有许多历史文化古
Zìgǔ bǎ Shǒu'ěr fēnwéi nánběi liǎng ge bùfen. Jiāngběi wéi lǎochéng, yǒu xǔduō lìshǐ wénhuà gǔ

迹与景点，江南是新城，有浓厚的商业气息。江上架起了几十座（33
jì yǔ jǐngdiǎn, jiāngnán shì xīnchéng, yǒu nónghòu de shāngyè qìxī. Jiāngshang jiàqǐ le jǐ shí zuò

座）雄伟的大桥。其中，2008年荣登吉尼斯世界纪录大全的盘浦大桥
(zuò) xióngwěi de dàqiáo. Qízhōng, nián róngdēng Jínísī shìjiè jìlù dàquán de Pánpǔ dàqiáo

（全长1140m）是世界上最长的月光彩虹喷泉桥梁。还有象征1988年
(quán cháng) shì shìjiè shàng zuì cháng de yuèguāng cǎihóng pēnquán qiáoliáng. Háiyǒu xiàngzhēng nián

首尔奥林匹克圣火台的火炬，直耸云霄，架在了直跨汉江的大桥上。
Shǒu'ěr Àolínpǐkè shènghuǒtái de huǒjù, zhísǒngyúnxiāo, jiàzài le zhíkuà Hànjiāng de dàqiáoshang.

汉江早已成为韩国的重要交通枢纽，以及人们喜爱的休闲娱乐的场
Hàn Jiāng zǎoyǐ chéngwéi Hánguó de zhòngyào jiāotōng shūniǔ, yǐjí rénmen xǐ'ài de xiūxián yúlè de chǎng

所——汉江公园。
suǒ -- Hànjiāng gōngyuán.

한강은 서울의 중심을 가로 지르고 있습니다. 한강은 강원도 태백산에서 발원하여 끝단의 강물은 서해로 흘러듭니다. 한강의 길이는 514㎞이고, 한국에서 두 번째로 큰 강입니다. 한강 또한 한국의 상징 중 하나입니다.

예로부터 서울을 남·북으로 나누었습니다. 강북은 오랜 도시로 수많은 역사 문화 고적과 관광 명소가 있으며, 강남은 뉴타운으로서 상업풍이 짙은 곳 입니다. 한강에는 웅대하고 멋진 다리 수십 개(33개)가 가로 지르고 있으며, 그 중 2008년 세계 기네스북에 오른 반포대교(길이 1,140m)는 세계에서 가장 긴 달빛무지개 분천교량입니다. 또 1988년 서울 올림픽 성화대를 상징하는 횃불이 하늘을 찌를 듯 한강 다리에 우뚝 솟아 있습니다. 한강은 오래 전부터 한국의 중요한 교통 구역 중추 역할을 해왔고, 게다가 한강은 사람들에게 매우 인기 있는 산책 유람 휴식 장소인 —— 아름다운 한강 공원이 되었습니다.

生词 새단어

雄伟 [xióngwěi] [형] 웅대하고 위세가 넘치다, 웅장하다

直耸云霄 [zhísǒngyúnxiāo] 직용운소, 눈 구름을 뚫고 높은 하늘 끝을 찌르다

直跨 [zhíkuà] 가로지르다

枢纽 [shūniǔ] [명] (비유) 중추. 주축. 허브(hub). 관건. 키(key)

请说说华克山庄。

워커힐에 대해 말해 보세요.

华克山庄是1963年开馆的首尔广津区广壮洞峨嵯城路上的特
Huákè shānzhuāng shì nián kāiguǎn de Shǒu'ěr Guǎngjīn Qū Guǎngzhuàng Dòng Écuóchéng Lù shang de tè

一级酒店。华克山庄的名称取自于1950年韩战爆发时，驻韩美军第8
yī jí jiǔdiàn.　　　　Huákè shānzhuāng de míngchēng qǔzìyú　nián hánzhàn bàofā shí,　zhù hán měijūn dì

军司令官，华克(Walton H. Walker)将军的名字而定。
jūn sīlìngguān,　Huákè　(WaltonH. Walker)　　　jiāngjūn de míngzi ér dìng.

华克山庄坐落于最优美的汉江江畔，是亚洲第一家集美食、休
Huákè shānzhuāng zuòluòyú zuì yōuměi de Hànjiāng jiāngpàn, shì Yàzhōu dì yī jiā jíměishí、　　xiū

闲、娱乐、购物为一体的特一级（相当于中国五星级）酒店。是喜达屋
xián、　yúlè、　　gòuwù wéi yìtǐ de tè yī jí　　　　(xiàngdāngyú Zhōngguó wǔ xīngjí) jiǔdiàn.　Shì Xǐdáwū

世界级酒店集团在亚洲首次开张的最时尚酒店品牌。
shìjiè jí jiǔdiàn jítuán zài Yàzhōu shǒucì kāizhāng de zuì shíshàng jiǔdiàn pǐnpái.

华克山庄除了著名的赌场外，还有剧场、免税店、餐厅、酒吧、国
Huákè shānzhuāng chúle zhùmíng de dǔchǎngwài, háiyǒu jùchǎng、miǎnshuìdiàn、cāntīng、jiǔba、guó

际会议室等，可谓是一个综合娱乐中心。
jì huìyìshì děng,　　　kěwèishì yí ge zōnghé yúlè zhōngxīn.

特别是这里的赌场是韩国最大的正式赌场。只允许带护照的外
Tèbié shì zhèli de dǔchǎng shì Hánguó zuì dà de zhèngshì dǔchǎng.　Zhǐ yǔnxǔ dài hùzhào de wài

国人进入赌场。赌场内设有二十一点、轮盘、扑克、老虎机等各种游
guórén jìnrù dǔchǎng.　　Dǔchǎngnèi shèyǒu èrshí yī diǎn、　lúnpán、　pūkè、　　lǎohǔjī děng gè zhǒng yóu

喜达屋 [Xǐdáwū] 스타우드(STARWOOD)

下榻 [xiàtà] [동] 숙박하다, 투숙하다

周到圆满 [zhōudào yuánmǎn] [형] 주도면밀하게 원만하다, 완벽하다

戏机。服务热情周到圆满，保安条件一流。因此，各国首脑访问韩国
xìjī.　　　Fúwù rèqíng zhōudào yuánmǎn, bǎo'ān tiáojiàn yīliú.　　　Yīncǐ, gè guó shǒunǎo fǎngwèn Hánguó

的时候也经常下榻在华克山庄。
de shíhou yě jīngcháng xiàtà zài Huákè shānzhuāng.

워커힐은 1963년에 개관한 서울 광진구 광장동 아차성 길에 있는 특1급 호텔입니다.

워커힐이란 이름은 1950년 한국 전쟁 발발 시 주한 미군 제8군 사령관 워커(Walton H. Walker) 장군의 이름에서 유래되었습니다.

워커힐은 가장 아름다운 한강 강가에 자리하고 있으며, 아시아에서 최초로 미식 · 여가 · 오락 · 쇼핑의 집성체로 복합적인 특1급 호텔입니다. (중국의 5성급 호텔과 맞먹습니다) 스타우드 월드급 호텔 그룹이 아시아에서 최초로 개장한 최신 시류의 브랜드 호텔입니다.

워커힐에는 유명한 카지노 외에 극장 · 면세점 · 레스토랑 · 주점 · 국제회의실 등도 있어 복합성 오락 센터로 갖춰져 있습니다.

특히 이곳의 카지노는 한국 최대 규모의 카지노입니다. 여권을 지참한 외국인만 입장 할 수 있습니다. 카지노에는 21점 · 룰렛 · 포커 · 슬롯머신 등 각종 게임기가 있고, 워커힐의 서비스는 으뜸으로 친절하며 보안 제도도 일품입니다. 그래서 각국 정상들도 한국 방문 시 워커힐에 자주 머무릅니다.

请说说宗庙。
종묘에 대해 말해 보세요.

宗庙位于首尔钟路。是供奉并祭祀朝鲜王朝历代国王和王妃
Zōngmiào wèiyú Shǒu'ěr Zhōng Lù. Shì gòngfèng bìng jìsì Cháoxiǎn wángcháo lìdài guówáng hé wángfēi

灵位的儒教式王家祠堂。目前，在正殿的19个龛室里供奉着19位王
língwèi de rújiàoshì wángjiā cítáng.　Mùqián, zài zhèngdiàn de　gè kānshìlǐ gòngfèngzhe　wèi wáng

和30位王后的神位，在正殿西边永宁殿的16个龛室里，供奉着从正
hé　wèi wánghòu de shénwèi,　zài zhèngdiàn xībiān Yǒngníngdiàn de　gè kānshìlǐ,　gòngfèngzhe cóng zhèng

殿移来的15位王和17位王后，以及懿愍皇太子的神位。每年五月的第
diàn yílái de　wèi wáng hé　wèi wánghòu, yǐjí Yìmǐn huángtàizǐ de shénwèi.　Měinián Wǔyuè de dì

一个星期天举行祭奠仪式。
yī gè Xīngqītiān jǔxíng jìdiàn yíshì.

1963 年1 月18 日被政府列为"史迹第125 号"，于1995 年被联合国教
nián　yuè　rì bèi zhèngfǔ lièwéi　"shǐjì dì　hào", yú　nián bèi Liánhéguó jiào

科文组织指定为世界文化遗产。
kēwén zǔzhī zhǐdìngwéi Shìjiè wénhuà yíchǎn.

宗: 指家族的长辈，民族的祖先。
zōng : Zhǐ jiāzú de zhǎngbèi, mínzú de zǔxiān.

　　종묘는 서울 종로에 위치하고 있으며, 조선 왕조의 역대 왕과 왕비의 신주를 모시고 제사를 지내는 유교식 왕실의 사당입니다. 현재 정전의 19개 감실에는 19위의 왕과 30위의 왕후 신주를 모셨습니다. 정전 서쪽에 위치한 영녕전에는 정전에서 조천된 15위의 왕과 17위의 왕후 및 의민황태자(懿愍皇太子)의 신주를 모셨습니다. 매년 5월 첫째주 일요일이면 종묘 제례 의식이 거행됩니다.

　　정부에 의해 1963년 1월 18일 사적 제125호로 지정되었고 1995년에 유네스코에 의해 세계 문화 유산으로 지정되었습니다.

　　종: 가문의 조상, 민족의 선조를 말합니다.

* 주) 제2장 한국의 세계유산-(1) 세계 문화유산에서도 출제되는 문제입니다.

宗 [zōng] [명] 조상, 선조

文庙位于首尔钟路区明伦洞3街53号。如今与首尔著名的成均馆
Wénmiào wèiyú Shǒu'ěr Zhōnglù Qū Mínglún Dòng Jiē hào. Rújīn yǔ Shǒu'ěr zhùmíng de Chéngjūnguǎn

大学在一处。文庙建于朝鲜王朝太祖7年公历1398年。其后多次烧毁
dàxué zài yíchù. Wénmiào jiànyú Cháoxiǎn wángcháo Tàizǔ nián gōnglì nián. Qíhòu duōcì shāohuǐ

又复原。是供奉中国儒教学派的创始人文圣王孔子，以及韩国、中国
yòu fùyuán. Shì gòngfèng Zhōngguó rújiào xuépài de chuàngshǐrén wénshèngwáng Kǒngzǐ, yǐjí Hánguó、Zhōngguó

崇尚儒教的圣贤灵位，并举行祭孔大典的祠堂。
chóng shàng rújiào de shèngxián língwèi, bìng jǔxíng jì kǒng dàdiǎn de cítáng.

文庙的正殿是大成殿，供奉有孔子及其圣贤弟子，"四圣、十哲、
Wénmiào de zhèngdiàn shì Dàchéngdiàn, gòngfèng yǒu Kǒngzǐ jí qí shèngxián dìzǐ, "sìshèng"、"shízhé"、

六贤"。还有韩国的"十八贤"。这里成了韩国儒学研究中心和传承传
liùxián". Háiyǒu Hánguó de "shíbāxián". Zhèlǐ chéng le Hánguó rúxué yánjiū zhōngxīn hé chuánchéng chuán

统礼教的中心。
tǒng lǐjiào de zhōngxīn.

每年春、秋两季韩国在文庙如期举行祭孔大典，是现存世界孔
Měinián chūn、qiū liǎng jì Hánguó zài Wénmiào rúqī jǔxíng jì kǒng dàdiǎn, shì xiàncún shìjiè Kǒng

庙中唯一完整地保存祭孔典礼原貌的地方。在韩国祭孔大典被称为
miàozhōng wéiyī wánzhěng de bǎocún jì kǒng diǎnlǐ yuánmào de dìfang. Zài Hánguó jì kǒng dàdiǎn bèi chēngwéi

"释奠祭"。
"Shìdiànjì".

崇尚 [chóngshàng] [동] 숭상하다, 존중하다, 받들다

圣贤 [shèngxián] [명] 성인과 현인, 성현

문묘는 서울 종로구 명륜동 3가 53호에 위치하고 있습니다. 현재 서울의 유명한 대학 성균관대와 함께 자리하고 있습니다. 문묘는 조선왕조 태조 7년인 1398년에 창건되었고, 그 후 여러차례 불태워 훼손되었다가 복원되었습니다. 중국 유교 창시자인 문성왕 공자 및 유교를 숭상 하는 한국, 중국에 성현들의 위패를 모시고 제사를 지내는 사당입니다.

문묘의 정전은 대성전입니다. 여기에는 공자를 비롯한 "4현, 10철, 6현", 그리고 한국의 "18현"의 위패를 봉향하고 있습니다. 이곳은 한국 유교 연구 센터이자 또한 전통 예교를 전승하는 중심입니다.

매년 한국의 문묘에서는 봄, 가을에 두 차례 어김 없이 제사를 지냅니다. 한국의 문묘는 세계 공자묘 중에 제사 전례를 유일히 원 모습대로 잘 보존해 오고 있는 사당입니다. 한국에서는 문묘제를 "석전제"라고 합니다.

请说说成均馆。

성균관에 대해 말해 보세요.

成均馆是与文庙在一起的，朝鲜时代为了培养人才，建在现在位
Chéngjūnguǎn shì yǔ Wénmiào zài yìqǐ de,　Cháoxiǎn shídài wèile péiyǎng réncái,　jiàn zài xiànzài wèi

置的，朝鲜王朝最高的教育机关。被称为"国子监"、"国学"、"太
zhì de,　　Cháoxiǎn wángcháo zuì gāo de jiàoyùjīguān. Bèi chēngwéi "guózǐjiàn"、　　"guóxué"、　"tài

学"、"泮宫"等。成均馆由"明伦堂"、"东斋"、"西斋"构成。目前
xué"、　　"pàngōng" děng. Chéngjūnguǎn yóu "mínglúntáng"、　"dōngzhāi"、　　"xīzhāi" gòuchéng. Mùqián

是首尔的著名学府之一。
shì Shǒu'ěr de zhùmíng xuéfǔ zhīyī.

문묘와 함께 있는 성균관은 조선 시대에 인재의 양성을 위해 현 위치에 설치된 국가 최고 교육기관입니다. "국자감", "국학", "태학", "반궁" 등으로 칭하였습니다. 성균관은 "명륜당"과 "동재", "서재"로 구성되어 있습니다. 현재는 서울의 유명 대학교 중 하나입니다.

国子监 [guózǐjiàn] 국자감(고려 시대에 설치된 국립대학)

请说说社稷坛。

사직단에 대해 말해 보세요.

社稷坛位于韩国首尔钟路区社稷洞。1963 年 1 月 21 日，指定为史迹
Shèjìtán wèiyú Hánguó Shǒu'ěr Zhōnglù Qū Shèjì Dòng.　　nián yuè　rì,　zhǐdìngwéi shǐjì

第121 号。面积为9,075㎡。
dì　　hào. Miànjī wéi

朝鲜太祖李成桂，把都城定在汉阳后，1395 年沿袭高丽王朝的制
Cháoxiǎn Tàizǔ Lǐ Chéngguì,　bǎ dūchéng dìng zài Hànyáng hòu,　nián yánxí Gāolì wángcháo de zhì

度，在景福宫东侧建宗庙，西侧建了社稷坛。社稷中"社"是掌管土地
dù,　zài Jǐngfúgōng dōngcè jiàn Zōngmiào, xīcè jiàn le Shèjìtán.　　Shèjìzhōng "shè" shì zhǎngguǎn tǔdì

的神，"稷"是掌管五谷的神。
de shén,　"jì"　shì zhǎngguǎn wǔgǔ de shén.

每年向神祭拜，以求丰年的地方就是社稷坛。社稷坛一年举行
Měinián xiàng shén jìbài, yǐqiú fēngnián de dìfang jiùshì Shèjìtán.　　Shèjìtán yì nián jǔxíng

四次大祭。即，先农祭、先蚕祭、祈谷祭、祈雨祭。
sì cì dàjì.　　Jí,　xiānnóngjì,　xiāncánjì,　qígǔjì,　qíyǔjì.

사직단은 서울 종로구 사직동에 위치하고 있습니다. 1963년 1월 21일, 사적 제121호로 지정되었습니다. 면적은 9,075㎡입니다.

조선 태조 이성계는 도읍을 한양으로 정한 후, 1395년 고려의 제도를 답습하여 경복궁 동쪽에 종묘, 서쪽에는 사직단을 세웠습니다. 사직 중에 "사"는 토지신, "직"은 오곡신을 이릅니다. 해마다 신에게 제사를 올려 풍년을 기원하는 곳이 바로 사직단입니다. 사직단에서는 1년에 네 차례의 대제를 치릅니다. 즉, 선농·선잠·기곡·기우제입니다.

先农祭 [xiānnóngjì] 선농제는 조선 시대에 선농단(先農壇)에서 신농씨(神農氏)와 후직씨(后稷氏)에게 드리는 제사

请说说独立门。

독립문에 대해 말해 보세요.

独立门位于首尔西大门区岘底洞独立公园里的一座大门式建
Dúlìmén wèiyú Shǒu'ěr Xīdàmén Qū Xiàndǐ Dòng Dúlì gōngyuánlǐ de yí zuò dàménshì jiàn

筑。是首尔市重要的名胜古迹之一。1963 年指定为史迹第32 号。
zhù.　Shì Shǒu'ěr Shì zhòngyào de míngshènggǔjì zhīyī.　　nián zhǐdìngwéi shǐjì dì　　hào.

1896 年韩国独立协会，为了宣告国家的永久独立，在迎接清朝使
nián Hánguó dúlì xiéhuì,　wèile xuāngào guójiā de yǒngjiǔ dúlì,　zài yíngjiē Qīngcháo shǐ

节的"迎恩门"位置，通过全民参加的募捐活动，历时一年创建了高
jié de　"Yíng'ēnmén"　wèizhì,　tōngguò quánmín cānjiā de mùjuān huódòng, lìshí yì nián chuàngjiàn le gāo

15m 的"独立门"（1897 年11 月20 日竣工）。现在的面积为2,640m²。
de　"Dúlìmén"　　(nián　yuè　rì jùngōnç).　Xiànzài de miànjīwéi.

独立门模仿法国巴黎的凯旋门，根据徐载弼的素描，由瑞士的
Dúlìmén mófǎng Fǎguó Bālí de Kǎixuánmén,　　gēnjù Xú Zǎibì desùmiáo,　　yóu Ruìshì de

技师设计。所用的材料主要是花岗岩。结构中央有"虹霓门"，左侧内
jìshī shèjì.　　Suǒyòng de cáiliào zhǔyào shì huāgǎngyán. Jiégòu zhōngyāng yǒu "Hóngnímén", zuǒcè nèi

部有通向顶层的石阶,门前有旧"迎恩门"的两个石柱。
bù yǒu tōngxiàng dǐngcéng de shíjiē, ménqián yǒu jiù "Yíng'ēnmén" de liǎng gè shízhù.

独立门与朝鲜时代的西大门刑务所一起，构成了历史遗迹独立
Dúlìmén yǔ Cháoxiǎn shídài de Xīdàmén xíngwùsuǒ yìqǐ,　　gòuchéng le lìshǐ yíjì Dúlì

公园区。
gōngyuán qū.

凯旋门 [Kǎixuánmén] [명] 개선문. 옛 로마 통치자와 유럽 제왕들이 세운 파리에 있는 고적

독립문은 서울 서대문구 현저동 독립공원 안에 있는 대문 스타일의 건축물입니다. 서울시의 중요한 명승 고적 중 하나입니다. 1963년 사적 제32호로 지정되었습니다.

1896년 독립협회가 한국의 영구적인 독립을 선언하기 위하여 청나라 사신을 영접하던 "영은문" 자리에 전국민을 상대로 모금 운동을 하여 1년에 걸쳐 높이 15m의 "독립문"을 세웠습니다. (1897년 11월 20일 완공) 현재의 면적은 2,640㎡입니다.

독립문은 프랑스의 에투알 개선문을 본떠서 서재필이 스케치한 것에 의해 스위스인 기사가 디자인 하였습니다. 건축 자재는 주로 화강암을 사용하였습니다. 구조는 중앙에 "홍예문"이 있고, 왼쪽 내부에서 정상으로 통하는 돌층계가 있으며, 문 앞에는 구 "영은문"의 돌기둥이 두 개가 있습니다.

독립문은 조선 시대 서대문 형무소와 함께 역사 유적 독립공원으로 구성되었습니다.

문제 50

请说说南山韩屋村、北村、西村的差异。

남산 한옥마을 · 북촌 · 서촌의 차이를 말해 보세요.

南山韩屋村是朝鲜时代两班贵族和平民百姓的住宅区，北村是
Nán Shān Hánwūcūn shì Cháoxiǎn shídài liǎngbān guìzú hé píngmín bǎixìng de zhùzháiqū,　Běicūn shì

朝鲜时代高级官僚住宅区，西村是朝鲜时代中人、庶人住宅区。
Cháoxiǎn shídài gāojí guānliáo zhùzháiqū,　Xīcūn shì Cháoxiǎn shídài zhōngrén、shùrén zhùzháiqū.

남산 한옥마을은 조선 시대 양반 귀족과 일반 서민의 주택가였고, 북촌은 조선 시대 고급 관료의 주택가였으며, 서촌은 조선 시대 중인과 서민의 주택가였습니다.

清溪川是首尔市中心的一条人工河流，流动于钟路区和中区区
Qīngxīchuān shì Hánguó Shǒu'ěr Shì zhōngxīn de yì tiáo réngōng héliú, liúdòngyú Zhōnglù Qū hé Zhōng Qū qū

界的下川河流。全长10.84公里（km），流域面积59.83平方公里（km²）。
jiè de xiàchuān héliú. Quáncháng gōnglǐ, liúyù miànjī píngfāng gōnglǐ.

清溪川水发源于北岳山、仁旺山和南山的溪流汇合而成，再流入
Qīngxīchuānshuǐ fāyuányú Běiyuè Shān、Rénwàng Shān hé Nán Shān de xīliú huìhé ér chéng, zài liúrù

中浪川后，最后流往汉江。始建于朝鲜王朝的太宗时代。用以疏导河
Zhōnglàngchuān hòu, zuìhòu liúwǎng Hàn Jiāng. Shǐjiànyú Cháoxiǎn wángcháo de Tàizōng shídài. Yòng yǐ shūdǎo hé

水，解决当时汉江引起的江水泛滥问题而建。但是曾经（1950～1970年
shuǐ, jiějué dāngshí Hàn Jiāng yǐnqǐ de jiāngshuǐ fànlàn wèntí ér jiàn. Dànshì céngjīng (nián

代）随着都市经济的发展，清溪川不仅覆盖成暗渠，更在上面兴建了
dài) suízhe dūshì jīngjì de fāzhǎn, Qīngxīchuān bùjǐn fùgàichéng ànqú, gèng zài shàngmiàn xīngjiàn le

高架道路。（从2003年7月到2005年10月）17届总统李明博，任首尔市
gāojià dàolù. (Cóng nián yuè dào nián yuè) jiè zǒngtǒng Lǐ Míngbó, rèn Shǒu'ěr shì

长期间，历时2年3个月的时间完成了复原工程。复原并扩建了造型各
zhǎng qījiān, lìshí nián gè yuè de shíjiān wánchéng le fùyuán gōngchéng. Fùyuán bìng kuòjiàn le zàoxíng gè

异的22座桥梁。10多公里的散步小路，到夜晚在9千多盏灯光的照耀
yì de zuòqiáoliáng. duō gōnglǐ de sànbù xiǎolù, dào yèwǎn zài qiān duō zhǎn dēngguāng de zhàoyào

下，形成迷人的夜景。
xià, xíngchéng mírén de yèjǐng.

在清溪川还可以看到定期举办的"灯光嘉年华"、"燃灯节"等大
Zài Qīngxīchuān hái kěyǐ kàndào dìngqī jǔbàn de "dēngguāng jiāniánhuá"、"rándēngjié" děng

型活动的开展，还经常可以看到各种音乐、舞蹈节目的表演。清溪川
dàxíng huódòng de kāizhǎn, hái jīngcháng kěyǐ kàndào gè zhǒng yīnyuè、wǔdǎo jiémù de biǎoyǎn. Qīngxī

覆盖 [fùgài] [동] 덮다, 덮어 가리다

暗渠 [ànqú] 땅 속이나 구조물(構造物) 밑으로 낸 도랑, 또는 위를 덮어버리는 공사(工事)

一年365天，游览、散步、游玩儿的人群，络绎不绝，流连忘返，川流不
chuān yì nián tiān, yóulǎn、 sànbù、 yóuwánr de rénqún, luòyìbùjué, liúliánwàngfǎn, chuānliúbù

息。
xī.

청계천은 서울 중심에 있는 인공 개천입니다. 서울 종로구와 중구의 경계를 흐르는 하천입니다. 전체 길이는 10.84㎞이고, 유역 면적은 59.83㎢입니다.

청계천의 발원은 북악산 · 인왕산 · 남산 계곡물이 합류하여 중랑천을 지나 한강으로 흘러갑니다. 청계천은 조선 왕조 태종 시대에 최초로 건축되었고, 한강 물의 범람을 막기 위해 개천으로 이용하였습니다. 그러나 한때는 (1950 ~ 1970년대) 도시 경제 발전에 따라 개천을 덮고 위에다 고가 도로를 설치해 이용하였는데, 17대 대통령 이명박이 서울 시장 역임 시(2003년 7월 ~ 2005년 10월) 2년 3개월에 거쳐 청계천 복원 공사를 마쳐 22개의 다양한 패턴으로 다리를 세우고, 10여 ㎞의 산책로를 만들어 밤이면 9천여 개의 불빛이 반짝이는 또 하나의 매력적인 야경으로 이루어졌습니다.

청계천에서는 정기적으로 열리는 "오색찬란 불빛 페스티벌", "등불놀이"의 행사도 볼 수 있고, 노래와 무용 공연 등 다양한 프로그램의 공연도 자주 감상할 수 있으며, 365일 유람 · 산책 · 놀이를 즐기는 사람들로 붐비면서 돌아가는 것을 잊을 정도로 인파는 끊임없이 모여들고 있습니다.

请说说曹溪寺。

조계사에 대해 말해 보세요.

曹溪寺位于首尔钟路区坚志洞的寺刹。是大韩佛教曹溪宗的总
Cáoxīsì wèiyú Shǒu'ěr Zhōnglùqū Jiānzhìdòng de sìchà.　　　　Shì Dàhán fójiào Cáoxīzōng de zǒng

本寺，韩国佛教的中心。1395 年（太祖4）创建。过去称觉皇寺、太古
běnsì,　　Hánguó fójiào de zhōngxīn.　　　　nián　(Tàizǔ)　　chuàngjiàn. Guòqù chēng Jiàohuángsì、Tàigǔ

寺。
sì.

曹溪寺大雄殿的规模，不仅雄壮，门扇格子及窗棂的雕刻，独具
Cáoxīsì dàxióngdiàn de guīmó,　　　　bùjǐn xióngzhuàng, ménshàn gézi jí chuānglíng de diāokè, dújù

匠心（很特别）而闻名。辖区内有天然纪念物第9 号，树龄达五百来年
jiàngxīn (hěn tèbié) ér wénmíng.　　Xiáqūnèi yǒu tiānrán jìniànwù dì　　　hào, shùlíng dá wǔbǎi lái nián

的首尔寿松洞的白松。
de Shǒu'ěr Shòusōngdòng de báisōng.

每年农历四月初八释迦摩尼诞辰日，这里举行盛大的莲灯庆典，
Měinián nónglì Sìyuè chūbā Shìjiāmóní dànchénrì,　　　zhèlǐ jǔxíng shèngdà de liándēng qìngdiǎn,

在这里还可以体验日常的寺庙住宿。在首尔江南区的奉恩寺，也有同
zài zhèlǐ hái kěyǐ tǐyàn rìcháng de sìmiào zhùsù.　　Zài Shǒu'ěr Jiāngnánqū de Fèng'ēnsì,　　yě yǒu tóng

样的庆典及体验活动。
yàng de qìngdiǎn jí tǐyàn huódòng.

조계사는 서울 종로구 견지동에 있는 사찰입니다. 대한불교조계종의 총본사로 한국 불교의 중심지입니다. 1395
년(태조 4) 창건된 사찰로 각황사·태고사라 불렸던 유래가 있습니다.

조계사 대웅전의 규모가 웅장할 뿐만 아니라 문살의 조각이 특이한 것으로 유명하며, 경내에는 천연기념물 제9
호인 500년에 달하는 서울 수송동의 백송이 있습니다.

매년 음력 4월 초파일 석가모니탄신일에 이곳에서는 성대한 연등 축제를 열고 여기서 또한 데일리 템플스테이도
체험할 수 있습니다. 서울 강남구의 봉은사에서도 같은 축제와 체험 행사가 있습니다.

请说说弘益大学。
홍익대학교에 대해 말해 보세요.

弘益大学是一所位于韩国首尔市麻浦区的私立综合大学。1946
Hóngyì dàxué shì yì suǒ wèiyú Hánguó Shǒu'ěrshì Mápǔqū de sīlì zōnghé dàxué.

年创立。最初称弘文大学馆，翌年改称弘益大学。校训为"自主"、
nián chuànglì. Zuìchū chēng Hóngwén dàxuéguǎn, yìnián gǎichēng Hóngyì dàxué. Xiàoxùn wéi "zìzhǔ"、

"创造"、"协同"。
"chuàngzào"、 "xiétóng".

弘益大学在艺术领域，尤其以美术、设计专业最为著名。不仅是
Hóngyì dàxué zài yìshù lǐngyù, yóuqí yǐ měishù、 shèjì zhuānyè zuìwéi zhùmíng. Bùjǐn shì

韩国人心目中的艺术殿堂，更是亚洲顶级，世界著名的设计院校、艺
Hánguórén xīnmù zhōng de yìshù diàntáng, gèng shì Yàzhōu dǐngjí, shìjiè zhùmíng de shèjì yuànxiào、yì

术学府。在全球享有极高的声誉。被美国《商务周刊》评为"亚洲及
shù xuéfǔ. Zài quánqiú xiǎngyǒu jígāo de shēngyù. Bèi Měiguó 《Shāngwù zhōukàn》píngwéi "Yàzhōu jí

欧洲范围内最优秀的设计大学"。
Ōuzhōu fànwéi nèi zuì yōuxiù de shèjì dàxué".

在韩国一提起弘大，不是单指弘益大学，还包括周边受弘大美术
Zài Hánguó yì tíqǐ Hóngdà, búshì dān zhǐ Hóngyì dàxué, hái bāokuò zhōubiān shòu Hóngdà měishù

系的影响，而散发出浓厚艺术气息的街区独特的文化。并引来了众多
xì de yǐngxiǎng, ér sànfāchū nónghòu yìshù qìxī de jiēqū dútè de wénhuà. Bìng yǐnlái le zhòngduō

的国内外特别是年轻一代的游客。如美术学院街，毕加索街，俱乐部
de guónèiwài tèbié shì niánqīng yí dài de yóukè. Rú měishù xuéyuàn jiē, Bìjiāsuǒ jiē, jùlèbù

街等，漫步在这里，使你的脚步春风得意，心情快乐无比。每周五-六
jiē děng, mànbù zài zhèli, shǐ nǐ de jiǎobù chūnfēngdéyì, xīnqíng kuàilè wúbǐ. Měi Zhōuwǔ - liù

是逛弘大的最佳时间。
shì guàng Hóngdà de zuìjiā shíjiān.

홍익대학교는 서울시 마포구에 있는 사립 종합대학으로 1946년에 창립하였습니다. 처음에는 홍문대학관이라고 칭하였다가 이듬해 홍익대학으로 변경하였습니다. 교훈은 "자주"·"창조"·"협동"입니다.

홍익대는 특히 예술 분야에서, 미술·디자인학과가 가장 유명합니다. 한국인의 마음 속에 자리한 예술의 전당일 뿐만아니라 더 나아가 아시아의 최고, 세계의 저명한 디자인 예술 대학으로서 글로벌 극찬의 명예를 지니고 있습니다. 미국 《비즈니스 위크》에서 "아시아 및 유럽권에서 가장 우수한 디자인 대학"이란 평가를 받았습니다.

한국에서 홍대하면 단지 홍대만 이르는 것이 아니라, 홍대 미술학과의 영향으로 짙은 예술의 숨결이 물씬 풍기고 있는 독특한 거리 문화도 포함되어 있습니다. 그래서 수많은 국내외 특히 젊은층의 관광객들의 발길을 끌었습니다. 예를 들면 미술학원 거리, 피카소 거리, 클럽 거리 등 이곳을 산책하다 보면 즐거운 당신의 발걸음은 마음을 비할 바 없이 흐뭇하게 합니다. 매주 금-토요일이면 홍대 나들이로는 최적의 시간이라고 합니다.

请说说梨花女子大学。
이화여대에 대해 말해 보세요.

梨花女子大学位于首尔西大门区的私立综合大学。校训是"真，
Líhuā nǚzi dàxué wèiyú Shǒu'ěr Xīdàménqū de sīlì zǒnghé dàxué.　　　　　　Xiàoxùn shì "zhēn,

善，美"。被公认为全亚洲最好的女子大学，代表着韩国女性教育的
shàn, měi".　　Bèi gōngrènwéi quán Yàzhōu zuì hǎo de nǚzi dàxué,　　dàibiǎozhe Hánguó nǚxìng jiàoyù de

最高标准。是1886年美国传教士，玛丽斯克兰顿（Mary Scranton）女士
zuì gāo biāozhǔn. Shì nián Měiguó chuánjiàoshì,　　Mǎlì Sīkèlándùn　　　　　　　　　　nǚshì

设立。是韩国第一所女子大学。1887年高宗皇帝称其为梨花学堂，梨
shèlì.　　Shì Hánguó dì yī suǒ nǚzi dàxué.　　nián Gāozōng huángdì chēng qíwéi Líhuā xuétáng, Lí

花女大名由此得来。
huā nǚdà míng yóu cǐ délái.

이화여대는 서대문구에 위치한 사립 종합대학으로 교훈은 "진·선·미"입니다. 아시아에서 으뜸으로 가는 여자 대학으로 한국의 여성 교육을 대표하는 최고 기준이라고 인정 받아왔습니다. 1886년 미국 선교사 메리 스크랜튼 (Mary Scranton) 여사가 설립한 한국 최초의 여자대학입니다. 1887년 고종황제가 이화학당이라고 칭하면서, 이화여 대란 이름이 유래되었습니다.

(5) 시사 정치

请说说韩国的"三·一运动"。

한국의 "3·1운동"에 대해 말해 보세요.

"三·一运动"是，日帝强占期，为抵抗日本的殖民统治，全民参
"Sān · Yī yùndòng" shì,　rìdì qiángzhànqī,　wèi dǐkàng Rìběn de zhímín tǒngzhì,　quánmín cān

加的抗日独立运动。
jiā de kàngrì dúlì yùndòng.

1919 年3 月1 日，在首尔市中心的塔洞公园中，有三十三名韩国爱
nián yuè rì, zài Shǒu'ěr Shì zhōngxīn de Tǎdòng gōngyuán zhōng, yǒu sānshí sān míng Hánguó ài

国独立运动人士，发表了"独立宣言"。此宣言鼓舞了广大的市民群
guó dúlì yùndòng rénshì,　fābiǎo le　"dúlì xuānyán".　　Cǐ xuānyán gǔwǔ le guǎngdà de shìmín qún

众，群众纷纷跟随，并且高呼"独立万岁"的口号，举行了大规模的游
zhòng, qúnzhòng fēnfēn gēnsuí, bìngqiě gāohū "dúlì wànsuì"　de kǒuhào, jǔxíng le dàguīmó de yóu

行示威。之后此运动波及到了全国，掀起了在韩半岛历史上，为抵抗
xíng shìwēi.　Zhīhòu cǐ yùndòng bōjí dào le quánguó,　xiānqǐ le zài hánbàndǎo lìshǐshang,　wèi dǐkàng

日帝统治而发起的最大规模的全民族抗日运动。在民族历史的史册
rìdì tǒngzhì ér fāqǐ de zuìdà guīmó de quánmínzú kàngrì yùndòng.　　Zài mínzú lìshǐ de shǐcè

上留下了具有深远意义的"爱国独立运动"的篇章。
shàng liúxià le jùyǒu shēnyuǎn yìyì de　　'àiguó dúlì yùndòng'　　de piānzhāng.

　　"3 · 1 운동"은 일제 강점기 일본의 식민지 지배에 저항하기 위하여 전 국민이 참여한 항일 독립운동입니다.

　　1919년 3월 1일 서울시 중심의 탑골공원에서 33명의 애국 독립 운동가들이 "독립선언"을 발표하였습니다. 이 선언에 힘입은 많은 시민 대중들은 잇달아 나서서 함께 "독립만세"의 슬로건을 크게 외치면서 대규모 시위를 거행하였습니다. 그 후 이 운동은 전국적으로 확산되어 한반도 역사상 일제 통치를 항거하여 전개된 최대 규모의 전 민족 항일운동으로 번졌습니다. 즉 민족 역사서에 "애국 독립 운동"이란 유서깊은 한 장을 남기게 되었습니다.

生词 새단어

纷纷 [fēnfēn] [형] 분분하다, 잇달아, 연달아

跟随 [gēnsuí] [동] (뒤)따르다, 동행하다, 따라가다

大韩民国是怎么成立的?

대한민국은 어떻게 수립되었습니까?

1945 年韩半岛光复后，很快被美、苏托管。以北纬38 度线为界，
nián hánbàndǎo guāngfù hòu, hěn kuài bèi Měi、Sū tuōguǎn. Yǐ běiwěi　　dùxiàn wéi jiè,

把韩半岛划分为南北两部分。南韩1948 年5 月10 日实施大选，李承晚
bǎ hánbàndǎo huàfēnwéi nánběi liǎng bùfen.　　Nánhán　　nián　yuè　rì shíshī dàxuǎn,　Lǐ Chéngwǎn

当选为总统。同年1948 年8 月15 日，宣布大韩民国政府成立。"大韩"是
dāngxuǎn wéi zǒngtǒng. Tóngnián　nián　yuè　rì,　xuānbù Dàhánmínguó zhèngfǔ chénglì.　"Dàhán"　shì

"大"的意思，也有"一"的意思。
"dà"　de yìsi,　　yě yǒu　"yī"　de yìsi.

1945년 한반도 광복 후에 바로 미·소 신탁통치를 받게 되었고, 북위 38도선을 경계로 한반도를 남·북으로 분리하였습니다. 남한이 1948년 5월 10일에 실시한 대선에서 이승만이 대통령으로 당선되었고, 같은 해 1948년 8월 15일에 대한민국은 정부 수립을 선포하였습니다. "대한"은 "크다"라는 뜻이 있고 "하나"라는 뜻도 있습니다.

生词 새단어

托管 [tuōguǎn] [동] 위탁 관리하다, 신탁통치하다

문제 3

请说说韩国战争。

한국 전쟁에 대해 말해 보세요.

韩国战争是1950 年 6 月25 日凌晨，北韩军攻击北纬38° 线全域，入
Hánguó zhànzhēng shì   nián   yuè   rì língchén,   Běihánjūn gōngjī běiwěi   xiàn quányù,   rù

侵南韩而爆发的韩半岛的战争。
qīn Nánhán ér bàofā de hánbàndǎo de zhànzhēng.

韩半岛以北纬38° 线为界分为南北后，成立了各自的政府。南韩
Hánbàndǎo yǐ běiwěi   xiàn wéi jièfēnwéi nánběi hòu,   chénglì le gèzì de zhèngfǔ.   Nánhán

1948 年 8 月15 日成立大韩民国政府，北韩1948 年 9 月9 日成立了朝鲜民
nián   yuè   rì chénglì Dàhán mínguó zhèngfǔ,   Běihán   nián   yuè   rì chénglì le Cháoxiǎn mín

主主义人民共和国。
zhǔ zhǔyì rénmín gònghéguó.

此后，双方关系迅速恶化，在三八线上不时发生流血冲突。1950
Cǐhòu,   shuāngfāng guānxi xùnsù èhuà,   zài sānbāxiàn shang bùshí fāshēng liúxuè chōngtū.

年6 月25 日，终于爆发了战争。也叫"6. 25 战争"。
nián   yuè   rì,   zhōngyú bàofā le zhànzhēng. Yě jiào   "zhànzhēng".

1950 年6 月25 日是星期日。那天凌晨，朝军以猛烈的炮击全面攻
nián   yuè   rì shì Xīngqīrì.   Nàtiān língchén, Cháojūn yǐ měngliè de pàojī quánmiàn gōng

击分界线以南的韩军。四小时内，朝军的坦克和步兵突破韩军防线，
jī fēnjièxiàn yǐnán de Hánjūn.   Sì xiǎoshí nèi,   Cháojūn de tǎnkè hé bùbīng tūpò Hánjūn fángxiàn,

直趋首尔。
zhíqū Shǒu'ěr.

此次战争十多个国家作为援军参战，但三年战争的结果是，1953
Cǐcì zhànzhēng shí duō gè guójiā zuòwéi yuánjūn cānzhàn,   dàn sān nián zhànzhēng de jiéguǒ shì,

年7 月27 日，双方签订了停战协议。南北双方又重新回到了三八线。这
nián yuè rì, shuāngfāng qiāndìng le tíngzhàn xiéyì. Nánběi shuāngfāng yòu chóngxīn huídào le sānbāxiàn. Zhè

样，三八线两侧的对峙局面，即韩半岛的分裂状态仍持续到了今天。
yàng, sānbāxiàn liǎngcè de duìzhì júmiàn,   jí hánbàndǎo de fēnliè zhuàngtài réng chíxùdào le jīntiān.

한국 전쟁은 1950년 6월 25일 새벽에 북한군이 북위 38°선의 전역을 공격해 남한을 침범하여 일어난 한반도의 전쟁입니다.

한반도는 북위 38°선을 경계로 남북으로 분단된 후 양측은 각자의 정부를 수립하였습니다. 남한은 1948년 8월 15일에 대한민국 정부를 수립하였고, 북한은 1948년 9월 9일에 조선민주주의인민공화국 정부를 수립하였습니다.

그 후로 양측 관계는 급속도로 악화되어 38°선에서 잦은 유혈 충돌이 일어났습니다.

1950년 6월 25일 드디어 전쟁이 발발하였습니다. 또한 "6·25"전쟁이라고도 부릅니다.

1950년 6월 25일은 일요일이었습니다. 그날 새벽 북한군은 맹렬한 포격을 가해 전면적으로 분계선 이남의 한국군을 공격하여 4시간 내에 북한군은 탱크와 보병으로 한국군의 방어선을 돌파해 바로 서울로 쳐들어 왔습니다.

이 전쟁에서 후원군으로 10여 개 나라가 참전하였으며, 3년 간 전쟁의 결과는 1953년 7월 27일에 양측의 휴전 협정 체결로 남·북한은 다시 38선으로 돌아오게 되었습니다. 이리하여 38선 양측의 대치 상황, 즉 한반도 분단 상태는 오늘날까지 지속되고 있습니다.

直驱 [zhíqū] [형] [동] 곧바로 달리다, 직속 달리다

对峙 [duìzhì] [동] 서로 대치하다, 맞서다

仍 [réng] [부] 여전히, 아직도

经历了六期共和国。
Jīnglì le liù qī gònghéguó.

第一共和国 李承晚（1~3届，1948.7~1960.4）
Dì yī gònghéguó　Lǐ Chéngwǎn　　　　(jiè)

第二共和国 尹潽善（4届，1960.8~1962.3）
dì èr gònghéguó　Yǐn Pūshàn　　　(jiè)

第三共和国 朴正熙（5~9届，1963.12~1979.10）
dì sān gònghéguó　Piáo Zhèngxī　　　(jiè)

第四共和国 朴正熙
dì sì gònghéguó　Piáo Zhèngxī

　　　　　崔圭夏（10届，1979.12~1980.8）
　　　　　Cuī Guīxià　　　(jiè)

第五共和国 全斗焕（11~12届，1980.9~1988.2）
dì wǔ gònghéguó　Quán Dǒuhuàn　　　(jiè)

第六共和国 卢泰愚（13届，1988.2~1993.2）
dì liù gònghéguó　Lú Tàiyú　　　　(jiè)

　　　　　金泳三（14届，1993.2~1998.2）
　　　　　Jīn Yǒngsān　　　(jiè)

　　　　　金大中（15届，1998.2~2003.2）
　　　　　Jīn Dàzhōng　　　(jiè)

　　　　　卢武铉（16届，2003.2~2008.2）
　　　　　Lú Wǔxuàn　　　(jiè)

　　　　　李明博（17届，2008.2~2013.2）
　　　　　Lǐ Míngbó　　　(jiè)

　　　　　朴槿惠（18届，2013.2~2017.3）
　　　　　Piáo Jǐnhuì　　　(jiè)

　　　　　文在寅（19届，2017.5~）。
　　　　　Wén Zàiyín　　　(jiè)

6차기의 공화국을 걸쳤습니다.

제1공화국이승만(1 ~ 3대, 1948. 7 ~ 1960. 4)

제2공화국   윤보선(4대, 1960. 8 ~ 1962. 3)

제3공화국   박정희(5 ~ 9대, 1963. 12 ~ 1979. 10)

제4공화국   박정희

　　　　　최규하(10대, 1979. 12 ~ 1980. 8)

제5공화국   전두환(11 ~ 12대, 1980. 9 ~ 1988. 2)

제6공화국   노태우(13대, 1988. 2 ~ 1993. 2)

　　　　　　　김영삼(14대, 1993. 2 ~ 1998. 2)

　　　　　　　김대중(15대, 1998. 2 ~ 2003. 2)

　　　　　　　노무현(16대, 2003. 2 ~ 2008. 2)

　　　　　　　이명박(17대, 2008. 2 ~ 2013. 2)

　　　　　　　박근혜(18대, 2013. 2 ~ 2017. 3)

　　　　　　　문재인(19대, 2017. 5 ~)

请比较一下三国史记和三国遗事。

삼국사기와 삼국유사를 비교해 보세요.

三国史记是高丽中期，金富轼入阁为"儒教史观"时著述的纪传
Sānguó shǐjì shì Gāolí zhōngqī,　　Jīn Fùshì rùgéwéi　　"rújiào shǐguān"　shí zhùshù de jìzhuàn

体史书。现存有关韩国三国历史的最高的政史书。
tǐshǐshū.　　Xiàncún yǒuguān Hánguó sānguó lìshǐ de zuìgāo de zhèngshǐshū.

三国遗事是一然以佛教史为中心，收录(收集)的古代传说及野
Sānguó yíshì shì Yī Rán yǐ fójiàoshǐ wéi zhōngxīn,　　shōulù (shōují) de gǔdài chuánshuō jí yě

史。把檀君认定为韩民族的始祖。
shǐ.　　Bǎ Tánjūn rèndìng wéi Hánmínzú de shǐzǔ.

삼국사기는 고려 중기에 김부식이 "유교사관"에 입각하여 저술한 기전체 역사서입니다. 삼국 역사에 관한 현존하는 최고의 정사서입니다.

삼국유사는 일연이 불교사를 중심으로 고대 설화 및 야사를 수록하여, 단군을 한민족의 시조로 정의하였습니다.

韩、中何时建立外交关系的?

한국과 중국은 언제 수교하였습니까?

一九九二年八月二十四日。
Yī jiǔ jiǔ èr nián Bāyuè èrshí sì rì.

1992년 8월 24일

请简单说说韩·中关系。

한·중 관계를 간단히 설명해 보세요.

韩·中两国1992年建交以来，两国友好合作关系在各个领域都取
Hán Zhōng liǎngguó　　nián jiànjiāo yǐlái,　　liǎngguó yǒuhǎo hézuò guānxi zài gè ge lǐngyù dōu qǔ

得了快速发展。
dé le kuàisù fāzhǎn.

政治上，两国领导人多次互访，建立了战略伙伴关系。
Zhèngzhìshàng, liǎngguó lǐngdǎorén duōcì hùfǎng, jiànlì le zhànlüè huǒbàn guānxi.

经济上，两国互利合作不断深化，建立了互为重要的贸易伙伴关系。
Jīngjìshàng, liǎngguó hùlì hézuò búduàn shēnhuà,　jiànlì le hùwéi zhòngyào de màoyì huǒbàn guānxi.

在文化、教育、科技等领域的交流与合作也取得了成果。
Zài wénhuà、　jiàoyù、　　kējì děng lǐngyù de jiāoliú yǔ hézuò yě qǔdé le chéngguǒ.

两国在地区及国际事务中的合作与协调关系也在进一步加强。
Liǎngguó zài dìqū jí guójì shìwù zhōng de hézuò yǔ xiétiáo guānxi yě zài jìnyíbù jiāqiáng.

한·중 두 나라는 1992년 수교 이래, 우호 협력 관계가 여러 분야에서 신속한 발전을 이루었습니다.

정치적으로 양국 정상은 여러 차례 상호 방문하여 전략적 동반자 관계를 수립하였습니다.

경제적으로 양국은 상호 협력이 더 보강되었고, 상호 중요한 무역 파트너로 발전하였습니다.

문화, 교육, 과학 기술 등의 분야에서도 교류와 협력의 성과를 거두었습니다.

양국은 지역 및 국제 무대에서의 협력과 조율 관계도 더욱 강화되고 있습니다.

战略伙伴关系 [zhànlüè huǒbàn guānxì] 전략적인 동반자 관계

贸易伙伴 [màoyì huǒbàn] [명] 무역 파트너

168

请说说板门店。

판문점에 대해 말해 보세요.

板门店位于京畿道坡州市津西面，军事分界线上的村落。也叫板
Bǎnméndiàn wèiyú Jīngjī Dào Pōzhōu Shì Jīnxī miàn, jūnshì fēnjièxiànshang de cūnluò. Yě jiào bǎn

门里。离首尔约50公里，离开城约10公里。北纬37°多，东经126°多。在
mén lǐ. Lí Shǒu'ěr yuē gōnglǐ, lí Kāichéng yuē gōnglǐ. Běiwěi duō, dōngjīng duō. zài

韩半岛战争之前，这里原来只有几间茅草房。
hánbàndǎo zhànzhēng zhīqián, zhèli yuánlái zhǐyǒu jǐ jiān máocǎofáng.

韩半岛战争三年后，1953年7月27日，战争双方在这里签订了停战
Hánbàndǎo zhànzhēng sān nián hòu, nián yuè rì, zhànzhēng shuāngfāng zài zhèlǐ qiāndìng le tíngzhàn

协议。并把这里确立为"共同警备区(JSA)"。从此板门店名声大震。同
xiéyì. Bìng bǎ zhèlǐ quèlìwéi "gòngtóng jǐngbèiqū". Cóngcǐ Bǎnméndiàn míngshēng dàzhèn. Tóng

年在板门店西侧"不归的桥"上，交换了战俘。
nián zài bǎnméndiàn xīcè "bùguī de qiáo" shàng, jiāohuàn le zhànfú.

附近还立有过1976年8月18日，由北韩警备军引起的斧头杀人事
Fùjìn hái lìyǒuguò nián yuè rì, yóu Běihán jǐngbèijūn yǐnqǐ de fǔtóu shārén shì

件中，成为导火索的白杨树等。板门店也成了国内外游客关注的地
jiàn zhōng, chéngwéi dǎohuǒsuǒ de báiyángshù děng. Bǎnméndiàn yě chéng le guónèiwài yóukè guānzhù de dì

方。
fang.

　　판문점은 경기도 파주시 진서면의 군사분계선에 있는 촌락입니다. 널문리라고도 합니다. 서울에서 약 50km, 개성에서 약 10km 지점으로 북위 37°가 넘고, 동경 126°가 넘습니다. 한국 전쟁 전 이곳은 초가집 몇 채만 있었습니다.

　　한국 전쟁 3년 만인 1953년 7월 27일 휴전협정이 이곳에서 체결되면서 이곳의 명칭은 남북한의 '공동경비구역(JSA)'으로 확정되었습니다. 이때부터 판문점이란 이름은 널리 알려지게 되었고, 같은 해 판문점 서쪽에 놓여 있는 '돌아오지 않는 다리'에서 포로 교환도 이루어졌습니다.

　　인근에는 1976년 8월 18일 북한 경비군에 의한 도끼만행 사건의 발단이 된 미루나무 등도 서 있었습니다. 판문점도 국내외 관광객들이 주목하는 곳이 되었습니다.

导火索 [dǎohuǒsuǒ] [명] 도화선, 불씨

请说说军事分界线(MDL)。

군사분계선(MDL)에 대해 말해 보세요.

两个交战方之间提议，停战并划分出的休战线，就叫军事分界线
Liǎng ge jiāozhànfāng zhījiān tíyì tíngzhàn bìng huàfēnchū de xiūzhànxiàn,　jiù jiào jūnshì fēnjièxiàn.

（MDL）。韩国的休战线是指1953 年7 月27 日，签订的"关于韩国军事
Hánguó de xiūzhànxiàn shì zhǐ　nián　yuè　rì, qiāndìng de "guānyú Hánguó jūnshì

停战协定"中规定的分界线，即，三八线，就是韩国的军事分界线。
tíngzhàn xiédìng" zhōng guīdìng de fēnjièxiàn, jí,　sānbāxiàn,　jiùshì Hánguó de jūnshì fēnjièxiàn.

其长度共155 英里Mile（约250 公里），即，东海岸杆城的北方，到西海
Qí chángdù gòng　yīnglǐ　（yuē　gōnglǐ),　jí,　Dōnghǎi'àn gǎnchéng de běifāng, dào Xīhǎi

岸江华的北方止。
àn jiānghuá de běifāng zhǐ.

　　두 교전 측 사이에 휴전이 제기 되면서 그어지는 휴전선을 군사 분계선(MDL)이라고 합니다. 한국의 경우 1953년 7월 27일에 체결한 "한국 군사 정전에 관한 협정"에 규정된 휴전의 경계선, 즉 38선을 말하며, 이것이 이른바 휴전선입니다. 그 길이는 모두 155마일(약 250km)로, 동해안 간성(杆城)의 북쪽에서 서해안 강화의 북쪽에 이릅니다.

请说说韩半岛的DMZ非武装地带与PLZ和平生命地带。

한반도의 DMZ 비무장지대와 PLZ 평화생명의 지대에 대해 말해 보세요.

DMZ 是 Demilitarized Zone 的简称。根据国际条约或协约，禁止设置一切军事设施及武装的地区或地带。叫非军事区或叫非武装地带。韩国依停战协议，从休战线（三八线）起南北各2公里（各2千米）的地方，就是DMZ。

如今这里已成了栖息4800多种，包括濒临灭种危机动植物生态界的宝库，和平生命地带PLZ（Peace Life Zone）。

韩半岛的DMZ与PLZ，也成了世界人感受"战争与和平"的教育现场和著名的安保观光地。

DMZ는 Demilitarized Zone의 약칭입니다. 국제 조약이나 협약에 의해서 모든 군사시설의 설치 및 무장이 금지된 지역 또는 지대입니다. 한국은 휴전협정에 의해서 휴전선(38선)으로부터 남·북으로 각각 2㎞의 지대가 비군사 지역이나 비무장지대라고 합니다. 오늘날 이곳은 4,800여 종의 멸종 위기 동식물이 포함되어 서식하는 생태계의 보고 평화생명의 지대(Peace Life Zone)로 자리잡았습니다.

한반도의 DMZ와 PLZ는 역시 세계인들이 "전쟁과 평화"를 체험하는 교육 현장과 트랜드 안보 관광명소로 떠올랐습니다.

请说说独岛问题。

독도 문제에 대해 말해 보세요.

独岛位于庆尚北道郁陵郡郁陵邑独岛里的岛屿，面积18万多平
Dúdǎo wèiyú Qìngshàngběi Dào Yùlíng Jùn Yùlíng Yì Dúdǎo lǐ de dǎoyǔ,　miànjī　wàn duō píng

方米(18万7,554㎡)，离郁陵岛的东南角有87公里(87.4㎞)海上的火山岛，
fāngmǐ　(wàn),　　lí Yùlíngdǎo de dōngnánjiǎo yǒu　gōnglǐ　hǎishàng de huǒshāndǎo.

是韩国的最东端。自古以来就属韩国的领土、领海区域。独岛原来叫
shì Hánguó de zuìdōngduān.　Zìgǔyǐlái jiù shǔ Hánguó de lǐngtǔ、　lǐnghǎi qūyù.　Dúdǎo yuánlái jiào

三峰岛、可支岛、于三岛。1881年改称独岛。
Sānfēngdǎo、Kězhīdǎo、　Yúsāndǎo.　　nián gǎichēng Dúdǎo.

独岛从新罗智证王时期到朝鲜王朝的"世宗实录"中都有记载，
Dúdǎo cóng Xīnluó Zhìzhèng wáng shíqī dào Cháoxiǎn wángcháo de "Shìzōngshílù" zhōng dōu yǒu jìzǎi,

独岛就是韩国的固有领土。壬辰倭乱后，安龙福东渡日本，与日本政
Dúdǎo jiùshì Hánguó de gùyǒu lǐngtǔ.　Rénchénwōluàn hòu, Ān Lóngfú dōngdù Rìběn, yǔ Rrìběn zhèng

府交涉，也确认了独岛是韩国的领土。
fǔ jiāoshè,　yě quèrèn le Dúdǎo shì Hánguó de lǐngtǔ.

因此，对那些歪曲历史事实的言论和行为，我们就应该予以坚决
Yīncǐ,　duì nàxiē wāiqū lìshǐ shìshí de yánlùn hé xíngwéi,　wǒmen jiù yīnggāi yǔyǐ jiānjué

的反击。现在，韩国的警备部队驻守在那里，建造了房屋和简易的码
de fǎnjī.　Xiànzài,　Hánguó de jǐngbèi bùduì zhùshǒu zài nàlǐ,　jiànzào le fángwū hé jiǎnyì de mǎ

头。游人也可以到独岛游览观光了。17届总统李明博2012年8月曾访问
tóu.　Yóurén yě kěyǐ dào Dúdǎo yóulǎn guānguāng le.　jiè zǒngtǒng Lǐ Míngbó　nián yuè céng fǎngwèn

过独岛。
guò Dúdǎo.

生词 새단어

交涉 [jiāoshè] [동] 교섭하다, 협상하다
驻守 [zhùshǒu] [동] 주둔하여 지키다

독도는 경상북도 울릉군 울릉읍 독도리에 있는 섬으로, 면적은 18만 7,554㎡입니다. 울릉도에서 동남쪽으로 87.4㎞ 떨어진 해상에 있는 화산 섬으로 한국 최동단입니다. 자고로부터 한국의 영토이자 영해에 속하는 지역입니다. 독도는 원래 삼봉도, 가지도, 우산도라 했는데, 1881년에 독도로 개칭하였습니다.

독도는 신라 지증왕 시기에서 조선 왕조의 "세종실록"에 모두 기록한 바가 있습니다. 즉 독도는 한국의 고유 영토입니다. 임진 왜란 후 안용복이 일본에 건너가 일본 정부와 교섭하여 역시 독도를 한국의 영토라는 것을 확인한 바도 있습니다.

때문에 그 어떤 역사를 왜곡하는 언론과 행위에 대해 우리는 결사적으로 반격해야 합니다. 현재 한국 경비부대가 이 지역에서 주둔 수호하고 있으며, 집을 짓고 간이 부두 시설들도 갖추어져 있어 관광객들도 유람할 수 있게 되었습니다. 17대 이명박 대통령이 2012년 8월에 독도를 방문한 적이 있습니다.

请说说六方会谈。

6자 회담에 대해 말해 보세요.

六方会谈是为了和平解决北核问题，协商并提出解决方案的会
Liùfāng huìtán shì wèile hépíng jiějué běihé wèntí,　　　　　xiéshāng bìng tíchū jiějué fāng'àn de huì

议。六方是指南、北韩和周边四强，即：美国、中国、日本、俄罗斯参
yì.　Liùfāng shì zhǐ Nán、Běihán hé zhōubiān sìqiáng, jí:　　Měiguó、Zhōngguó、Rìběn、Éluósī cān

加的多方会议。第一次会议于2003年8月27日至29日，在北京召开。
jiā de duōfāng huìyì.　Dì yī cì huìyì yú　　nián　yuè　rì zhì　rì,　zài Běijīng zhàokāi.

6자 회담은 북핵 문제를 평화롭게 해결하기 위하여 해결 방안을 협상하고 제시하는 회의입니다. 6자는 남·북한과 주변 4강 즉 미국·중국·일본·러시아가 참석하는 다자 회담입니다. 제1차 회의는 2003년 8월 27일부터 29일까지 중국 북경에서 열렸습니다.

请说说"韩流"。

"한류"에 대해 말해 보세요.

"韩流"是指韩国的方方面面，对其他国家的影响力、青睐度、
"Hánliú"　shì zhǐ Hánguó de fāngfāngmiànmiàn, duì qítā guójiā de yǐngxiǎnglì, qīnglàidù,

受欢迎的现象而言。"韩流"一词最早由中国媒体提出。在中国"韩
shòu huānyíng de xiànxiàng éryán. "Hánliú"　yì cí zuì zǎo yóu Zhōngguó méitǐ tíchū.　Zài Zhōngguó "Hán

流"的兴起，说远的呢是"亚洲四小龙"闻名起，说近的呢是1992 年韩
liú"　de xīngqǐ,　shuō yuǎnde ne shì "Yàzhōu sìxiǎolóng"　wénmíng qǐ,　shuō jìn de ne shì　　nián Hán

中建交以后。
Zhōng jiànjiāo yǐhòu.

首先是韩国的影视剧，青年组合乐、摇滚乐、大众音乐(K-POP)
Shǒuxiān shì Hánguó de yǐngshìjù,　qīngnián zǔhéyuè、　yáogǔnyuè、　dàzhòng yīnyuè

等，韩国大众文化产业的输出，在中国以及在东南亚各国，迅速掀起
děng, Hánguó dàzhòng wénhuà chǎnyè de shūchū, zài Zhōngguó yǐjí zài dōngnányà gèguó,　xùnsù xiānqǐ

了"韩流"的高潮。以致传播到多种领域，如，韩国的现代汽车，LG
le　"Hánliú"　de gāochǎo.　Yǐzhì chuánbō dào duō zhǒng lǐngyù, rú,　Hánguó de Xiàndài qìchē,

家电，三星手机，医疗观光、整形美容，化妆品，服装、服饰、人参、烤
jiādiàn,　Sānxīng shǒujī,　yīliáo guānguāng、zhěngxíng měiróng, huàzhuāngpǐn, fúzhuāng、fúshì、rénshēn、

肉、泡菜等，都成了韩国的品牌及韩国的象征。
kǎoròu、pàocài děng, dōu chéng le Hánguó de pǐnpái jí Hánguó de xiàngzhēng.

"韩流"势如破竹般，不仅在中国，在东南亚许多国家和世界的
"Hánliú"　shìrúpòzhú bān, bùjǐn zài Zhōngguó, zài dōngnányà xǔduō guójiā hé shìjiè de

一些地区，也都产生了巨大的影响。
yìxiē dìqū,　　yě dōu chǎnshēng le jùdà de yǐngxiǎng.

摇滚 [yáogǔn] 로큰롤(摇滚乐)의 약칭

势如破竹 [shìrúpòzhú] [성] 파죽지세, 파죽지세이다

"한류"는 한국의 다방면에서 다른 나라들에 미치는 영향력·인기도·환영받는 현상을 말합니다. "한류"라는 용어는 중국의 언론에서 최초로 사용하였습니다. 중국에서의 "한류" 열풍은 오래전부터 말하자면 "아시아의 네 마리 용" 명성이 일 때부터이고, 근래로 말하자면 1992년 한·중 수교 이후입니다.

우선 한국의 영화·드라마·청년 아이돌 음악 그룹·톱 음악·K팝 등 한국의 대중 문화 산업의 수출로 중국과 동남아 각 나라에서 "한류" 열풍이 급속도로 일게 되었습니다. 바야흐로 다른 분야에까지 전파되면서 예를 들어 현대 자동차·LG가전 제품·삼성 핸드폰·의료 관광·성형 미용·화장품·패션·장신구·불고기·김치 등도 한국의 브랜드 및 한국의 상징이 되었습니다.

"한류" 열풍은 파죽지세로 중국에서 뿐만 아니라 동남아의 많은 나라와 세계의 일부 지역까지도 막대한 영향을 주었습니다.

请说说FTA。

FTA에 대해 말해 보세요.

FTA 是 Free Trade Agreement "自由贸易协定" 的简称。签署此协定的
　　shì　　　　　　　　　　　　　　　　"Zìyóu màoyì xiédìng"　de jiǎnchēng. Qiānshǔ cǐ xiédìng de

目的是，为了促进国家间的产品与服务的自由流动，放宽或消除所有
mùdì shì,　　wèile cùjìn guójiā jiān de chǎnpǐn yǔ fúwù de zìyóu liúdòng,　　fàngkuān huò xiāochú suǒyǒu

的贸易壁垒。因此，FTA 是具有法律约束力的协定。
de màoyì bìlěi.　　Yīncǐ,　　　　shì jùyǒu fǎlǜ yuēshùlì de xiédìng.

FTA란 Free Trade Agreement "자유무역협정"의 약칭입니다. 이 협정의 체결 목적은 국가 간의 상품과 서비스의 자유로운 이동을 위해 모든 무역 장벽을 완화하거나 퇴치하는 것입니다. 그래서 FTA는 법적 구속력이 있는 협정입니다.

请说说亚洲四小龙。

아시아의 네 마리 용에 대해 말해 보세요.

亚洲四小龙指韩国、新加坡、香港和台湾的总称。这些国家或地
Yàzhōu sìxiǎolóng zhǐ Hánguó、Xīnjiāpō、 Xiānggǎng hé Táiwān de zǒngchēng Zhèxiē guójiā huò dì

区在20世纪60～70年代经济飞速发展。但在这之前这些地区只是以
qū zài shìjì niándài jīngjì fēisù fāzhǎn. Dàn zài zhè zhīqián zhèxiē dìqū zhǐshì yǐ

农业和轻工业为主的发展中国家或地区。这些地区主要吸引外地资
nóngyè hé qīnggōngyè wéizhǔ de fāzhǎnzhōng guójiā huò dìqū. Zhèxiē dìqū zhǔyào xīyǐn wàidì zī

本和技术，利用本地的劳动力优势，适时调整经济发展战略，迅速走
běn hé jìshù, lìyòng běndì de láodònglì yōushì, shìshí tiáozhěng jīngjì fāzhǎn zhànlüè, xùnsù zǒu

上工业化道路。成了东南亚地区的经济火车头，引起了世界的瞩目。
shang gōngyèhuà dàolù. Chéng le Dōngnányà dìqū de jīngjì huǒchētóu, yǐnqǐ le shìjiè de zhǔmù.

아시아의 네마리 용은 한국·싱가폴·홍콩·대만을 가리키는 총칭입니다. 이 나라들과 지역은 1960～1970년대에 경제가 급속도로 성장하였습니다. 그러나 예전에 이 지역들은 단지 농업과 경공업 위주의 개발도상국이나 지역이였습니다. 이 지역들은 주로 외국 자본과 기술을 도입하여, 현지의 풍부한 노동력 자원을 이용해 적시적으로 경제 발전의 전략을 조율하면서 신속히 공업화의 길로 들어섰습니다. 그래서 동남아 지역에서의 경제적 용두가 되어 세계의 주목을 받게 되었습니다.

请说说联合国教科文组织。

유네스코(UNESCO)에 대해 말해 보세요.

联合国教科文组织（UNESCO）属联合国的教育、科学、文化组
Liánhéguó jiàokēwén zǔzhī　　　　　　　　shǔ Liánhéguó de jiàoyù、　kēxué、　wénhuà zǔ

织。通过普及和交流教育、科学、文化，增进国家间的协作为目的，而
zhī.　Tōngguò pǔjí hé jiāoliú jiàoyù、　　kēxué、　wénhuà, zēngjìn guójiā jiān de xiézuò wéi mùdì,　　ér

设立的国际联合专门机构。对人类稀有、珍贵的文化、自然遗产，指
shèlì de guójì liánhé zhuānmén jīgòu.　　Duì rénlèi xīyǒu、　zhēnguì de wénhuà、zìrán yíchǎn,　zhǐ

定为世界遗产来进行保护。成立于1946年，所在地是法国巴黎。加入
dìngwéi shìjiè yíchǎn lái jìnxíng bǎohù.　　Chénglìyú　　nián,　suǒzàidì shì Fǎguó Bālí.　　Jiārù

的会员国有195个。
de huìyuánguó yǒu　　gè.

　　유네스코(UNESCO)는 UN 산하의 교육·과학·문화기구입니다. 교육·과학·문화의 보급 및 교류를 통한 국가 간의 협력 증진을 목적으로 설립된 국제 연합 전문 기구입니다. 인류에게 드물고 진귀한 문화·자연 유산을 세계 유산으로 지정하여 보호하고 있습니다. 1946년에 설립하였고, 소재지는 프랑스 파리입니다. 가입 회원국은 195개 국입니다.

请说说安保观光。

안보관광에 대해 말해 보세요

韩国有不少安保观光地。首尔的战争纪念馆，是世上罕见的收藏
Hánguó yǒu bùshǎo ānbǎo guānguāngdì. Shǒu'ěr de zhànzhēng jìniànguǎn, shì shìshàng hǎnjiàn de shōucáng

战争武器装备的大型博物馆。京畿道坡州的板门店，DMZ（非武装地
zhànzhēng wǔqì zhuāngbèi de dàxíng bówùguǎn. Jīngjīdào Pōzhōu de Bǎnméndiàn, （fēiwǔzhuāng dì

带），临津阁，自由之桥，都罗眺望台和第三地道等。还有江原道的高
dài）, Línjīngé, Zìyóuzhīqiáo, Dōuluó tiàowàngtái hé dì sān dìdào děng. Háiyǒu Jiāngyuándào de

城统一眺望台，仁川的白翎岛，电视剧"太阳的后裔"外景地之一的，
Gāochéng Tǒngyī tiàowàngtái, Rénchuān de Báilíngdǎo, diànshìjù "Tàiyáng de hòuyì" wàijǐngdì zhī yī de,

坡州美军基地凯西兵营（Camp Casey）等。都成了告诫人们不要忘记战
Pōzhōu měijūn jīdì Kǎixī bīngyíng （Camp Casey） děng. Dōu chéng le gàojiè rénmen búyào wàngjì zhàn

争创伤，祈愿早日实现和平统一国家的教育现场。
zhēng chuàngshāng, qíyuàn zǎorì shíxiàn hépíng tǒngyī guójiā de jiàoyù xiànchǎng.

　　한국의 안보 관광지는 적지 않습니다. 서울의 전쟁기념관은 세계에서 보기 드문 전쟁 무기 장비의 대형 박물관입니다. 경기도 파주의 판문점, DMZ(비무장지대), 임진각, 자유의 다리, 도라전망대와 제3땅굴 등이 있고 또 강원도의 고성통일전망대, 인천의 백령도, 드라마 "태양의 후예" 촬영지 중의 하나인 파주의 미군기지 캠프 그리브스(Camp Casey) 등 모두가 사람들에게 전쟁의 아픈 상처를 잊으면 안 된다는 훈계와 하루 속히 평화 통일의 나라로 실현되어야 한다는 교육 현장이 되었습니다.

请说说壬辰倭乱。

임진왜란에 대해 말해 보세요.

"壬辰倭乱"是指朝鲜王朝时期，1592（宣祖25） - 1598 年间，日
"Rénchénwōluàn" shì zhǐ Cháoxiān wángcháo shíqī, (Xuānzǔ) niánjiān, Rìběn fādòng de liǎng cì

本发动的两次侵略朝鲜半岛的战争。是朝鲜和明朝联军全面打退日本
qīnlüè Cháoxiān bàndǎo de zhànzhēng. Shì Cháoxiān hé míngcháo liánjūn quánmiàn dǎtuì Rìběn qīnlüèjūn

侵略军的国际性的战争。1592 年日军第一次入侵，是发生在壬辰年，
de guójìxìng de zhànzhēng. nián rìjūn dì yī cì rùqīn, shì fāshēng zài rénchénnián,

故韩国称"壬辰倭乱"，也叫"7 年战争"。单指1597 年日军的第二次入
gù Hánguó chēng "Rénchénwōluàn", yě jiào "nián zhànzhēng". Dān zhǐ nián rìjūn de dì èr cì rù

侵，韩国又称"丁酉再乱"。中国当时是明朝万历年间，所以称"万历
qīn, Hánguó yòu chēng "Dīngyǒuzàiluàn". Zhōngguó dāngshí shì Míngcháo wànlìniánjiān, suǒyǐ chēng "wànlì

朝鲜战争"，日本称"文禄·庆长之役"。
Cháoxiān zhànzhēng", Rìběn chēng "wénlù·qìngzhǎngzhīyì".

当时朝、中、日的主要指挥官有李舜臣，李如松，丰臣秀吉等。战
Dāngshí cháo·zhōng·rì de zhǔyào zhǐhuīguān yǒu Lǐ Shùnchén, Lǐ Rúsōng, Fēngchén Xiùjí děng. zhàn

争结局是日军战败，朝、明联军获胜，而重新奠定了东亚各国的军事
zhēng jiéjú shì rìjūn zhànbài, cháo·míng liánjūn huòshèng, ér chóngxīn diàndìng le dōngyà gè guó de jūnshì

格局。
géjú.

"임진왜란"은 조선왕조 시기 1592(宣祖 25) ~ 1598년에 일본이 두 차례에 걸쳐 조선반도를 침입한 전쟁을 말합니다. 즉 조선과 명나라 연합군이 일본군 침입을 물리친 전면적이고 국제적인 전쟁입니다. 1592년 일본군 제1차 침입은 임진년에 발생하여 조선은 "임진왜란"이라 불렀고 "7년 전쟁"이라고도 합니다. 그리고 1597년의 일본군 제2차 침략으로 일어난 전쟁만을 따로 언급할 때는 "정유재란(丁酉再亂)"이라고도 부릅니다. 중국은 명나라의 만력 연간이라 해서 "만력 조선전쟁"이라고 불렀고 일본은 "분로쿠·케이쵸의 역"이라고 하였습니다.

당시 조·중·일의 주요 지휘관으로는 이순신, 이여송, 도요토미 히데요시 등이었습니다. 전쟁의 결말은 일본군의 패배와 조선·명나라 연합군의 승리로 동아시아 각나라의 군사도 새로운 구조로 정립하게 되었습니다.

(6) 한·중·일 문화

请说说韩、中、日，文化差异。

한·중·일의 문화 차이를 말해 보세요.

韩国、中国、日本是相邻的都属亚洲的国家，都有几千年的历史。
Hánguó、Zhōngguó、Rìběn shì xiānglín de dōu shǔ Yàzhōu de guójiā. Dōu yǒu jǐ qiān nián de lìshǐ.

所以，在其文化、风俗习惯上，有相似之处，但更有不同之处。
Suǒyǐ, zài qí wénhuà、 fēngsú xíguànshàng, yǒu xiāngsì zhī chù, dàn gèng yǒu bùtóng zhī chù.

1 饮食的差异 —
yǐnshí de chāyì

韩国人讲究，绿色健康食品。喜爱吃清淡、辣味、发酵的食品。爱吃泡
Hánguórén jiǎngjiū, lǜsè jiànkāng shípǐn, xǐ'ài chī qīngdàn、 làwèi、 fājiào de shípǐn. Àichī pào

菜、拌菜类、大酱类、炖汤类。三伏天为补身吃参鸡汤等。
cài、 bàncàilèi、 dàjiànglèi、 dùntānglèi. Sānfútiān wéi bǔshēn chī shēnjītāng děng.

中国人讲究色、香、味俱全，爱吃油炸烹调的炒菜类。
Zhōngguórén jiǎng jiūsè、 xiāng、 wèi jùquán, àichī yóuzhá pēngtiáo de chǎocàilèi.

日本人讲究保持食物的原味，不爱放入过多的佐料，以清淡为主。普
Rìběnrén jiǎngjiū bǎochí shíwù de yuánwèi, bú'ài fàngrù guòduō de zuǒliào, yǐ qīngdàn wéizhǔ. Pǔ

遍爱食用鱼、虾、贝类的海物，因而生鱼片或盖着生鱼片的寿司等，
biàn ài shí yòng yú、 xiā、 bèi lèi de hǎiwù, yīn'ér shēngyúpiàn huò gàizhe shēngyúpiàn de shòusī děng,

都是日本的著名料理。
dōushì Rìběn de zhùmíng liàolǐ.

2 住房的差异 —
zhùfáng de chāyì

韩国人大部分愿住地热式火炕的房间。
Hánguórén dàbùfen yuàn zhù dìrèshì huǒkàng de fángjiān.

中国人大部分愿住木地板上放床铺的房间。
Zhōngguórén dàbùfen yuàn zhù mùdìbǎnshàng fàng chuángpù de fángjiān.

日本人愿住的是木质结构，带拉门，铺有席子的叫和式塌塌米的房
Rìběnrén yuàn zhù de shì mùzhì jiégòu,　　　dài lāmén,　　pū yǒu xízi de jiào héshì tātāmǐ de fáng

间。
jiān.

3 传统服装的差异 —
chuántǒng fúzhuāng de chāyì

韩国有端庄娴雅的传统韩服。
Hánguó yǒu duānzhuāng xiányǎ de chuántǒng hánfú.

中国有雍容华贵的唐装及旗袍。
Zhōngguó yǒu yōngrónghuáguì de tángzhuāng jí qípáo.

日本有气度优雅的传统和服。
Rìběn yǒu qìdùyōuyǎ de chuántǒng héfú.

4 建筑艺术的差异 —
jiànzhù yìshù de chāyì

韩国追求简洁、明朗、尊重自然。
Hánguó zhuīqiú jiǎnjié、　mínglǎng、zūnzhòng zìrán.

中国追求深沉、庄重、富丽堂皇。
Zhōngguó zhuīqiú shēnchén、zhuāngzhòng、fùlìtánghuáng.

日本追求整体空间的简单和谐。
Rìběn zhuīqiú zhěngtǐ kōngjiān de jiǎndān héxié.

相似之处 [xiāngsì zhī chù] 비슷한 점, 유사한 점

烹调 [pēngtiáo] [동] 요리하다, 음식을 만들다

雍容华贵 [yōngrónghuáguì] [성] 온화하고 점잖으며 귀한 티가 나다

地热式 [dìrèshì] [명] 온돌 보일러식

한국, 중국, 일본은 서로 이웃 나라이자 모두 아시아에 속한 국가들로 모두 몇 천 년의 역사를 지니고 있습니다. 그래서 문화·풍속과 습관에서 유사한 점도 있지만 차이점이 더 많습니다.

1 음식 차이 —

한국인은 녹색 웰빙 식품, 즉 음식이 담백하고 맵고 발효된 즉식을 선호하기에 김치·무침 요리·된장류·찌개류를 좋아합니다. 삼복철에는 몸을 보양하려고 삼계탕 등의 음식을 먹습니다.

중국인은 음식의 색·향·맛을 모두 갖춘 요리를 선호하기에 튀김이나 볶음 요리를 좋아합니다.

일본인은 음식 자연의 맛을 선호하기에 과다한 조미료를 넣지 않는 담백한 음식 위주로 보통 물고기·새우·조개 등 해산물을 좋아합니다. 생선회나 생선을 얹은 초밥은 일본의 유명 요리입니다.

2 주택의 차이 —

한국인은 대부분 보일러식 온돌방을 선호합니다.

중국인은 대부분 나무 마루 바닥에 침대 있는 방을 선호합니다.

일본인은 목재 구조에 미닫이 문이 있고, 다다미라고 하는 자리가 깔린 방을 선호합니다.

3 전통 의상의 차이 —

한국에는 단아하고 우아한 전통 한복이 있습니다.

중국에는 화려하고 품위있는 탕쫭과 치포가 있습니다.

일본에는 기품 있고 우아한 전통적인 기모노가 있습니다.

4 건축 예술의 차이 —

한국은 자연을 존중하고 밝고 간결함을 추구합니다.

중국은 색이 짙고 웅장하면서 화려함을 추구합니다.

일본은 전체적인 공간의 간결하고 조화로움을 추구합니다.

请说说韩、中、日代表性的料理。

한·중·일의 대표적 요리에 대해 말해 보세요.

韩国有泡菜、烤肉、韩定食、冷面、拌饭、年糕汤、参鸡汤、九折
Hánguó yǒu pàocài、 kǎoròu、 hándìngshí、 lěngmiàn、 bànfàn、 niángāotāng、 shēnjītāng、 jiǔzhé

板、神仙炉(韩式火锅)、五花肉烧烤、辣味海鲜汤、紫菜饭卷等。其
bǎn、 shénxiānlú (hánshì huǒguō)、 wǔhuāròu shāokǎo、 làwèi hǎixiāntāng、 zǐcài fànjuǎn děng. Qí

中，韩定食、九折板、神仙炉等，是韩国的宫廷料理。
zhōng, hándìngshí, jiǔzhébǎn、 shénxiānlú děng, shì Hánguó de gōngtíng liàolǐ.

中国有糖醋肉、糖醋鲤鱼、八宝菜、鱼香肉丝、羊肉串、京酱肉
Zhōngguó yǒu tángcù ròu、 tángcù lǐyú、 bābǎocài、 yúxiāng ròusī、 yángròuchuàn、 jīngjiàngròu

丝、麻辣豆腐、火锅、饺子、北京烤鸭等。
sī、 málà dòufu、 huǒguō、 jiǎozǐ、 Běijīng kǎoyā děng.

日本有寿司(Sushi)，生鱼片(Sashimi)，怀石菜(Kaiseki)，串烧
Rìběn yǒu shòusī, shēngyúpiàn, huáishícài, chuànshāo,

(Yakitori)，炸猪排(Tonkatsu)等。
zházhūpái děng.

한국 요리에는 김치·불고기·한정식·냉면·비빔밥·떡국·삼계탕·구절판·신선로(한식 샤브샤브)·삼겹살
구이·해물 매운탕·김밥 등이 있습니다. 그 중 한정식·구절판·신선로 등은 궁중 요리입니다.

중국 요리에는 탕수육·탕수 잉어·팔보채·생선향 고기채 볶음·양꼬치 구이·북경 고기채 장조림·마파 두
부·신선로·만두·북경 오리 구이 등이 있습니다.

일본 요리에는 초밥·생선회·카이세키·야끼도리·돈까스 등이 있습니다.

生词 새단어

五花肉 [wǔhuāròu] [명] 삼겹살
辣味海鲜汤 [làwèi hǎixiāntāng] [명] 생선 매운탕

请说说泡菜的做法及功效。

김치 만드는 법과 효능에 대해 말해 보세요.

韩国泡菜世界有名。制作的方法是，把白菜切成两瓣或四瓣后用
Hánguó pàocài shìjiè yǒumíng.　Zhìzuò de fāngfǎ shì, bǎ báicài qiēchéng liǎng bàn huò sì bàn hòu yòng

粗盐腌若干时间，然后洗净白菜，再用辣椒粉、葱、姜、蒜及海鲜酱
cūyán yān ruògān shíjiān,　ránhòu xǐjìng báicài,　zài yòng làjiāofěn、　cōng、jiāng、suàn jí hǎixiānjiàng

调成的料，在白菜上一层层涂抹。然后放入坛、缸等器皿里发酵，便
tiáochéng de liào, zài báicàishang yìcéngcéng túmǒ.　Ránhòu fàngrù tán、　gāng děng qìmǐnlǐ fājiào,　biàn

可食用。
kě shíyòng.

泡菜里含有丰富的无机物与维生素，是最好的健康食品。对心脏
Pàocàilǐ hányǒu fēngfù de wújīwù yǔ wéishēngsù,　shì zuìhǎo de jiànkāng shípǐn.　Duì xīnzāng

病的预防，抗癌和抗衰老方面都有一定的疗效。
bìng de yùfáng,　kàng'ái hé kàngshuāilǎo fāngmiàn dōu yǒu yídìng de liáoxiào.

한국 김치는 세계적으로 유명합니다. 만드는 법은 우선 배추를 두 쪽이나 네 쪽으로 잘라서 굵은 소금으로 적당히 절입니다. 그 다음 배추를 깨끗이 씻어서 고추가루·파·마늘·생선액젓을 넣어 만든 양념으로 배추에 한 겹 한 겹 바릅니다. 그런 다음 독이나 단지 등의 용기에 넣어 적당히 발효하면 먹을 수 있게 됩니다.

김치는 비타민과 무기질이 풍부하여 가장 좋은 웰빙 식품입니다. 또한 심장병 예방, 항암과 노화방지에도 확실한 치료 효과가 있습니다.

无机物 [wújīwù] [명] 무기물

海鲜酱 [hǎixiānjiàng] [명] 해산물 젓갈

请说说参鸡汤。

삼계탕에 대해 말해 보세요.

参鸡汤是韩国人夏季三伏天，爱吃的营养餐。参鸡汤的做法是，
Shēnjītāng shì Hánguórén xiàjì sānfútiān,　　　ài chī de yíngyǎngcān.　Shēnjītāng de zuòfǎ shì,

在童子鸡的腹腔里，放进糯米、人参、大蒜、栗子等，然后用文火炖煮
zài tóngzǐjī de fùqiānglǐ,　　fàngjìn nuòmǐ,　rénshēn,　dàsuàn,　lìzi děng, ránhòu yòng wénhuǒ dùnzhǔ

而成。
ér chéng.

삼계탕은 한국인들이 여름 삼복철에 즐겨 먹는 영양 음식입니다. 삼계탕 만드는 방법은 영계의 복부에 찹쌀·인삼·마늘·밤 등을 넣은 다음 약한 불에 푹 끓이면 됩니다.

请说说冷面。

냉면에 대해 말해 보세요.

韩国冷面世界有名。冷面有两种，"水冷面"和"拌冷面"。按原
Hánguó lěngmiàn shìjiè yǒumíng. Lěngmiàn yǒu liǎng zhǒng, "shuǐlěngmiàn" hé "bànlěngmiàn".

料也分两种，以荞麦面做的"平壤式冷面"和以土豆淀粉做的"咸兴
Àn yuánliào yě fēn liǎng zhǒng, yǐ qiáomàimiàn zuò de "Píngrǎngshì lěngmiàn" hé yǐ tǔdòu diànfěn zuò de

式冷面"非常有名。冷面韩国各餐厅都有，味道都不错。
"Xiánxìngshì lěngmiàn" fēicháng yǒumíng. Lěngmiàn Hánguó gè cāntīng dōu yǒu, wèidao dōu búcuò.

한국 냉면은 세계적으로 유명합니다. 냉면은 "물냉면"과 "비빔냉면" 두 종류입니다. 원료도 2종인데, 메밀가루로 만든 "평양식 냉면"과 감자 녹말로 만든 "함흥식 냉면"이 매우 유명합니다. 냉면은 한국의 음식점마다 있을 뿐 아니라 맛도 좋습니다.

生词 새단어

童子鸡 [tóngzǐjī] 영계, 햇닭
炖煮 [dùnzhǔ] 스튜, 푹 고다, 푹 삶다

请说说二十四节气。

24절기에 대해 말해 보세요.

立春, 雨水, 惊蛰, 春分, 清明, 谷雨。
Lìchūn, yǔshuǐ, jīngzhé, chūnfēn, qīngmíng, gǔyǔ.

立夏, 小满, 芒种, 夏至, 小暑, 大暑。
Lìxià, xiǎomǎn, mángzhòng, xiàzhì, xiǎoshǔ, dàshǔ.

立秋, 处暑, 白露, 秋分, 寒露, 霜降。
Lìqiū, chǔshǔ, báilù, qiūfēn, hánlù, shuāngjiàng.

立冬, 小雪, 大雪, 冬至, 小寒、大寒。
Lìdōng, xiǎoxuě, dàxuě, dōngzhì, xiǎohán, dàhán.

입춘, 우수, 경칩, 춘분, 청명, 곡우
입하, 소만, 망종, 하지, 소서, 대서
입추, 처서, 백로, 추분, 한로. 상강
입동, 소설, 대설, 동지, 소한, 대한

请说说通过仪礼。

통과의례에 대해 말해 보세요.

通过仪礼是指人生要经历的四种仪礼。即，冠礼、婚礼、丧礼、
Tōngguò yílǐ shì zhǐ rénshēng yào jīnglì de sì zhǒng yílǐ. Jí, guànlǐ、 hūnlǐ、 sànglǐ、

祭礼。
jìlǐ.

통과 의례란 인생에서 겪어야 할 네 가지 의례를 가리킵니다. 즉, 관·혼·상·제입니다.

请说说岁时风俗。

세시풍속에 대해 말해 보세요.

岁时风俗是从古代流传下来的传统的风俗。在一年里随着24 节
Suìshí fēngsú shì cóng gǔdài liúchuánxiàlai de chuántǒng de fēngsú.　Zài yìniánlǐ suízhe　　　jié

气的变化进行的，与大自然和人们生活有关的庆祝或祭拜等活动，叫
qì de biànhuà jìnxíng de,　yǔ dàzìrán hé rénmen shēnghuó yǒuguān de qìngzhù huò jìbài děng huódòng, jiào

岁时风俗。
suìshí fēngsú.

如，韩国、中国都有的四大传统节日，新年、正月十五、端午节、
Rú,　Hánguó、Zhōngguó dōu yǒu de sìdà chuántǒng jiérì, Xīnnián、Zhēngyuè shíwǔ、Duānwǔ Jié、

中秋节等都是岁时风俗的产物。
Zhōngqiū Jié děng dōushì suìshí fēngsú de chǎnwù.

再比如，冬至吃小豆粥的理由是，小豆颜色红能驱鬼避邪，寄托
Zài bǐrú,　　dōngzhì chī xiǎodòuzhōu de lǐyóu shì,　xiǎodòu yánsè hóng néng qūguǐbìxié,　jìtuō

了人们渴望家人相安无事的祷告。
le rénmen kěwàng jiārén xiāng'ānwúshì de dǎogào.

세시풍속은 예로부터 전해 내려오는 전통적인 풍속입니다. 일년 중 24절기의 변화에 따라 진행되는 대자연과 인간의 삶과 관련된 축제나 제사 활동을 말합니다.

예를 들면 한국과 중국에서 지내는 4대 전통명절인 설날, 정월 대보름, 단오, 추석 등 모두가 세시풍속의 산물입니다.

다시 예를 들면 동짓 날 팥죽을 먹는 이유는 팥의 색이 붉어서 귀신을 쫓고, 액을 막을 수 있어 사람들의 가족에 대한 무사안일의 기원함을 담고 있습니다.

驱鬼避邪 [qūguǐbìxié] [동] 귀신을 쫓다, 액막이를 하다, 액땜을 하다

寄托 [jìtuō] [동] 기탁하다, 의탁하다, 맡기다

渴望 [kěwàng] [동] 갈망하다, 간절히 바라다

请说说韩国的新年。

한국의 설날에 대해 말해 보세요.

韩国把新年即农历正月初一作为最大的传统节日。
Hánguó bǎ Xīnnián jí nónglì zhēngyuè chūyī zuòwéi zuìdà de chuántǒng jiérì.

① 茶礼
chálǐ

即指祭祀。在韩国新年早上全家人穿漂亮的传统韩服团聚在一
Jí zhǐ jìsì. zài Hánguó xīnnián zǎoshàng quánjiārén chuān piàoliang de chuántǒng hánfú tuánjù zài yì

起，先祭祀祖先，叫"茶礼"。然后晚辈向长辈拜年，长辈给晚辈压岁
qǐ,   xiān jìsì zǔxiān,   jiào "chálǐ". Ránhòu wǎnbèi xiàng zhǎngbèi bàinián, zhǎngbèi gěi wǎnbèi yāsuì

钱或说祝福语，人们也相互拜年，说吉祥祝福语。
qián huò shuō zhùfúyǔ,   rénmen yě xiānghù bàinián, shuō jíxiáng zhùfúyǔ.

② 岁餐
suìcān

在韩国年饭叫"岁餐"。韩国有句俗语"新年吃一碗年糕汤，才能
Zài Hánguó niánfàn jiào "suìcān".   Hánguó yǒu jù súyǔ "Xīnnián chī yì wǎn niángāotāng, cái néng

长一岁"。所以韩国人新年初一，岁餐一定吃年糕汤。
zhǎng yí suì". Suǒyǐ Hánguórén xīnnián chūyī,   suìcān yídìng chī niángāotāng.

③ 传统游戏
chuántǒng yóuxì

在韩国新年男女老少玩儿热热闹闹的传统游戏。尤茨或叫掷
Zài Hánguó xīnnián nánnǔlǎoshào wánr rèrenàonào de chuántǒng yóuxì.   Yóucí huò jiào zhì

四、跳跷跷板、放风筝、踢毽子、占卜算卦、听谶、挂福笊篱、驱夜光
sì,   tiàoqiāo qiāobǎn、fàng fēngzhēng、tī jiànzi、zhànbǔ suànguà、tīng chèn、guà fúzhàolí、   qū yèguāng

鬼等。
guǐ děng.

한국에서는 설날 음력 정월 초하루를 최대의 전통 명절로 지냅니다.

① 차례

즉 제사를 말합니다. 한국에서는 설날 아침 온 가족이 모여서 "설빔" 즉 전통 한복을 차려 입고 우선 조상에게 제사를 지내는데 이를 "차례"라고 합니다. 그런 다음 아랫 사람이 웃어른에게 세배를 드리고, 웃어른은 아랫 사람에게 세뱃돈이나 덕담을 해줍니다. 그리고 사람들도 서로 새해 인사를 하며 덕담을 나눕니다.

② 세찬

한국에서는 설 음식을 "세찬"이라고 합니다. 한국 속담에 "떡국 한 그릇을 먹어야 한 살 더 먹는다"고 합니다. 그래서 한국인들은 설날 초하루에 반드시 떡국을 먹습니다.

③ 전통놀이

한국에서는 설날 남녀노소가 환희에 즐겁게 노는 전통 놀이가 있습니다. 윷놀이 · 널뛰기 · 제기차기 · 연날리기 · 토정비결 · 점보기 · 청참 · 복조리 걸기 · 야광귀 쫓기 등이 있습니다.

压岁钱 [yāsuìqián] [명] 세뱃돈

占卜 [zhànbǔ] [동] 점치다

算卦 [suànguà] [동] (팔괘로) 점치다

谶 [chèn] [명] (길흉화복에 대한) 예언, 조짐

请说说中国的新年春节。

중국의 설날 춘절에 대해 말해 보세요.

在中国新年春节，即农历新年初一也是最大的传统节日。
Zài Zhōngguó xīnnián Chūn Jié, jí nónglì xīnnián chūyī yě shì zuìdà de chuántǒng jiérì.

① 在中国春节的前一天除夕起，即年三十(实际从腊月二十三日
Zài Zhōngguó Chūn Jié de qián yì tiān chúxī qǐ, jí nián sānshí, (shíjì cóng làyuè èrshí sān rì

起收拾房间购年货)，人们把屋子打扫得干干净净，喜气洋洋地在大
qǐ shōushí fángjiān gòu niánhuò), rénmen bǎ wūzi dǎsǎo de gānganjìngjìng, xǐqiyángyáng de zài dà

门张灯结彩，贴福字、贴春联。
mén zhāngdēng jiécǎi, tiē fúzì、 tiē chūnlián.

② 全家人围坐在一起包饺子。中国有句谚语叫"好吃不如饺子"
Quánjiārén wéizuò zài yìqǐ bāo jiǎozǐ. Zhōngguó yǒu jù yànyǔ jiào "hǎochī bùrú jiǎozi"

春节里作为年夜饭一定吃饺子（饺子象征大元宝），吃糖醋鲤鱼(鱼意
Chūn Jiélǐ zuòwéi niányèfàn yídìng chī jiǎozi (jiǎozi xiàngzhēng dàyuánbǎo), chī tángcùlǐyú (yúyì

在富富有余)等。
zài fùfùyǒuyú) děng.

③ 除夕夜，在中国全国人民都看中央台"春节联欢晚会"的现场
Chúxīyè, zài Zhōngguó quánguó rénmín dōu kàn Zhōngyāngtái "Chūn Jié liánhuān wǎnhuì" de xiànchǎng

直播。当新年的零点钟声响起时出去燃放鞭炮等，节日喜庆欢乐的气
zhíbō. Dāng xīnnián de língdiǎn zhōngshēng xiǎngqǐ shí chūqù ránfàng biānpào děng, jiérì xǐqìng huānlè de qì

氛达到顶点。还有些地方举办庙会，热闹非凡。
fēn dádào dǐngdiǎn. Hái yǒuxiē dìfang jǔbàn miàohuì, rènào fēifán.

중국에서도 설날 즉, 정월 초하루를 최대 전통 명절로 지냅니다.

① 중국에서는 설날 전날, 즉 섣달 그믐날(사실상 섣달 23일부터 집을 정리하고 설맞이 용품을 구입함)에 집안 청소를 깨끗이 하고 즐겁게 대문 앞에 초롱불을 걸고 홍색 종이로 된 "복"자와 춘련을 현관 문가에 붙입니다.

② 온 가족이 모여 앉아 만두를 빚습니다. 중국 속담에 "아무리 맛있어도 만두만 못 하다"라는 말이 있듯이 중국인들은 설날음식으로 반드시 만두를 먹고 또 생선, 잉어 등을 먹습니다. (만두는 옛날 돈처럼 생겼고, 생선은 항상 잉여한다는 뜻이 있습니다.)

③ 그믐날 저녁 중국에서는 전 국민이 중앙 CCTV 설날 축제 특집 "春晚" 생중계를 시청합니다. 그리고 새해 자정 종소리가 울리는 동시에 실외로 나가 폭죽을 터뜨리며, 명절의 즐거운 분위기가 최고조에 이릅니다. 또 어떤 지역에서는 설날에 시끌벅적한 묘회가 열립니다.

热闹 [rènao] [형] 흥성거리다, 떠들썩하다, 시끌벅적하다, 북적북적하다
非凡 [fēifán] [형] 보통이 아니다, 뛰어나다, 비범하다

请说说韩国的正月十五。

한국의 정월대보름에 대해 말해 보세요.

在韩国正月十五，人们有吃五谷饭、打糕、药膳、蜜果，坚果，喝
Zài Hánguó Zhēngyuè shíwǔ, rénmen yǒu chī wǔgǔfàn、 dǎgāo、 yàoshàn、 mìguǒ, jiānguǒ, hē

"聪耳酒"或叫"耳明酒"等习俗。也开展各种传统游戏活动。如，
"cōng'ěrjiǔ" huò jiào "ěrmíngjiǔ" děng xísú. Yě kāizhǎn gè zhǒng chuántǒng yóuxì huódòng. Rú,

放风筝、卖暑气、踏桥、玩儿鼠火、祭地神、四物游戏、尤茨或叫掷
fàng fēngzhēng、 mài shǔqì、 tà qiáo、 wánr shǔhuǒ、 jìdìshén、 sìwù yóuxì、 yóucí huò jiào zhì

四、拔河等。像济州地区等举行"迎月岭"，野外大型的燃烧"月亮屋"
sì、 bá hé děng. Xiàng Jìzhōu dìqū děng jǔxíng "yíngyuèlǐng" yěwài dà xíng de ránshāo "yuèliàngwū"

（篝火）晚会，点燃的火焰熊熊燃烧，人们载歌载舞的时候，晚会达
(gōuhuǒ) wǎnhuì, diǎnrán de huǒyàn xióngxióng ránshāo, rénmen zǎigēzǎiwǔ de shíhou, wǎnhuì dá

到高潮。
dào gāocháo.

玩儿鼠火和然烧月亮屋，含有杀灭田间的老鼠、害虫、杂草，变肥
Wánr shǔhuǒ hé ránshāo yuèliàngwū, hányǒu shāmiè tiánjiān de lǎoshǔ、 hàichóng、 zácǎo, biàn féi

料，祈愿农业、渔业的丰收之含意。
liào, qíyuàn nóngyè、 yúyè de fēngshōu zhī hányì.

한국에서 정월대보름에는 사람들이 오곡밥, 찰떡, 약밥, 한과, 견과 등을 먹고 "귀밝이술"도 마시는 풍습이 있습니다. 다양한 전통놀이 행사도 열립니다. 예를 들면 연날리기, 더위 팔기, 다리 밟기, 쥐불놀이, 지신 밟기, 사물놀이, 윷놀이, 줄다리기 등이 있습니다. 그리고 제주 지역 등에서 열리는 "달맞이", "달집 태우기" 야외에서 열리는 대형 행사는 점화된 불꽃이 훨훨 타오르고 사람들이 흥겹게 노래하며 춤출 때 축제 분위기는 최고조를 이룹니다.

쥐불놀이와 달집 태우기는 논밭에 들쥐, 해충, 잡초를 태워 비료가 되고, 농업과 어업의 풍년을 기원한다는 뜻이 담겨 있습니다.

五谷饭 [wǔgǔfàn] [명] 오곡밥(다섯 가지 곡식, 즉 쌀, 조, 수수, 팥, 콩 등을 섞어 지은 밥)
熊熊燃烧 [xióngxióng ránshāo] 활활 타오르다

请说说中国的元宵节。

중국의 원소절에 대해 말해 보세요.

在中国正月十五是一年里第一个月圆之夜，人们吃里面放有各种
Zài Zhōngguó Zhēngyuè shíwǔ shì yì niánli dì yī gè yuèyuán zhī yè,　rénmen chī lǐmiàn fàng yǒu gè zhǒng

馅儿的圆圆的"元宵"（汤圆）。所以，也叫"元宵节"。人们吃元宵意
xiànr de yuányuán de　"yuánxiāo" (tāngyuán).　Suǒyǐ,　yě jiào "Yuánxiāo Jié".　Rénmen chī yuánxiāo yì

思是像元宵一样，祈愿家人幸福、美满，团团圆圆。中国正月十五，有
si shì xiàng yuánxiāo yíyàng, qíyuàn jiārén xìngfú、měimǎn, tuántuányuányuán. Zhōngguó Zhēngyuè shíwǔ, yǒu

说法叫"正月十五闹花灯"。因此，各地搞灯展，举行猜谜大赛，耍龙
shuōfǎ jiào "Zhèngyuè shíwǔ nào huādēng". Yīncǐ,　gèdì gǎodēngzhǎn,　jǔxíng cāimí dàsài,　shuǎ lóng

灯，跳狮子舞，扭秧歌、跑旱船、踩高跷等，也很热闹有趣。
dēng, tiào shīziwǔ,　niǔ yānggē、pǎo hànchuán、cǎi gāoqiāo děng, yě hěn rènao yǒuqù.

중국에서는 정월대보름이 일 년 중 첫 번째 둥근 달 밤이라고 하여 사람들은 여러 가지 소를 넣은 동그랗게 만든 "원소"를 먹습니다. 그래서 "원소절"이라고도 합니다. 사람들이 원소를 먹는 의미는 온 가족이 원소처럼 행복하고, 화목하고, 원만하고 단란하게 지낸다는 기원의 뜻이 담겨져 있습니다. 중국에서는 "정월 보름 등꽃 놀이"라는 설이 있기에 각 지역에서는 꽃등 놀이, 퀴즈 경기, 용등춤, 사자춤, 양걸 춤, 포한선, 장대다리 춤 등의 놀이가 있습니다. 역시 북적거리면서 흥미롭습니다.

扭秧歌 [niǔyāngge] 뉴양가. 양걸 춤이라고 한다. 중국 한족의 민족 전통 춤으로 명절이나 축제 때 거리에서 많이 추는 춤이다.

请说说韩国的端午节。

한국의 단오에 대해 말해 보세요.

在韩国端午节，作为祈愿农业丰收的意义上，人们开展巫俗端
Zài Hánguó Duānwǔ Jié, zuòwéi qíyuàn nóngyè fēngshōu de yìyìshàng,　rénmen kāizhǎn wūsú Duān

午祭庆典。特别是江原道春川地区的农乐演奏为主进行的"江陵端
wǔjì qìngdiǎn. Tèbié shì Jiāngyuán Dào Chūnchuān dìqū də nóngyuè yǎnzòu wéizhǔ jìnxíng de "Jiānglíng Duān

午祭"非常有名。2005 年被联合国教科文组织指定为世界无形文化遗
wǔjì"　fēicháng yǒumíng.　　nián bèi Liánhéguó Jiàokēwén zǔzhī zhǐdìngwéi Shìjiè wúxíng wénhuà yí

产。
chǎn.

端午节韩国人吃艾蒿糕、菝葜糕、车轮饼等，各种药草糕。
Duānwǔ Jié Hánguórén chī àihāogāo,　báqiāgāo,　　chēlúnbǐng děng, gè zhǒng yàocǎogāo.

开展拔河、摔跤、跳跷跷板、跳假面舞、狮子舞、荡秋千等各种
Kāizhǎn báhé,　shuāijiāo,　tiào qiāoqiāobǎn, tiào jiǎmiànwǔ,　shīziwǔ, dàng qiūqiān děng gè zhǒng

民俗活动，还用菖蒲水洗头等。
mínsú huódòng,　hái yòng chāngpúshuǐ xǐtóu děng.

　한국에서 단오는 농업의 풍년을 기원한다는 의미로 사람들은 단오제를 지냅니다. 특히 강원도 춘천 농악 연주를 위주로 진행하는 "강릉단오제"가 아주 유명합니다. 2005년에 세계 무형 문화 유산으로 지정되었습니다.

　단오에 사람들은 쑥떡, 망개떡, 수리취떡 등 각종 약초로 만든 떡을 먹습니다.

　각종 민속 놀이 행사도 진행합니다. 줄다리기, 씨름, 널뛰기, 탈춤, 사자춤, 그네 타기 등입니다. 그리고 창포물로 머리도 감습니다.

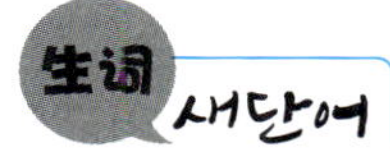

菝葜糕 [báqiāgāo] 망개떡, 청미래덩굴떡

菖蒲 [chāngpú] [명] 창포. 창포는 식물로 호수나 연못가의 습지에서 나는 다년생 초본이다.

请说说中国的端午节。

중국의 단오에 대해 말해 보세요.

在中国端午节，作为纪念春秋战国时期的著名诗人"屈原"的祭
Zài Zhōngguó Duānwǔ Jié, zuòwéi jìniàn Chūnqiū Zhànguó shíqī de zhùmíng shīrén "Qū Yuán" de jì

日，人们吃"粽子"，放风筝、採艾蒿草，去大江游泳洗澡，搞龙舟赛
rì, rénmen chī "zòngzǐ", fàng fēngzhēng、cǎi àihāocǎo, qù dàjiāng yóuyǒng xǐzǎo, gǎo lóngzhōusài

等。
děng.

중국에서는 단오에 춘추 전국 시대의 유명한 시인인 "굴원"을 기리면서 사람들은 "종자"를 먹고, 연날리기, 쑥 캐러가기, 강가에서 수영하고 목욕하기, 용주 경기 등의 놀이와 행사를 진행합니다.

生词 새단어

屈原 [Qū Yuán] [명] 굴원(B.C.340 ~ B.C.278). 중국 전국 시대 초나라의 시인으로 《이소》를 지었음.

请说说韩国的中秋节。

한국의 추석에 대해 말해 보세요.

在韩国中秋节人们以喜庆丰收的心情，把一年第一个收成的五谷
Zài Hánguó Zhōngqiū Jié rénmen yǐ xǐqìng fēngshōu de xīnqíng, bǎ yì nián dì yī gè shōuchéng de wǔgǔ

粮食，先给祖先供奉的意义上，全家人聚在一起，也祭祖上坟。
liángshí, xiān gěi zǔxiān gòngfèng de yìyìshàng, quánjiārén jùzài yìqǐ, yě jìzǔshàngfén.

中秋节韩国人主要吃"松饼"[松糕]。也有俗语即"女人会捏漂
Zhōngqiū Jié Hánguórén zhǔyào chī "sōngbǐng" [sōnggāo]. Yě yǒu súyǔ jí "nǚrén huì niē piào

亮的松糕，会生漂亮的女孩儿"。
liang de sōnggāo, huì shēng piàoliang de nǚhár".

全国各地区，中秋节也开展各种传统游戏活动。如，扮牛游戏[喂
Quánguó gè dìqū, Zhōngqiū Jié yě kāizhǎn gè zhǒng chuántǒng yóuxì huódòng. Rú, bànniú yóuxì [wèi

牛游戏]，斗牛、斗轿等。到夜晚还组织数十名妇女们开展领唱合唱
niú yóuxì], dòuniú、dòujiào děng. Dào yèwǎn hái zǔzhī shùshí míng fùnǚmen kāizhǎn lǐngchàng héchàng

"强强须来"[羌羌水月来]的歌，在月光下手拉手转着圆圈跑跳玩的
"qiángqiángxūlái" [qiāngqiāngshuǐyuèlái] de gē, zài yuèguāng xià shǒu lā shǒu zhuànzhe yuánquān pǎo tiào wán de

游戏。
yóuxì.

한국의 추석에는 사람들이 풍년을 기쁘게 맞이하는 마음으로 한 해 첫 수확한 곡식을 조상에게 먼저 올린다는 뜻에서 온 가족이 모여 조상에게 제사를 지내고 성묘도 합니다.

추석 음식은 주로 "송편"을 먹습니다. 속담에 "여자가 송편을 예쁘게 빚으면 예쁜 딸을 낳는다"라는 속담이 있습니다.

전국 각지에도 추석에 민속놀이 행사가 열립니다. 예를 들면 소놀이[소먹이 놀이], 소 싸움, 가마 싸움 등입니다. 그리고 저녁이 되면 또한 수십 명의 부녀자들이 모여서 선창 합창으로 "강강술래"라는 노래를 부르면서 달빛 아래에서 손에 손을 잡고 원형으로 빙빙 돌면서 춤을 추며 뛰노는 놀이도 합니다.

翩翩跳舞 [piānpiān tiàowǔ] [형] [동] 동작이 경쾌한 모양으로 춤을 추다

请说说中国的中秋节。

중국의 추석에 대해 말해 보세요.

在中国中秋节"月圆人团圆"。人们中秋节全家人团团圆圆地围
Zài Zhōngguó Zhōngqiū Jié "yuè yuán rén tuányuán". Rénmen Zhōngqiū Jié quánjiārén tuántuányuányuánde wéi

坐在一起，赏月吃"月饼"，沉浸在享受天伦之乐的幸福之中。
zuò zài yìqǐ,　　shǎng yuè chī "yuèbǐng", chénjìn zài xiǎngshòu tiānlún zhī lè de xìngfú zhī zhōng.

"海上升明月，天涯共此时。"（《望月怀远》· 唐代张九龄）
"Hǎishàng shēng míngyuè, tiānyá gòngcǐ shí." (《Wàngyuè huáiyuǎn》· Tángdài Zhāng Jiǔlíng)

"举头望明月，低头思故乡。"（《静夜思》· 唐代李太白）
"Jǔtóu wàng míngyuè, dītóu sī gùxiāng." (《Jìngyèsī》· Tángdài Lǐ Tàibái)

"但愿人长久，千里共婵娟。"（《水调歌头》· 宋代苏轼）
"Dàn yuànrén chángjiǔ, qiānlǐ gòng chánjuān." (《Shuǐdiào gētóu》· Sòngdài Sūshì)

中国古代诗神们留下的，这些流芳百世的千古诗句，最形象地
Zhōngguó gǔdài shīshénmen liúxià de, zhèxiē liúfāng bǎishì de qiāngǔ shījù, zuì xíngxiàng de

表达了中秋夜晚对亲人及故乡的思念之情。
biǎodá le Zhōngqiū yèwǎn duì qīnrén jí gùxiāng de sīniàn zhī qíng.

중국에서는 추석에 "달이 둥글 땐 사람도 동그랗게 모인다"고 합니다. 그래서 사람들은 추석에 온 가족이 한 자리에 둘러 앉아, 둥근 달을 감상하고 "월병"을 먹으면서 가족이란 단란함을 누리는 즐거움의 행복에 빠져든다고 합니다.

"휘영청 밝은 달이 서서히 바다에 떠오르고, 하늘가 저편의 당신도 함께 감상하고 있으리라." (《망월회원》· 당나라 장구령)

"머리 들어 창 밖의 교교한 달빛을 바라보지 않을 수 없고, 고개 숙여 머나먼 고향을 그리지 않을 수 없구나." (《정야사》· 당나라 이태백)

"그리운 이와는 오래오래, 천리 밖에서도 이 아름다운 달빛을 함께 누리리라." (《수조가두》· 송나라 소식)

이토록 중국 고대 저명시인들이 후세에 길이 남긴 천고시문은 추석밤의 가족과 고향의 그리움을 역력히 묘사하였습니다.

天伦之乐 [tiānlúnzhīlè] [성] 가족이 누리는 즐거움

沉浸 [chénjìn] [동] 잠기다, 몰두하다

请说说韩服。

한복에 대해 말해 보세요.

韩服是韩民族的传统服装。女士韩服短上衣配长裙，穿上端庄娴
Hánfú shì hánmínzú de chuántǒng fúzhuāng. Nǚshì hánfú duǎn shàngyī pèi chángqún, chuānshàng duānzhuāng xián

雅。男士韩服短褂搭配长裤，并以细带缚住宽大的裤脚，穿上潇洒大
yǎ. Nánxìng zéshì duǎnguà dāpèi chángkù, bìng yǐ xìdài fùzhù kuāndà de kùjiǎo, chuānshàng xiāosǎ dà

方。韩服颜色五颜六色，靓丽多彩。
fāng. Hánfú yánsè wǔyánliùsè, liàng lì duōcǎi.

한복은 한민족의 전통 의상입니다. 여성의 한복은 짧은 저고리에 긴 치마로 입으면 단아하고 우아합니다. 남성 한복은 짧은 마고자와 긴 바지로 대님을 이용해 넓은 바짓단을 발목에 맵니다. 입으면 쿨하고 멋스럽습니다. 한복의 색상은 아름답고 화려하면서 다양합니다.

请说说韩国的传统婚礼。

한국의 전통혼례에 대해 말해 보세요.

据说传统婚礼仪式原来有六礼，即，纳采、问名、纳吉、纳征、请
Jùshuō chuántǒng hūnlǐ yíshì yuánlái yǒu liù lǐ, jí, nàcǎi、 wènmíng、nàjí、 nàzhēng、qǐng

期、亲迎。但随着时间的推移，逐渐缩短为4礼。即，议婚、纳采、纳
qī、 qīnyíng. Dàn suízhe shíjiān de tuīyí, zhújiàn suōduǎn wéi lǐ. Jí, yìhūn、nàcǎi、nà

币、亲迎。
bì、 qīnyíng.

전통 혼례는 본래 납채·문명·납길·납징·청기·친영 6례로 행해졌다고 합니다. 하지만 시간이 흐르면서, 4례 로 줄여 의혼·납채·납폐·친영으로 행하게 되었습니다.

靓丽 [liànglì] [형] 아름답다, 곱다, 예쁘다

多彩 [duōcǎi] [형] 다채롭다

请说说互助组。

두레에 대해 말해 보세요.

互助组，顾名思义就是为了共同的利益，而自愿加入并组织起来
Hùzhùzǔ, gùmíngsīyì jiùshì wèile gòngtóng de lìyì, ér zìyuàn jiārù bìng zǔzhīqǐlái

的互助共同体组织。自古在农村地区，由男子们组成劳动的共同体，
de hùzhù gòngtóngtǐ zǔzhī. Zìgǔ zài nóngcūn dìqū, yóu nánzimen zǔchéng láodòng de gòngtóngtǐ,

同心协力种庄稼。女人们组成共同体，同心协力纺纱织布。互助组有
tóngxīn xiélì zhǒng zhuāngjia. Nǚrénmen zǔchéng gòngtóngtǐ, tóngxīn xiélì fǎngshā zhībù. Hùzhùzǔ yǒu

全村民加入的大的互助组织，也有几个居民组组成的小的互助组。目
quán cūnmín jiārù de dà de hùzhù zǔzhī, yě yǒu jǐ ge jūmínzǔ zǔchéng de xiǎo de hùzhùzǔ. Mù

前，互助组不仅在劳动中，在农乐、火炬赛、拔河等民俗游戏中，提高
qián, hùzhùzǔ bùjǐn zài láodòng zhōng, zài nóngyuè、huǒjùsài、báhé děng mínsú yóuxì zhōng, tígāo

团队的凝聚力，促进社会竞争力中都发挥了巨大的作用。
tuánduì de níngjùlì, cùjìn shèhuì jìngzhēnglì zhōng dōu fāhuī le jùdà de zuòyòng.

두레는 말 그대로 공동의 이익을 위하여 스스로 가입하여 구성된 두레 공동체 조직입니다. 예로부터 농촌 지역에서 남성들로 구성된 노동의 공동체는 동심협력 하여 농사를 지었고, 여성들로 구성된 공동체는 동심협력하여 길쌈을 하여 왔습니다. 두레는 마을의 전체 주민이 가입한 큰 두레가 있고, 몇 개 두럭으로 구성된 작은 두레도 있습니다. 현재 두레는 노동에서 뿐만 아니라 농악·홰싸움·줄다리기와 같은 민속 놀이에서도 팀의 응집력을 키우고 사회 경쟁력의 촉진에도 거대한 역할을 발휘하고 있습니다.

生词 새단어

火炬赛 [huǒjùsài] [명] 홰싸움(정월 대보름에 노는 전통 놀이)

请说说传统韩屋。

전통 한옥에 대해 말해 보세요.

韩国传统住宅叫"韩屋"，韩屋讲究盖在背山临水（依山傍水）
Hánguó chuántǒng zhùzhái jiào "hánwū", hánwū jiǎngjiū gài zài bèishānlínshuǐ (yīshānbàngshuǐ)

的地方。韩屋有两种结构，一是平民百姓的住宅，二是两班贵族的住
de dìfang. Hánwū yǒu liǎng zhǒng jiégòu, yī shì píngmín bǎixìng de zhùzhái, èr shì liǎngbān guìzú de zhù

宅。
zhái.

简单的传统韩屋，也就是平民百姓的住宅格局是，有长方形地
Jiǎndān de chuántǒng hánwū, yě jiùshì píngmín bǎixìng de zhùzhái géjú shì, yǒu chángfāngxíng dì

板，厨房，卧室。
bǎn, chúfáng, wòshì.

上层社会的传统韩屋，也就是两班贵族的住宅格局是，由几个独
Shàngcéng shèhuì de chuántǒng hánwū, yě jiùshì liǎngbān guìzú de zhùzhái géjú shì, yóu jǐ gè dú

立建筑物构成。一处供妇女和孩子住的叫"里屋"，还有一处供男人
lì jiànzhùwù gòuchéng. Yíchù gòng fùnǚ hé háizi zhù de jiào "lǐwū", hái yǒu yíchù gòng nánrén

和客人用的叫"舍廊[厢房]"，还有另一处给佣人们住的叫"行廊"。
hé kèrén yòng de jiào "shěláng [xiāngfáng]", hái yǒu lìng yíchù gěi yōngrénmen zhù de jiào "xíngláng".

这些韩屋从三国时期到朝鲜时代没有多大变化。所以，体验民俗
Zhèxiē hánwū cóng Sānguó shíqī dào Cháoxiǎn shídài méiyǒu duōdà biànhuà. Suǒyǐ, tǐyàn mínsú

村传统韩屋生活，会给人一种仿佛回到了二百多年前的感觉。
cūn chuántǒng hánwū shēnghuó, huì gěi rén yì zhǒng fǎngfú huídào le èrbǎi duō nián qián de gǎnjué.

生词 새단어

地板 [dìbǎn] [명] 마루, 바닥

厢房 [xiāngfáng] [명] 곁채, 사랑채

仿佛 [fǎngfú] [부] 마치 ～인 듯하다 | [동] 방불하다, 유사하다

한국의 전통 주택을 "한옥"이라고 합니다. 한옥은 배산임수한 곳에 짓는데, 두 가지 구조가 있습니다. 하나는 일반 서민의 주택이고, 또 하나는 양반 귀족 주택입니다.

간단한 전통 한옥은 즉 일반 서민의 주택 구조는 장방형의 마루와 주방·침실로 이루어져 있습니다

상류층의 전통 한옥은 즉 양반 귀족의 주택 구조는 여러 채의 독립된 건물로 구성되어 있습니다. 한 채는 여성과 아이들이 거주하는 방으로 "안채"라 하고, 한 채는 남성과 손님용으로 "사랑채"라 하며, 또 다른 한 채는 하인들이 거주하는 방으로 "행랑채"라고 합니다.

이러한 한옥은 삼국 시대부터 조선 시대에 이르기까지 큰 변화가 없으므로 민속촌의 전통 한옥 생활을 체험해 보면 마치 200년 전으로 돌아간 느낌을 방불케 합니다.

请说说"温突"。

"온돌"에 대해 말해 보세요.

韩国人生活习俗与坐文化相连，因此，家里都设有"温突"即火
Hánguórén shēnghuó xísú yǔ zuò wénhuà xiānglián, yīncǐ,　jiālǐ dōu shè yǒu　"wēntū"　jí huǒ

炕。冬暖夏凉，通风良好是"温突"火炕的最大特征。现代化的"温
kàng.　Dōngnuǎn xiàliáng, tōngfēng liánghǎo shì "wēntū" huǒkàng de zuì dà tèzhēng.　Xiàndàihuà de "wēn

突"几乎都是靠城市煤气供暖的地热式的火炕。
tū"　jīhū dōu shì kào chéngshì méiqì gòng nuǎn de dìrèshì de huǒkàng.

한국인의 생활습관은 앉는 문화와 관련 있기에, 집집마다 "온돌"방으로 설치되어 있습니다. 겨울에는 따뜻하고 여름에는 시원하며 통풍이 잘 되는 것이 "온돌"의 가장 큰 특징입니다. 현대식 "온돌"은 거의 도시 가스 난방으로 된 보일러식 온돌입니다.

地热式 [dìrèshì] [명] 보일러식

请说说韩、中、日传统音乐及乐器。

한·중·일의 전통 음악 및 악기에 대해 말해 보세요.

韩国的传统音乐和乐器如下。
Hánguó de chuántǒng yīnyuè hé yuèqì rúxià.

宫廷音乐：正乐(雅乐)、唐乐、乡乐。
gōngtíng yīnyuè:　zhèngyuè (yǎyuè)、tángyuè、xiāngyuè.

民俗音乐：民谣、农乐、巫乐、杂歌、面具舞音乐等。
mínsú yīnyuè:　mínyáo、nóngyuè、wūyuè、zágē、　miànjùwǔ yīnyuè děng.

传统乐器：玄琴、伽倻琴、奚琴、牙筝、洋琴等。
chuántǒng yuèqì:　xuánqín、jiāyēqín、　xīqín、　yázhēng、yángqín děng.

中国的传统音乐和乐器如下。
Zhōngguó chuántǒng yīnyuè hé yuèqì rúxià.

音乐：民间音乐、文人音乐、宗教音乐、宫廷音乐等。
yīnyuè:　mínjiān yīnyuè;　wénrén yīnyuè;　zōngjiào yīnyuè;　gōngtíng yīnyuè děng.

传统乐器：笛子、唢呐、二胡、古筝、琵琶、锣、鼓等。
chuántǒng yuèqì: dízi、　suǒnà、　èrhú、　gǔzhēng、pípá、　luó、　gǔ děng.

日本的传统音乐和乐器如下。
Rìběn chuántǒng yīnyuè hé yuèqì rúxià.

音乐：能乐、雅乐、民谣。
yīnyuè:　néngyuè、yǎyuè、　mínyáo.

传统乐器：三味线、尺八、太鼓、十三弦古筝、十七弦琴、萨摩琵琶
chuántǒng yuèqì: sānwèixiàn、　chǐbā、　tàigǔ、　shísānxián gǔzhēng、shíqīxián qín、　sàmó pípá

等。
děng.

한국의 전통 음악과 악기는 다음과 같습니다.

궁정 음악은 정악(아악) · 당악 · 향악입니다.

민속 음악은 민요 · 농악 · 무악 · 잡가 · 탈춤 음악 등입니다.

전통 악기는 거문고 · 가야금 · 해금 · 아쟁 · 양금 등입니다.

중국의 전통 음악과 악기는 다음과 같습니다.

음악은 민간 음악 · 문인 음악 · 종교 음악 · 궁정 음악 등입니다.

전통 악기는 피리 · 수르나이 · 이호 · 쟁 · 피파 · 징 · 북 등입니다.

일본의 전통 음악과 악기는 다음과 같습니다.

음악은 노우가꾸 · 가가꾸 · 민요입니다.

전통 악기는 샤미센 · 샤쿠하치 · 타이코 · 쥬상겡쟁 · 쥬나나겡킨 · 사쯔마비와 등입니다.

请说说汗蒸幕。

한증막에 대해 말해 보세요.

문제 23

汗蒸幕是具有韩国特色的传统美容方法之一。通过汗蒸幕，将
Hànzhēngmù shì jùyǒu Hánguó tèsè de chuántǒng měiróng fāngfǎ zhī yī. Tōngguò hànzhēngmù, jiāng

热气吸入体内，排出汗液，从而使血液循环更加畅通。皮肤会变得更
rèqì xīrù tǐnèi, páichū hànyè, cóng'ér shǐ xuèyè xúnhuán gèng jiā chàngtōng. Pífū huì biàn de gèng

加美白、光滑，疲劳也随之荡然无存。
jiā měibái, guānghuá, píláo yě suí zhī dàngránwúcún.

한증막은 한국 특색의 전통 미용 코스 중 하나입니다. 한증막에서 열기를 체내로 흡인해 땀을 배출하고 혈액순환이 원활히 이루어지게 함으로써 피부 미백, 매끄러움은 물론, 피로 해소로 몸을 거뜬하게 합니다.

巫乐 [wūyuè] [명] 무악, 시나위

奚琴 [xīqín] [명] 해금

문제 **24**

请说说伽倻琴。

가야금에 대해 말해 보세요.

据《三国史记》记载，伽倻琴是公元6世纪伽倻国嘉实王仿中国
Jù 《Sānguó shǐjì》 jìzǎi, jiāyēqín shì gōngyuán shìjì Jiāyēguó Jiāshíwáng fǎng Zhōngguó

筝所制。已有1500多年的历史。是一种只利用手指弹奏的拨弦乐器。
zhēng suǒzhì. Yǐ yǒu duō nián de lìshǐ. Shì yì zhǒng zhǐ lìyòng shǒuzhǐ tánzòu de bōxián yuèqì.

是韩国最具代表性的传统乐器之一。伽倻琴由琴框、面板、底板、琴
Shì Hánguó zuì jù dàibiǎoxìng de chuántǒng yuèqì zhīyī. Jiāyēqín yóu qínkuàng、 miànbǎn、dǐbǎn、 qín

柱和琴弦构成。琴身长约152厘米、宽17～21厘米。传统的伽倻琴有12
zhù hé qínxián gòuchéng. Qínshēn cháng yuē límǐ、 kuān límǐ. Chuántǒng de jiāyēqín yǒu

条弦，近代的伽倻琴为了扩张其音域，把弦数增加至17条或18条，甚
tiáo xián, jìndài de jiāyēqín wèile kuòzhāng qí yīnyù, bǎ xiánshù zēngjiā zhì tiáo huò tiáo, shèn

至有21条、22条或25条等不同的数量。
zhì yǒu tiáo、 tiáo huò tiáo děng bùtóng de shùliàng.

伽倻琴音律柔和、动听、优美。具有独特的艺术风格特点和丰富
Jiāyēqín yīnlǜ róuhé、 dòngtīng、yōuměi. Jùyǒu dútè de yìshù fēnggé tèdiǎn hé fēngfù

多彩的演奏技巧。既可以独奏、重奏、合奏，还可以弹唱。
duōcǎi de yǎnzòu jìqiǎo. Jì kěyǐ dúzòu、 chóngzòu、hézòu, hái kěyǐ tánchàng.

伽倻国灭亡后，伽耶国的乐士于勒携琴到新罗，受到了真兴王的
Jiāyēguó mièwáng hòu, Jiāyēguó de yuèshì Yú Lè xié qín dào Xīnluó, shòudào le Zhēnxīngwáng de

欢迎和礼遇。到了8世纪左右，伽倻琴从新罗传到日本，因此，日本把
huānyíng hé lǐyù. Dào le shìjì zuǒyòu, jiāyēqín cóng Xīnluóguó chuán dào Rìběn, yīncǐ, Rìběn bǎ

伽倻琴称之为新罗琴。到19世纪末，伽倻琴音乐达到了高峰。中国朝
jiāyēqín chēngzhīwéi Xīnluóqín. Dào shìjìmò, jiāyēqín yīnyuè dádào le gāofēng, Zhōngguó cháo

鲜族的伽倻琴，也是19世纪末由朝鲜传入的。
xiānzú de jiāyēqín, yě shì shìjìmò yóu Cháoxiǎn chuánrù de.

　　≪삼국사기≫의 기록에 따르면, 가야금은 6세기 가야국 가실왕이 중국의 쟁을 따라 만들었습니다. 이미 1,500여 년의 역사가 있습니다. 손가락으로 연주하는 현악기로 한국의 가장 대표적인 전통 악기 중 하나입니다. 가야금은 가야금틀, 면판, 밑판, 기러기발, 현줄로 구성되어 있습니다. 가야금의 몸통 길이는 약 152㎝이고, 넓이는 17~21㎝입니다. 전통 가야금은 12현인데, 근대의 가야금은 음역을 넓히기 위해 17, 18, 심지어 21, 22, 25현 등으로 다양하게 늘렸습니다.

　　가야금은 음율이 부드럽고, 감동적으로 들리며, 아름답습니다. 특이한 예술적 품격의 특징과 풍부하고 다채로운 연주 기교가 깃들어 있습니다. 독주, 2중 연주, 합주에 연주하며 노래할 수 있습니다.

　　가야국이 멸망한 후, 가야국의 악사 우륵이 가야금을 가지고 신라로 갔는데, 진흥왕의 환영과 예우를 받았습니다. 8세기 경, 가야금은 신라에서 일본으로 전해졌고, 이 때문에 일본에서는 가야금을 신라금이라고 부릅니다. 19세기 말에 이르러 가야금 음악은 절정에 이르렀고, 중국 조선족의 가야금도 19세기 말에 조선에서 유입되었습니다.

生词 새단어

即可 [jíkě] [부] ~하면 곧 …할 수 있다
具有 [jùyǒu] [동] 구비하다, 갖추다

请说说韩、中、日人的性格差异。

한·중·일인의 성격 차이에 대해 말해 보세요.

韩国人：
Hánguórén:

性格豁达开朗，乐观向上，有不屈不挠，奋发进取，意志坚强的人很
xìnggé huòdá kāilǎng,　lèguān xiàngshàng, yǒu bùqūbùnáo,　fènfā jìnqǔ,　yìzhìjiānqiáng de rén hěn

多。但性格急躁的人也不少。
duō.　Dàn xìnggé jízào de rén yě bù shǎo.

中国人：
Zhōngguórén:

性格温和、豪放、大度、热情好客、勤劳朴实、有毅力，悠然自得"知
xìnggé wēnhé、　háofàng、dàdù、　rèqíng hàokè、　qínláo pǔshí、　yǒu yìlì,　yōuránzìdé　"zhī

足者长乐"的人很多。但性格慢的人也不少。
zúzhě chánglè"　de rén hěn duō.　Dàn xìnggé màn de rén yě bù shǎo.

日本人：
Rìběnrén:

性格内向，谨小慎微，小心翼翼的人很多。在亚洲智商最高，最聪明，
xìnggé nèixiàng, jǐnxiǎoshènwēi, xiǎoxīnyìyì de rén hěn duō.　Zài Yàzhōu zhìshāng zuìgāo, zuì cōngmíng,

但也是最自卑的民族。
dàn yě shì zuì zìbēi de mínzú.

悠然自得 [yōuránzìdé] [성] 조용하고 한가롭다, 유유자적하며 유연자적하다

谨小慎微 [jǐnxiǎoshènwēi] [성] 지나치게 소심하고 신중하다

한국인:

성격이 활달하고 밝으며, 낙천적이고 긍정적이며, 불요불굴에 의지와 도전적인 마인드를 갖춘 사람이 매우 많습니다. 반면에 성격이 급한 사람도 적지 않습니다.

중국인:

성격이 온화하면서 쾌활하고 대범하면서 손님을 반갑게 대하고, 부지런하면서 소박하고 성실하며, 끈기가 있고 유유자적하면서 "작은 것에도 행복감을 느낀다"는 사람이 매우 많습니다. 반면에 성격이 너무 느린 사람도 적지 않습니다.

일본인:

성격이 내성적이고 소심한 사람이 매우 많습니다. 아시아에서 IQ가 가장 높고 영리하지만, 또한 열등감이 가장 높은 민족이기도 합니다.

请说说伽倻琴和玄琴的差异。

가야금과 거문고의 차이에 대해 말해 보세요.

共同点:
gòngtóngdiǎn:

伽倻琴和玄琴都是弦乐器。乐器的材质都使用了栗树和梧桐树。琴
jiāyēqín hé xuánqín dōushì xiányuèqì.　　Yuèqì de cáizhì dōu shǐyòng le lìshù hé wútóngshù.　　Qín

弦都使用了绢丝绳。
xián dōu shǐyòng le juànsīshéng.

差异点:
chāyìdiǎn:

伽倻琴至少是12弦，玄琴至少是6弦。伽倻琴是只用手指弹奏，玄琴
jiāyēqín zhìshǎo shì　　xián，xuánqín zhìshǎo shì　xián.　Jiāyēqín shì zhǐ yòng shǒuzhǐ tánzòu，　xuánqín

是用琴拨弹奏。伽倻琴的琴声具有细腻而华丽的音色，自古女子弹
shì yòng qínbō tánzòu.　Jiāyēqín de qínshēng jùyǒu xìnì ér huálì de yīnsè，　　zìgǔ nǚzi tán

奏伽倻琴的人很多。玄琴的琴声具有粗而深沉、雄壮的音色，自古儒
zòu jiāyēqín de rén hěn duō，　xuánqín de qínshēng jùyǒu cū ér shēnchén、xióngzhuàng de yīnsè, zìgǔ rú

生秀才男子们弹奏的多。
shēng xiùcái nánzimen tánzòu de duō.

공통점:

가야금과 거문고는 모두 현악기입니다. 악기의 재질은 모두 밤나무와 오동나무를 사용하였고, 악기의 현줄은 모두 명주실로 만든 것입니다.

차이점:

가야금은 최소 12현이고, 거문고는 최소 6현입니다. 가야금은 손가락으로만 연주하지만 거문고는 술대로 연주합니다. 가야금의 소리는 가늘고 화려한 음색을 띠고 있어 옛 부터 많은 여성들이 연주합니다. 거문고의 소리는 굵고 깊으며 웅장한 음색을 띠고 있어 옛 부터 많은 남성 선비들이 연주합니다.

生词 새단어

细腻 [xìnì] [형] 부드럽고 매끄럽다, 섬세하다

儒生 [rúshēng] [명] 유생, 학자, 선비

请说说韩国的节日及纪念日。

한국의 명절 및 기념일에 대해 말해 보세요.

1 月1 日，元旦。
yuè rì,   Yuándàn.

1 月1 日（农历），新年。
yuè rì (nónglì),   Xīnnián.

1 月15 日（农历），正月十五。
yuè   rì (nónglì),   Zhēngyuè shíwǔ.

2 月14 日，国际情人节。
yuè   rì,   Guójì qíngrén Jié.

3 月1 日，韩国独立运动纪念日。
yuè   rì,   Hánguó dúlì yùndòng jìnànrì.

3 月14 日，白色情人节。
yuè   rì,   Báisè qíngrén Jié.

4 月5 日，植树节。
yuè   rì,   Zhíshù Jié.

4 月5 日或6 日，寒食节。
yuè   rì huò   rì,   Hánshí Jié.

4 月8 日（农历），释迦牟尼诞辰日。
yuè   rì (nónglì),   Shìjiāmóuní dànchénrì.

5 月5 日，儿童节。
yuè   rì,   Értóng Jié.

5 月5 日（农历），端午节。
yuè   rì (nónglì),   Duānwǔ Jié.

5 月8 日，父母节。
yuè   rì,   Fùmǔ Jié.

5 月15 日，教师节。
yuè   rì,   Jiàoshī Jié.

6 月6 日，显忠日。
yuè   rì,   Xiǎnzhōngrì.

7 月17 日，制宪日。
yuè   rì,   Zhìxiànrì.

8 月15 日 , 光复节 。
　　yuè　　rì,　　Guāngfù Jié.

8 月15 日（农历）, 中秋节 。
　　yuè　　rì　(nónglì),　　Zhōngqiū Jié.

10 月1 日 , 国军日 。
　　yuè　　rì,　　Guójūnrì.

10 月3 日 , 开天节 。
　　yuè　　rì,　　Kāitiān Jié.

10 月9 日 , 韩文日 。
　　yuè　　rì,　　Hánwénrì.

12 月25 日 , 圣诞节 。
　　yuè　　rì,　　Shèngdàn Jié.

1월 1일, 신정

1월 1일(음력), 설날

1월 15일(음력), 정월대보름

2월 14일, 밸런타인데이

3월 1일, 독립운동기념일

3월 14일, 화이트데이

4월 5일, 식목일

4월 5일이나 6일, 한식일

4월 8일(음력), 석가모니 탄신일

5월 5일, 어린이날

5월 5일(음력), 단오

5월 8일, 어버이날

5월 15일, 스승의날

6월 6일, 현충일

7월 17일, 제헌절

8월 15일, 광복절

8월 15일(음력), 추석

10월 1일, 국군의 날

10월 3일, 개천절

10월 9일, 한글날

12월 25일, 성탄절

请说说中国的节日及纪念日。

중국의 명절 및 기념일에 대해 말해 보세요.

1 月1 日，元旦。
　　yuè　rì，　Yuándàn.

1 月1 日（农历），春节。
　　yuè　rì　(nónglì),　Chūn Jié.

1 月15 日（农历），元宵节。
　　yuè　rì　(nónglì),　Yuánxiāo Jié.

3 月8 日，国际妇女节。
　　yuè　rì，　Guójì fùnǚ Jié.

4 月5 日，清明节。
　　yuè　rì，　Qīngmíng Jié.

5 月1~3 日，国际劳动节。
　　yuè　rì，　Guójì láodòng Jié.

5 月4 日，青年节。
　　yuè　rì，　Qīngnián Jié.

5 月5 日（农历），端午节。
　　yuè　rì　(nónglì),　Duānwǔ Jié.

6 月1 日，国际儿童节。
　　yuè　rì　Guójì értóng Jié.

7 月1 日，建党日。
　　yuè　rì，　Jiàndǎngrì.

8 月1 日，建军节。
　　yuè　rì　Jiànjūn Jié.

8 月15 日（农历），中秋节。
　　yuè　rì　(nónglì),　Zhōngqiū Jié.

10 月1~3 日，国庆节。
　　yuè　rì，　Guóqìng Jié.

1월 1일, 원단(신정)

1월 1일(음력), 춘절(설날)

1월 15일(음력), 원소절(정월 대보름)

3월 8일, 국제부녀절(여성의 날)

4월 5일, 청명절(식목일, 한식일)

5월 1~3일, 국제노동절(근로자의 날)

5월 4일, 청년절

5월 5일(음력), 단오절

6월 1일, 국제아동절(어린이 날)

7월 1일, 창당일(중국공산당 창당 기념일)

8월 1일, 건군절(중국 인민해방군 건군 기념일)

8월 15일(음력), 중추절(추석)

10월 1 ~ 3일, 국경절

请说说寒食节的来历。

한식일의 유래에 대해 말해 보세요.

"寒食节"，也叫禁火节。用以纪念中国春秋时期晋国的名臣义
"Hánshí Jié", yě jiào Jìnhuǒ Jié. Yòng yǐ jìniàn Zhōngguó Chūnqiū shíqī Jìnguó de míngchén yì

士介子推。传说晋文公流亡期间，介子推曾经割自己的肉，为晋文公
shì Jiè Zǐtuī. Chuánshuō Jìn Wéngōng liúwáng qījiān, Jiè Zǐtuī céngjīng gē zìjǐ de ròu, wèi Jìn Wéngōng

充饥。晋文公归国为君后，介子推不愿夸功争宠做官，携老母隐居于
chōng jī. Jìn Wéngōng guīguó wéi jūn hòu, Jiè Zǐtuī búyuàn kuāgōng zhēngchǒng zuò guān, xié lǎomǔ yǐnjūyú

绵山。后来晋文公亲自到绵山恭请介子推，介子推也不出来。晋文公
Miánshān. Hòulái Jìn Wéngōng qīnzì dào Miánshān gōngqǐng Jiè Zǐtuī, Jiè Zǐtuī yě bù chūlái. Jìn Wéngōng

的随从们便放火焚山，原意是想逼介子推出来，结果介子推还是没
de suícóngmen biàn fànghuǒ fénshān, yuányì shì xiǎng bī Jiè Zǐtuī chūlái, jiéguǒ Jiè Zǐtuī háishi méi

出来。抱着母亲被烧死在一棵大树下。
chūlái. Bàozhe mǔqīn bèi shāosǐ zài yì kē dàshù xià.

为了纪念介子推这位忠臣义士，人们在他死难之日不生火做饭，
Wèile jìniàn Jiè Zǐtuī zhè wèi zhōngchén yìshì, rénmen zài tā sǐnàn zhī rì bù shēnghuǒ zuò fàn,

要吃冷食，称为寒食节。
yào chī lěngshí, chēngwéi Hánshí Jié.

"한식절", 금화절이라고도 합니다. 이는 중국 춘추 시대 진나라 충신 개자추를 기념하기 위해서라고 합니다. 개자추는 진나라 문공이 망명 때 자기의 살을 베서 문공의 배고픔을 달래 주었다고 합니다. 문공이 귀국하여 임금이 된 후 개자추는 생색을 내서 벼슬하려 하지 않고, 늙은 어머니를 모시고 면산으로 은거해 버렸습니다. 훗날 문공이 친히 면산까지 가서 개자추를 모셔가려는데 개자추는 산에서 나오지 않았습니다. 문공의 부하들은 그를 나오게 하기 위하여 면산에 불을 놓았습니다. 그러나 개자추는 어머니를 안고 나오지 않고 불에 타 죽고 말았습니다.

이런 충신인 개자추를 기리기 위하여 사람들은 그의 제삿날이면 찬음식을 먹기에 "한식절"이라고 하였습니다.

充饥 [chōngjī] [동] 요기하다, 배고픔을 해결하다

夸功 [kuāgōng] [동] 공로를 자랑하다

争宠 [zhēngchǒng] [동] 총애를 받으려고 서로 다투다

请说说镶嵌青瓷。

상감청자에 대해 말해 보세요.

镶嵌青瓷是以镶嵌的技法体现花纹的青瓷。12 世纪初高丽毅宗
Xiāngqiàn qīngcí shì yǐ xiāngqiàn de jìfǎ tǐxiàn huāwén de qīngcí. 　shìjì chū Gāolì Yìzōng

期发明。12 世纪中叶，就已达到了鼎盛时期。
qī fāmíng. 　shìjì zhōngyè, 　jiù yǐ dádào le dǐngshèng shíqī.

镶嵌青瓷用粘土捏出各种形状后，在半干燥下刻出花纹，填平白
Xiāngqiàn qīngcí yòng niántǔ niēchū gè zhǒng xíngzhuàng hòu, zài bàngānzào xià kèchū huāwén, tiánpíng bái

土或红土，第一次烧制出800～900℃。然后涂上釉料，再重新烧制1300
tǔ huò hóngtǔ, 　dì yī cì shāozhìchū 　　　　　　Ránhòu túshàng yòuliào, zài chóngxīn shāozhì

～1500℃。烧制后的瓷器会显出，白土是白颜色的，红土就会显出黑颜
　Shāozhì hòu de cíqì huì xiǎnchū, 　báitǔ shì báiyánsè de, 　hóngtǔ jiù huì xiǎnchū hēiyán

色。其底色会显出漂亮地翡翠色。
sè. 　Qí dǐsè huì xiǎnchū piàoliangde fěicuìsè.

镶嵌青瓷高雅、华贵、清新、美丽，是韩国高丽时代的三大遗产之
Xiāngqiàn qīngcí gāoyǎ、huáguì、 qīngxīn、 měilì, 　shì Hánguó Gāolì shídài de sāndà yíchǎn zhī

一，在国内外早已享有盛誉。深得世人的赞赏，被称为"高丽青瓷"。
yī, 　zài guónèiwài zǎoyǐ xiǎngyǒu shèngyù. Shēndéshìrén de zànshǎng, bèi chēngwéi "Gāolì qīngcí".

상감청자는 상감기법으로 꽃 무늬를 나타내는 청자입니다. 12세기 초 고려 의종 때 발명하고 또 12세기 중엽에 전성기를 이루었습니다.

상감청자는 진흙으로 여러 모형을 빚어서 반건조 상태에서 꽃무늬를 새겨서 백토나 홍토로 메우고 800~900℃로 구워낸 다음 청자유약을 바르고 다시 1300~1500℃로 구워 냅니다. 구워 낸 자기의 백토는 흰색으로 홍토는 흑색으로 바탕은 아름다운 비취색으로 나타납니다.

상감청자는 우아하고 고귀하며 참신하면서 아름다운 고려시대 3대 유산 중 하나로 불리우고 오래 전부터 국내외의 큰 명성을 누려왔으며 세상 사람들의 극찬을 자아내어 "고려청자"로 부르게 되었습니다.

生词 새단어

镶嵌 [xiāngqiàn] [동] 끼워 넣다, 상감하다

空隙 [kòngxì] [명] 틈, 간격

문제 31

请说说高丽青瓷和朝鲜白瓷的差异。

고려 청자와 조선 백자의 차이에 대해 말해 보세요.

高丽青瓷是高丽贵族阶层享乐生活的产物，比实用性更接近于
Gāolí qīngcí shì Gāolí guìzú jiēcéng xiǎnglè shēnghuó de chǎnwù, bǐ shíyòngxìng gèng jiējìnyú

奢侈品。
shēchǐpǐn.

朝鲜白瓷符合士大夫层的趣味，也符合平民化、实用化。
Cháoxiǎn báicí fúhé shìdàfūcéng de qùwèi, yě fúhé píngmínhuà、 shíyònghuà.

고려 청자는 고려 귀족층의 즐거움을 누리는 생활의 산물이며, 실용성보다 사치품에 가깝습니다.

조선 백자는 사대부 계층의 취향이기도 하고, 서민적이며 실용적이기도 합니다.

문제 32

请说说跆拳道与跆跟的差异。

태권도와 택견의 차이에 대해 말해 보세요.

跆拳道是拳脚并用，以刚制刚，直击直打的武术。跆跟是以腿脚
Táiquándào shì quánjiǎo bìngyòng, yǐgāngzhìgāng, zhíjīzhídǎ de wǔshù. Táigēn shì yǐ tuǐjiǎo

为主的柔中带刚的武艺。
wéizhǔ de róuzhōngdàigāng de wǔyì.

태권도는 손발을 병용하는 이강제강, 직격직타의 무술이고, 택견은 다리를 위주로 하는 강유병행의 무예입니다.

接近 [jiējìn] [동] 접근하다, 가까이하다

请说说跆拳道与太极拳的差异。

태권도와 태극권의 차이에 대해 말해 보세요.

跆拳道是拳脚并用，以刚制刚的，韩国的国术。已成了世界奥运
Táiquándào shì quánjiǎo bìngyòng, yǐgāngzhìgāng de, Hánguó de chuántǒng guóshù. Yǐ chéng le shìjiè Àoyùn

会竞赛项目之一。
huì jìngsài xiàngmù zhīyī.

太极拳是结合阴阳开合，刚柔相济，修身养性，强身健体的，中
Tàijíquán shì jiéhé yīnyáng kāihé, gāngróuxiāngjì, xiūshēnyǎngxìng, qiángshēnjiàntǐ de, Zhōng

国的传统拳术。被中国政府指定为非物质文化遗产。
guó de chuántǒng quánshù. Bèi Zhōngguó zhèngfǔ zhǐdìngwéi fēiwùzhì wénhuà yíchǎn.

태권도는 손발을 병용하는 이강제강의 한국의 국술로 이미 세계 올림픽 경기 종목 중 하나가 되었습니다.

태극권은 음양 이념을 융합하고, 강유병용으로 심신을 수양하며, 체력을 보강하는 중국의 전통 권술입니다. 중국 정부에 의해 무형 문화 유산으로 지정되었습니다.

请说说韩国的跆拳道和中国武术的差异。

한국의 태권도와 중국 무술의 차이에 대해 말해 보세요.

韩国的跆拳道是一种进行格斗或对抗的运动。
Táiquándào shì yì zhǒng jìnxíng gédòu huò duìkàng de yùndòng.

中国的武术是一门制止侵袭的高度自保的技术。
Zhōngguó de wǔshù shì yì mén zhìzhǐ qīnxí de gāodù zìbǎo de jìshù.

한국의 태권도는 격투를 하거나 대항하는 일종의 스포츠입니다.

중국의 무술은 침투를 제지하고 고도로 자신을 보호하는 기술입니다.

刚柔相济 [gāngróuxiāngjì] [성] 강함과 부드러움이 서로 조화를 이루다

请说说五方色。

오방색에 대해 말해 보세요.

五方色，也叫五方正色。即，黄、青、白、赤、黑。
Wǔfāngsè, yě jiào wǔfāng zhèngsè. Jí, huáng、qīng、bái、chì、hēi.

以中央和四方为基础，黄是中央，青是东，白是西，赤是南，黑是
Yǐ zhōngyāng hé sìfāng wéi jīchǔ, huáng shì zhōngyāng, qīng shì dōng, bái shì xī, chì shì nán, hēi shì

北。
běi.

按五行的说法可以分析为如下。
Àn wǔxíng de shuōfǎ kěyǐ fēnxī wéi rúxià.

黄色是五行中属"土"，占居宇宙的中心位置。
Huángsè shì wǔxíng zhōng shǔ "tǔ", zhàn jū yǔzhòu de zhōngxīn wèizhì.

青色是五行中属"木"，象征万物复苏的春天。
Qīngsè shì wǔxíng zhōng shǔ "mù", xiàngzhēng wànwùfùsū de chūntiān.

白色是五行中属"金"，象征洁白、纯洁、真实的生活。
Báisè shì wǔxíng zhōng shǔ "jīn", xiàngzhēng jiébái、chúnjié、zhēnshí de shēnghuó.

赤色是五行中属"火"，象征相生、正义，作为最强烈的避邪颜色
Chìsè shì wǔxíng zhōng shǔ"huǒ", xiàngzhēng xiāngshēng、zhèngyì, zuòwéi zuì qiángliè de bìxié yánsè

使用。
shǐyòng.

黑色是五行中属"水"，象征人类的智慧等。
Hēisè shì wǔxíng zhōng shǔ "shuǐ", xiàngzhēng rénlèi de zhìhuì děng.

韩国的丹青色也是五方色。
Hánguó de dānqīngsè yě shì wǔfāngsè.

据冬奥会组委会表示，2018 年江原道平昌冬奥会会徽，采用了韩
Jù Dōng'àohuì zǔwěihuì biǎoshì, nián Jiāngyuán Dào Píngchāng Dōng'àohuì huìhuī, cǎiyòng le Hán

国的传统色彩——五方色。
guó de chuántǒng sècǎi – wǔfāngsè.

오방색은 오방정색이라고도 합니다. 즉 황 · 청 · 백 · 적 · 흑입니다.

중앙과 사방을 기준으로 황은 중앙, 청은 동, 백은 서, 적은 남, 흑은 북을 뜻합니다.

오행설에 의해 분석한다면 다음과 같습니다.

황색은 오행 중 토(土)에 속하며, 우주의 중심에 위치합니다.

청색은 오행 중 목(木)에 속하며, 만물이 소생하는 봄을 상징합니다.

백색은 오행 중 금(金)에 속하며, 순결 · 결백 · 진실된 삶을 상징합니다.

적색은 오행 중 화(火)에 속하며, 상생과 정의를 상징하며, 가장 강력한 벽사의 빛깔로 상징합니다.

흑색은 오행 중 수(水)에 속하며, 인간의 지혜 등을 상징합니다.

한국의 단청색도 오방색입니다.

동계올림픽 조직위원회는 2018년 강원도 동계올림픽 엠블럼으로 한국의 전통색인 오방색을 채용하기로 하였다고 합니다.

相生 [xiāngshēng] [명] 상생 | [동] 궁합이 잘 맞다

会徽 [huìhuī] [명] 회의 휘장, 집회의 마크, 대회 엠블럼

请说说白衣民族。

백의 민족에 대해 말해 보세요.

"白衣民族", 自古以来就是对韩民族的另一种别称。
"Báiyī mínzú", zìgǔ yǐlái jiùshì duì hánmínzú de lìng yì zhǒng biéchēng.

朝鲜时代的史学家崔南善的《朝鲜常识问答》中特别强调了"白
Cháoxiǎn shídài de shǐxuéjiā Cuī Nánshàn de《Cháoxiǎn chángshí wèndá》zhōng tèbié qiángdiào le "bái

衣民族"由来已久的观点。朴泳孝创作的国旗底色也采用了白颜色。
yī mínzú" yóuláiyǐjiǔ de guāndiǎn. Piáo Yǒngxiào chuàngzuò de guóqí dǐsè yě cǎiyòng le báiyánsè.

传说韩民族认为白色象征纯洁、光明、和平、神圣。又认为是一
Chuánshuō hánmínzú rènwéi báisè xiàngzhēng chúnjié、guāngmíng、hépíng、shénshèng. Yòu rènwéi shì yì

种永生不灭的颜色。所以，到高丽时代、朝鲜时代止朝廷多次颁布过
zhǒng yǒngshēngbúmiè de yánsè. Suǒyǐ, dào Gāolí shídài、Cháoxiǎn shídài zhǐ cháotíng duōcì bānbùguo

禁穿白衣令，但都没有得到顺利的施行。
jìn chuān báiyīlìng, dàn dōu méiyǒu dédào shùnlì de shīxíng.

如今"白衣民族"已成了韩民族的象征。
Rújīn "báiyī mínzú", yǐ chéng le hánmínzú de xiàngzhēng.

"백의민족"은 자고로부터 한민족의 또 다른 별칭입니다.

조선 시대의 사학자인 최남선은 《조선상식문답》에서 백의민족의 유래가 오래 되었다는 점을 특별히 강조하였습니다. 박영효가 제작한 국기의 바탕도 흰색으로 하였습니다.

전설에 의하면 한민족은 백색을 순결·광명·평화·신성함의 상징으로 여긴다고 합니다. 또 영생불멸의 색으로 여기기도 합니다. 그래서 고려 시대부터 조선 시대에 이르기까지 조정에서는 여러 차례 백의금지령(白衣禁止令)을 반포했으나 순리롭게 시행되지 못했다고 합니다.

오늘날 "백의민족"은 이미 한민족의 상징이 되었습니다.

由来已久 [yóuláiyǐjiǔ] [성] 유래가 이미 오래되다, 유래가 깊다

请说说倍达民族。

배달 민족에 대해 말해 보세요.

1 韩国历史上最初的国家。
Hánguó lìshǐshàng zuìchū de guójiā.

2 也是对韩民族的称呼。如，倍达族、韩民族、韩族等。
Yě shì duì hánmínzú de chēnghū.　Rú，　bèidázú、　　hánmínzú、　　hánzú děng.

3 韩国上古时代的名称。
Hánguó shànggǔ shídài de míngchēng.

（上古时代：原始的部族国家起到三国鼎立之前为上古时代。）
(shànggǔ shídài: yuánshǐ de bùzú guójiā qǐdào Sānguó dǐnglì zhīqián wéi shànggǔ shídài.)

4 正在形成"倍达民族"的国家。
Zhèngzài xíngchéng "bèidá mínzú" de guójiā.

1 우리나라 역사상 최초의 나라입니다.

2 역시 한민족에 대한 명칭입니다. 예를 들면 배달족·한민족·한족 등입니다.

3 한국 상고 시대의 명칭입니다.

　(상고 시대: 원시 부족 국가부터 삼국이 정립되기 전까지라고 합니다.)

4 "배달 겨레"를 이루고 있는 나라입니다.

请说说长丞。

장승에 대해 말해 보세요.

长丞有木长丞和石长丞，象征着村落的守护神，里程标，区域
Chángchéng yǒu mùchángchéng hé shíchángchéng, xiàngzhēngzhe cūnluò de shǒuhùshén, lǐchéngbiāo, qūyù

地界。
dìjiè.

长丞一般是设一对，头戴冠的是男性长丞，正面刻有"天下大将
Chángchéng yìbān shì shè yí duì, tóu dàiguàn de shì nánxìng chángchéng, zhèngmiàn kè yǒu "tiānxià dàjiāng

军"或"上元大将军"字样。女性长丞不戴冠，正面刻有"地下大将
jūn" huò "shàngyuán dàjiāngjūn" zìyàng. Nǔxìng chángchéng bú dàiguàn, zhèngmiàn kè yǒu "dìxià dàjiāng

军"，"下元大将军"或"地下女将军"字样。
jūn", "xiàyuán dàjiāngjūn" huò "dìxià nǔjiāngjūn" zìyàng.

장승은 목장승과 돌장승이 있습니다. 마을의 수호신·이정표·지역 간의 경계표로 상징합니다.

장승은 일반적으로 한 쌍입니다. 관을 쓴 장승은 남성 장승이고, 정면에는 "천하대장군"이나 "상원대장군"이란 글이 새겨져 있고, 여성 장승은 관을 쓰지 않고 정면에는 "지하대장군", "하원대장군"이나 "지하여장군"이란 글이 새겨져 있습니다.

戴冠 [dàiguàn] 관을 쓰다

请说说韩国的丹青。

한국의 단청에 대해 말해 보세요.

丹青不仅能把房子装饰得庄严华丽，而且可以防虫、防腐蚀，延
Dānqīng bùjǐn néng bǎ fángzi zhuāngshì de zhuāngyán huálì, érqiě kěyǐ fángchóng、 fángfǔshí,　　yán

长房子的使用寿命。
cháng fángzi de shǐyòng shòumìng.

丹青的基本颜色为青、白、赤、黑、黄五方色。韩国的丹青色是以
Dānqīng de jīběn yánsè wéi qīng、　bái、　chì、　hēi、　huáng wǔfāngsè. Hánguó de dānqīngsè shì yǐ

青色系统的绿色为主色。
qīngsè xìtǒng de lǜsè wéi zhǔsè.

단청은 건물을 장엄하고 화려하게 장식 할 뿐만 아니라 충해와 부식을 예방해 건물의 수명을 연장합니다.

단청의 기본 색은 청·백·적·흑·황 오방색인데, 한국의 단청색은 청색 계통의 녹색이 주를 이룹니다.

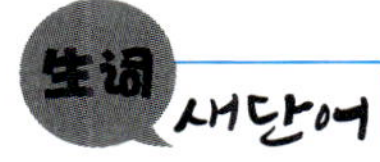

装饰 [zhuāngshì] [명] 장식(품) | [동] 장식하다

而且 [érqiě] [접] 게다가, 뿐만 아니라

(7) 의료 관광

请说说医疗观光。

의료 관광에 대해 말해 보세요.

医疗观光是韩国代表性的旅游商品之一。特别是指其他国家的
Yīliáo guānguāng shì Hánguó dàibiǎoxìng de lǚyóu shāngpǐn zhīyī. Tèbié shì zhǐ qítā guójiā de

人，为了恢复、促进、管理身体的健美、健康，来韩国接受各方面医
rén, wèile huīfù, cùjìn, guǎnlǐ shēntǐ de jiànměi, jiànkāng, lái Hánguó jiēshòu gè fāngmiàn yī

疗、理疗、美容项目的叫医疗观光。
liáo、 lǐliáo、 měiróng xiàngmù de jiào yīliáo guānguāng.

如，疑难杂症的诊断治疗，进行整形美容手术，推拿按摩，进行
Rú, yínán zázhèng de zhěnduàn zhìliáo, jìnxíng zhěngxíng měiróng shǒushù, tuīná ànmó, jìnxíng

温泉浴、海水浴、减肥、抗衰老等，都属医疗观光的范畴。
wēnquányù、 hǎishuǐyù、 jiǎnféi、 kàngshuāilǎo děng, dōu shǔ yīliáo guānguāng de fànchóu.

의료 관광은 한국의 대표적인 여행 상품 중 하나입니다. 특히 외국인들이 건강의 회복을 촉진하기 위하여 신체의 건강미와 아름다움을 가꾸고자 한국을 방문하여 의학 치료·둘리치료·성형 미용 등의 다방면에서 의료 코스를 진행하는 관광입니다. 즉 난치병 진단 치료, 성형 미용 시술, 마사지 지압, 온천욕, 해수욕, 다이어트, 노화 방지 등이 모두 의료 관광의 범주에 해당합니다.

疑难杂症 [yínán zázhèng] [명] 진단하기 어렵거나 치료하기 어려운 질병

推拿按摩 [tuīná ànmó] 지압 안마하다, 마사지하다

范畴 [fànchóu] [명] 범주, 범위

문제 2

请说说医疗观光产业。

의료 관광산업에 대해 말해 보세요.

医疗观光是能创造高附加值的产业。韩国2009 年5 月1 日起，施行
Yīliáo guānguāng shì néng chuàngzào gāofùjiāzhí de chǎnyè. Hánguó　nián yuè　rì qǐ,　shīxíng

修订的医疗法，把医疗观光事业作为国家新一代经济增长的动力产
xiūdìng de yīliáofǎ,　　bǎ yīliáo guānguāng shìyè zuòwéi guójiā xīn yí dài jīngjì zēngzhǎng de dònglì chǎn

业之一，大力提倡、扶持、加强、发展了这一产业。使医疗观光产业形
yè zhīyī,　　dàlì tíchàng,　　fúchí,　　jiāqiáng、fāzhǎn le zhè yī chǎnyè. Shǐ yīliáo guānguāng chǎnyè xíng

成了展望未来，大有潜力，大有前景的战略性的产业。
chéng le zhǎnwàng wèilái, dàyǒu qiánlì,　dàyǒu qiánjǐng de zhànlüèxìng de chǎnyè.

　　의료 관광은 고부가가치를 창출할 수 있는 산업입니다. 한국은 2009년 5월 1일부터 의료개정법의 시행으로 의료 관광 사업을 국가 차세대 신 성장동력 산업 중의 하나로 강력한 홍보와 지원·발전과 보강에 주력해 왔습니다. 한국의 의료 관광산업은 미래에 있어 무한한 잠재력과 전망 있는 전략적 산업으로 떠오르게 되었습니다.

문제 3

请说说韩国医疗观光的主要项目。

한국 의료 관광의 주요 아이템에 대해 말해 보세요.

疾病治疗、健康体检、整形美容。
Jíbìng zhìliáo、　　jiànkāng tǐjiǎn、　　zhěngxíng měiróng.

질환 치료, 건강 검진, 성형 미용

提倡 [tíchàng] [동] 제창하다

扶持 [fúchí] [동] 부축하다, 지지하다, 보살피다

请说说韩国医疗观光发达的原因。

한국의 의료 관광이 발달한 원인에 대해 말해 보세요.

韩国在东南亚与周边所有国家地理位置近，医疗技术发达。特
Hánguó zài dōngnányà yǔ zhōubiān suǒyǒu guójiā dìlǐ wèizhì jìn,　yīliáo jìshù fādá.　Tè

别是疾病治疗、整形美容技术上，与美国、日本等强国实力相当。因
bié shì jíbìng zhìliáo、　zhěngxíng měiróng jìshùshang, yǔ Měiguó、Rìběn děng qiángguó shílì xiāngdāng. Yīn

此，东南亚各国的医疗观光客，纷纷涌句韩国。尤其是来自世界最大
cǐ,　dōngnányà gèguó de yīliáo guānguāngkè,　fēnfēn yǒngxiàng Hánguó. Yóuqí shì láizì shìjiè zuì dà

的客源国中国的医疗观光客人数最多。
de kèyuánguó Zhōngguó de yīliáo guānguāng kèrén shù zuì dúō.

한국은 지리적으로 동남아에서 인근 모든 나라들과 가까운 거리에 위치하고 있으며, 의료 기술이 발달하여 특히 질환 치료와 성형 미용 기술은 미국·일본 등 강대국의 실력과 대등합니다. 그래서 동남아 의료 관광객들은 한국으로 줄줄이 몰려오고 있습니다. 더욱이 세계에서 가장 큰 관광객 송출국인 중국의 의료 관광객이 인원수가 가장 많습니다.

Medical tourism是?

메디컬 투어리즘이란?

是指医疗旅游。
Shì zhǐ yīliào lǚyóu.

의료 관광을 지칭합니다.

实力相当 [shílì xiāngdāng] 실력이 대등하다

韩国整形美容技术发达的原因之一是什么?

한국의 성형 미용 기술이 발달한 원인 중의 하나는 무엇입니까?

据专家分析说，韩国医生的手指灵敏度很高。东洋人较比西洋人
Jù zhuānjiā fēnxī shuō, Hánguó yīshēng de shǒuzhǐ língmǐndù hěn gāo.　Dōngyángrén jiàobǐ xīyángrén

皮质层厚，手术刀口深且大，相对的刀口缝制量也大而多。但是，美
pízhì céng hòu,　shǒushùdāokǒu shēn qiě dà,　xiāngduì de dāokǒu féngzhìliàng yě dà ér duō.　Dànshì,　Měi

国医生需做4小时的手术，韩国医生2个小时就能完成。这和韩国人
guó yīshēng xū zuò　xiǎoshí de shǒushù,　Hánguó yīshēng　gè xiǎoshí jiù néng wánchéng.　Zhè hé Hánguórén

长期使用细而发滑的不锈钢筷子有很大的关系。中国、日本都使用筷
chángqī shǐyòng xì ér fāhuá de búxiùgāng kuàizi yǒu hěn dà de guānxi.　Zhōngguó、Rìběn dōu shǐyòng kuài

子，但都是竹筷子、木筷子。所以，做高难度的手术，韩国医生的效率
zǐ,　dàn dōushì zhú kuàizǐ、　mù kuàizǐ.　Suǒyǐ, zuò gāo nándù de shǒushù,　Hánguó　yīshēng de xiàolù

是极高的。
shì jí gāo de.

　　전문가의 분석에 의하면 한국 의사의 손가락은 상당히 민감하다고 합니다. 동양인은 서양인보다 피질층이 두꺼워 수술 칼의 자국이 깊고 커서 상대적으로 꿰매야 할 수술 자국의 양도 만만치 않다고 합니다. 미국 의사가 4시간 시술이 소요된다면 한국 의사 시술은 2시간이면 완성된다고 합니다. 이는 한국인들이 장기간 가늘고 매끄러운 스테인리스강 젓가락 사용과 매우 큰 관계가 있다고 합니다. 중국과 일본도 젓가락을 사용하지만 모두 대나무나 나무 젓가락을 사용합니다. 그래서 난이도가 높은 시술에는 한국의 의사가 매우 효율적입니다.

生词 새단어

灵敏度 [língmǐndù] [명] 정밀도, 민감도

不锈钢 [búxiùgāng] [명] 스테인리스 강

请说说韩流与医疗观光的关系。

한류와 의료 관광의 관계에 대해 말해 보세요.

"韩流"直接推动了韩国医疗观光的热潮，给韩国的医疗观光

"Hánliú" zhíjiē tuīdòng le Hánguó yīliáo guānguāng de rècháo, gěi Hánguó de yīliáo guānguāng

业，注入了强大的活力。很有人气的韩国电子产品，使外国游客产生

yè, zhùrù le qiángdà de huólì. Hěn yǒu rénqì de Hánguó diànzǐ chǎnpǐn, shǐ wàiguó yóukè chǎnshēng

了对韩国各方面技术的信任感。韩国的明星艺人，成了外国人追求、

le duì Hánguó gè fāngmiàn jìshù de xìnrèngǎn. Hánguó de míngxīng yìrén, chéng le wàiguórén zhuī

崇尚的偶像。据说，很多中国游客带着李英爱，宋慧乔的照片，来接

qiú、chóngshàng de ǒuxiàng. Jùshuō, hěn duō Zhōngguó yóukè dàizhe Lǐ Yīng'ài, Sòng Huìqiáo de zhàopiàn, lái

受整容手术等。在台湾每个医院整形美容科，干脆挂牌宣传说"韩式

jiēshòu zhěngróng shǒushù děng. Zài Táiwān měi gè yīyuàn zhěngxíng měiróngkē, gāncuì guàpái xuānchuán shuō "hán

整容术"。

shì zhěngróngshù".

"한류"는 한국의 의료 관광 열풍을 일으킨 직접적인 요인입니다. 한국의 의료 관광업에 막강한 활력소를 불어넣었습니다. 매우 인기 있는 한국의 가전 제품은 외국 관광객들에게 한국의 다방면의 기술에 대한 신뢰를 갖게 하였습니다. 한국의 스타 연예인들은 외국인들이 추구하고 흠모하는 우상이 되었습니다. 전하는 바로는 매우 많은 중국 관광객들이 이영애, 송혜교의 사진을 지참해 와서 성형 시술 등을 받는다고 합니다. 대만 병원 성형 미용과에서는 아예 "한국식 성형술"이란 쇼카드를 내걸고 홍보를 한다고 합니다.

热潮 [rècháo] [명] 열풍, 붐

崇尚 [chóngshàng] [동] 숭상하다, 존중하다, 받들다

偶像 [ǒuxiàng] [명] 우상, 흠모를 받는 대상

请说说医疗观光同其他观光的差异点。

의료 관광과 기타 관광의 차이점에 대해 말해 보세요.

① 医疗观光的游客，比一般的游客在韩国逗留的期限长。
Yīliáo guānguāng de yóukè, bǐ yìbān de yóukè zài Hánguó dòuliú de qīxiàn cháng.

② 医疗观光的游客，比一般的游客家人、亲戚、朋友陪伴者一起
Yīliáo guānguāng de yóukè, bǐ yìbān de yóukè jiārén、 qīnqī、 péngyou péibànzhě yìqǐ

来的多。
lái de duō.

③ 医疗观光的游客，比一般的游客花销大。手术本身就是很贵
Yīliáo guānguāng de yóukè, bǐ yìbān de yóukè huāxiāo dà. Shǒushù běnshēn jiùshì hěn guì

的费用，术后主动要求购买最高档大量的护肤品等。
de fèiyòng, shùhòu zhǔdòng yāoqiú gòumǎi zuì gāodàng dàliàng de hùfūpǐn děng.

④ 医疗观光的游客，比一般的游客多次来韩国的几率高。
Yīliáo guānguāng de yóukè, bǐ yìbān de yóukè duōcì lái Hánguó de jǐlǜ gāo.

如，中国的医疗观光客，不动手术刀，用激光来接受防皱、去皱，
Rú, Zhōngguó de yīliáo guānguāngkè, bú dòng shǒushùdāo, yòng jīguāng lái jiēshòu fángzhòu、qùzhòu,

防衰老术，进行皮肤管理的人最多。但这样的手术一个月一次到六个
fángshuāi lǎoshù, jìnxíng pífū guǎnlǐ de rén zuìduō. Dàn zhèyàng de shǒushù yí ge yuè yí cì dào liù ge

月一次等，需要定期来进行。
yuè yí cì děng, xūyào dìngqī lái jìnxíng.

① 의료 관광객은 일반 관광객보다 한국에 머무르는 기간이 깁니다.

② 의료 관광객은 일반 관광객보다 가족 · 친척 · 친구 등 동행인과 함께 오는 경우가 많습니다.

③ 의료 관광객은 일반 관광객보다 소비를 많이 합니다. 수술 비용이 매우 비싼데 게다가 시술 후 고객은 또 피부 관리 용품을 최고급으로 대량 구매를 요청합니다.

④ 의료 관광객은 일반 관광객보다 한국을 여러 번 방문할 확률이 높습니다.

예를 들어 중국의 의료 관광객들은 수술칼을 대지 않고 레이저 시술로 주름 제거 · 주름 방지 · 노화 방지를 하며, 피부 관리를 하는 사람이 가장 많습니다. 이런 시술은 1개월에 1회에서 6개월에 1회씩 등 주기적 진행이 필요합니다.

生词 새단어

花销 [huāxiāo] [동] 소비하다, 소모하다

激光 [jīguāng] [명] 레이저(laser)

逗留 [dòuliú] [동] 머물다, 체류하다

在韩国遇到要求整形美容的观光客你会推荐哪儿?
한국에서 성형 미용을 원하는 관광객을 만난다면 어디를 추천하겠습니까?

我会推荐江南区的新沙洞，狎鸥亭洞等。江南区有两千（2300）
Wǒ huì tuījiàn Jiāngnán Qū de Xīnshā Dòng, Xiá'ōutíng Dòng děng. Jiāngnán Qū yǒu liǎng qiān

多家医院，其中在新沙洞和狎鸥亭洞的，整形外科、皮肤科就有数百
duō jiā yīyuàn, qízhōng zài Xīnshā Dòng hé Xiá'ōutíng Dòng de, zhěngxíng wàikē、pífūkē jiù yǒu shùbǎi

家（近500家）。狎鸥亭洞在韩国被称为"整形美容一条街"而闻名。周
jiā (jìn jiā). Xiá'ōutíng Dòng zài Hánguó bèi chēngwéi "zhěngxíng měiróng yì tiáo jiē" ér wénmíng. Zhōu

围还有会展中心，购物商城，宾馆，画廊，时装店，文化财等，观光基
wéi háiyǒu huìzhǎn zhōngxīn, gòuwù shāngchéng, bīnguǎn, huàláng, shízhuāngdiàn, wénhuàcái děng, guānguāng jī

础设施。照比其他市区，各方面具有非常优越的特点。
chǔ shèshī. Zhào bǐ qítā shìqū, gè fāngmiàn jùyǒu fēicháng yōuyuè de tèdiǎn.

除首尔我还会推荐釜山宜必思医院大酒店（釜山市中心宜必思
Chú Shǒu'ěr wǒ hái huì tuījiàn Fǔshān Yíbìsī yīyuàn dà jiǔdiàn (Fǔshān shìzhōngxīn Yíbìsī

大使酒店）。这是作为韩国第一家医院、酒店、商业设施等，融为一体
dàshǐ jiǔdiàn). Zhè shì zuòwéi Hánguó dì yī jiā yīyuàn、 jiǔdiàn、 shāngyè shèshī děng, róngwéi yìtǐ

的复合型的大楼，也受到了医疗观光客们的青睐。
de fùhéxíng de dàlóu, yě shòudào le yīliáo guānguāngkèmen de qīnglài.

　　저는 서울 강남구의 신사동과 압구정동을 추천하겠습니다. 강남구에는 2천(2300)여 개의 의원이 집중되어 있는데 그 중 신사동과 압구정동에 있는 성형외과·피부과는 수백(약 500) 곳이 있습니다. 한국에서는 "성형 미용의 거리"로 유명합니다. 주변에 있는 컨벤션·쇼핑·숙박·갤러리·패션·문화재 등 문화 관광에 대한 인프라가 다른 지역들에 비해 다방면에서 월등한 장점을 지니고 있습니다.

　　그리고 서울 외에 저는 또 부산의 이비스 병원 호텔(이비스 앰배서더 부산 씨티 센터)을 소개하겠습니다. 이는 국내 최초로 병원·호텔·상업 시설 등으로 융합된 복합 빌딩으로 역시 의료 관광객들의 각광을 받고 있습니다.

基础设施 [jīchǔ shèshī] [명] 인프라, 경제 활동의 기반을 형성하는 기초적인 시설들
优越 [yōuyuè] [형] 우월하다, 뛰어나다

请说说韩国的医疗观光费用。

한국의 의료 관광 비용에 대해 말해 보세요.

韩国的医疗观光费用（价格），较比其他国家便宜。据说美国的
Hánguó de yīliáo guānguāng fèiyòng (jiàgé), jiàobǐ qítā guójiā piányi. Jùshuō Měiguó de

医疗观光费用是韩国的五倍。邻国日本的费用也比韩国高几倍。
yīliáo guānguāng fèiyòng shì Hánguó de wǔ bèi. Línguó Rìběn de fèiyòng yě bǐ Hánguó gāo jǐ bèi.

한국의 의료 관광 비용(가격)은 다른 나라에 비해 저렴합니다. 미국의 의료 관광 비용은 한국의 5배라고 합니다.
이웃 나라 일본의 비용도 한국보다 몇 배는 높습니다.

请说说梅尔斯(MERS)。

메르스(MERS)에 대해 말해 보세요.

梅尔斯（MERS）病毒，比非典（SARS）致人死亡率高6倍左右。最
Méi'ěrsī bìngdú, bǐ fēidiǎn zhìrén sǐwánglù gāo bèi zuǒyòu. Zuì

初发生在中东地区的沙特阿拉伯半岛。被命名为MERS（中东呼吸综
chū fāshēng zài Zhōngdōng dìqū de Shātè'ālābó bàndǎo. Bèi mìngmíng wéi (Zhōngdōng hūxī zǒng

合症冠状病毒）。
hé zhèngguànzhuàng bìngdú).

因此，预防比什么都重要。要常洗手，有症状时，赶紧去医院诊
Yīncǐ, yùfáng bǐ shénme dōu zhòngyào. Yào cháng xǐshǒu, yǒu zhèngzhuàng shí, gǎnjǐn qù yīyuàn zhěn

治。咳嗽、打喷嚏时，用手纸或衣袖挡住嘴和鼻子，或一定要戴口罩
zhì. Késou、dǎ pēntì shí, yòng shǒuzhǐ huò yīxiù dǎngzhù zuǐ hé bízi, huò yídìng yào dài kǒuzhào

等。要遵守一般的传染病预防守则。
děng. Yào zūnshǒu yìbān de chuánrǎnbìng yùfáng shǒuzé.

메르스(MERS) 바이러스는 사스(SARS)보다 치사율이 6배 가량 높습니다. 중동 지역의 아라비아 반도에
서 최초로 발생하여 MERS(중동 호흡기 증후군)로 명명되었습니다.

그래서, 무엇보다 예방이 중요합니다. 손 자주 씻기, 증상이 있을 시 신속히 병원에 가서 진찰과 치료를 받
고, 기침·재채기 시, 휴지나 소매로 입과 코를 가리거나 반드시 마스크를 착용해야 합니다. 일반적인 전염병
예방 수칙을 준수하여야 합니다.

请说说Coordinator。

코디네이터에 대해 말해 보세요.

Coordinator 是指协调服务专员。在医疗界，叫医疗协调服务专员。
shì zhǐ xiétiáo fúwù zhuānyuán. Zài yīliáojiè, jiào yīliáo xiétiáo fúwù zhuānyuán.

医疗Coordinator 履修一定的教育课程后，要具有相当水平的医疗
Yīliáo lǔxiū yídìng de jiàoyù kèchéng hòu, yào jùyǒu xiāngdāng shuǐpíng de yīliáo

知识和精通所从事专业的外语能力。要起到一个医疗观光客和医务
zhīshí hé jīngtōng suǒ cóngshì zhuānyè de wàiyǔ nénglì. Yào qǐdào yí gè yīliáo guānguāngkè hé yīwù

人员间沟通上的桥梁、纽带、媒介作用。使其观光客和医院双方交往
rényuán jiān gōutōngshàng de qiáoliáng、niǔdài、méijiè zuòyòng. Shǐ qí guānguāngkè hé yīyuàn shuāngfāng jiāowǎng

达到互动、理解、流畅、圆满。
dádào hùdòng、 lǐjiě、 liúchàng、yuánmǎn.

코디네이터(Coordinator)는 서비스 조율 전문 요원을 말합니다. 의료계에서는 의료서비스 조율 전문 요원이라고 합니다. 의료 코디네이터는 일정한 교육 과목을 이수 후, 상당 수준의 의료 지식과 종사하는 업무에 대해 능통한 외국어 실력을 갖춰야 합니다. 의료 관광객과 병원 종사자들 사이어서 의사 소통이 이루어지게끔 하는 가교와 유대·매체의 역할을 해야 합니다. 의료 관광객과 병원 간 양측의 상호 작용·이해력·원활한 소통·원만한 공감대를 형성할 수 있도록 해야 합니다.

生词 새단어

沟通 [gōutōng] [동] 교류하다, 소통하다

纽带 [niǔdài] [명] 유대, 연결 고리, 연결체

媒介 [méijiè] [명] 매개자, 매체

互动 [hùdòng] [동] 상호 작용하다, 서로 영향을 주다

(8) 람사르 습지와 슬로시티

请说说拉姆萨尔公约。

람사르 협약에 대해 말해 보세요.

1971 年 2 月，在伊朗的拉姆萨尔（Ramsar）召开了"湿地及水禽保护
nián yuè, zài Yīlǎng de Lāmǔsà'ěr zhàokāi le "Shīdì jí shuǐqín bǎohù

国际会议"，会上通过了根据会议内容制定的公约，简称《拉姆萨尔
guójì huìyì", huìshang tōngguò le gēnjù huìyì nèiróng zhìdìng de gōngyuē, jiǎnchēng《Lāmǔsà'ěr

公约》。
gōngyuē》.

《拉姆萨尔公约》于 1975 年 12 月 21 日起生效，规定每 3 年召开一
《Lāmǔsà'ěr gōngyuē》 yú nián yuè rì qǐ shēngxiào, guīdìng měi nián zhàokāi yí

次缔约国会议。目前有一百多（160 多）个国家缔约，加入了这个组
cì dìyuēguó huìyì. Mùqián yǒu yì bǎi duō （duō） gè guójiā dìyuē, jiārù le zhè ge zǔ

织。
zhī.

韩国是 1997 年 3 月注册江原道大岩山龙沼泽的时候，加入了该组
Hánguó shì nián yuè zhùcè Jiāngyuán Dào Dàyán Shān Lóng zhǎozé de shíhou, jiārù le gāi zǔ

织。
zhī.

1971년 2월 이란의 람사르(Ramsar)에서 "습지 및 물새 브호 국제회의"가 열렸는데, 회의 내용에 의해 제정 통과한 협약을 《람사르 협약》이라고 칭합니다.

《람사르 협약》은 1975년 12월 21일부터 유효하며, 매 3년에 1회씩 회원국 회의를 개최합니다. 현재 백여(160여)개 나라가 조약을 맺고 이 기구에 가입하였습니다.

한국은 1997년 3월 강원도 대암산 용늪을 람사르 습지로 등록하면서 본 기구에 가입하였습니다.

生词 새단어

公约 [gōngyuē] [명] 공약, (기관이나 단체의) 규칙

沼泽 [zhǎozé] [명] 소택, 늪

注册 [zhùcè] [동] (주관 기관·학교 등에) 등록하다, 등기하다

请说说世界五大海岸湿地。

세계 5대 해안 습지에 대해 말해 보세요.

南美洲北部的亚马逊河口，美国东部乔治亚海岸，北海沿岸，加
Nánměizhōu běibù de Yàmǎxùn hékǒu,　Měiguó dōngbù Qiáozhìyà hǎi'àn,　Běihǎi yán'àn,　Jiā

拿大东部海岸，韩国的顺天湾。
nádà dōngbù hǎi'àn,　Hánguó de Shùntiānwān.

남미주 북부의 아마존 하구 · 미국 동부 조지아 해안 · 북해 연안 · 캐나다 동부 해안 · 한국의 순천만

韩国最早注册为拉姆萨尔的沿岸湿地是?

한국에서 최초로 람사르에 등록된 연안 습지는?

韩国全罗南道顺天湾2006 年1 月20 日，最早注册为拉姆萨尔的沿
Hánguó Quánluónán dào Shùntiānwān　nián　yuè　rì, zuì zǎo zhùcè wéi Lāmǔsà'ěr gōngyuē de yán

岸湿地。
àn shīdì.

한국의 전라남도 순천만은 2006년 1월 20일 최초로 람사르에 등록된 연안 습지입니다.

韩国被拉姆萨尔组织指定为湿地的有?

한국에서 람사르에 의해 지정된 습지는?

江原道麟蹄郡大岩山龙沼泽1997
Jiāngyuán Dào Líntí Jùn Dàyán Shān Lóng zhǎozé

庆南昌宁郡昌宁邑牛浦沼泽1998
Qìngnán Chāngníng Jùn Chāngníng Yì Niúpǔ zhǎozé

全南新安郡黑山面长岛里新安长岛湿地2005
Quánnán Xīn'ān Jùn Hēishān Miàn Chángdǎo Lǐ Xīn'ān chángdǎo shīdì

全南顺天湾湿地2006
Quánnán Shùntiānwān shīdì

济州西归浦勿永我里岳湿地2006
Jìzhōu Xīguīpǔ Wùyǒngwǒ Lǐ Yuè shīdì

蔚山蔚州郡舞祭峙湿地2007
Wèishān Wèizhōu Jùn Wǔjìzhì shīdì

忠南泰安郡斗雄岛湿地2007
Zhōngnán Tài'ān Jùn Dǒuxióngdǎo shīdì

全南务安郡务安沼泽2008
Quánnán Wù'ān Jùn Wù'ān zhǎozé

仁川江华岛梅花干湿地2008
Rénchuān Jiānghuádǎo Méihuāgān shīdì

江原道五台山国立公园湿地2008
Jiāngyuán Dào Wǔtái Shān guólì gōngyuán shīdì

济州水长兀湿地2008
Jìzhōu Shuǐchángwū shīdì

济州汉拿山1100高地湿地2009
Jìzhōu Hànná Shān gāodì shīdì

忠南舒川沼泽2009
Zhōngnán Shūchuān zhǎozé

全北高敞扶安沼泽2010
Quánběi Gāochǎng Fú'ān zhǎozé

济州朝天邑东柏东山湿地2011
Jìzhōu Cháotiānyì Dōngbǎidōngshān shīdì

全北高敞郡云谷湿地 2011
Quánběi Gāochǎng Jùn Yúngǔ shīdì

全南新安郡曾岛沼泽 2011
Quánnán Xīn'ān Jùn Zēngdǎo zhǎozé

首尔永登浦区汝矣岛的栗岛 2012
Shǒu'ěr Yǒngdēngpǔ Qū Rǔyǐdǎo de Lìdǎo

仁川松岛沼泽 2014
Rénchuān Sōngdǎo zhǎozé

济州藏水旷野 2015
Jìzhōu cáng shuǐkuàngyě

江原道韩半岛湿地 2015
Jiāngyuán Dào hánbàndǎo shīdì

1997 강원도 인제군 대암산 용늪

1998 경남 창녕군 창녕읍 우포늪

2005 전남 신안군 흑산면 장도리 신안 장도 습지

2006 전남 순천만 습지

2006 제주 서귀포 물영아리 습지

2007 울산 울주군 무제치늪 습지

2007 충남 태안군 두웅 섬 습지

2008 전남 무안군 무안 갯벌

2008 인천 강화도 매화 마름 습지

2008 강원도 오대산 국립공원 습지

2008 제주 물장오리 습지

2009 제주 한라산 1100 고지 습지

2009 충남 서천 갯벌

2010 전북 고창 부안 갯벌

2011 제주 조천읍 동백 동산 습지

2011 전북 고창군 운곡 습지

2011 전북 신안군 증도 갯벌

2012 서울 영등포구 여의도 밤섬

2014 인천 송도 갯벌

2015 제주 숨은 물 뱅듸

2015 강원 한반도 습지

请说说顺天湾。

순천만에 대해 말해 보세요.

全南顺天湾有着长达八千年的历史。是世界上罕见的、保存最完
Quánnán Shùntiānwān yǒuzhe chángdá bā qiān nián də lìshǐ. Shì shìjièshàng hǎnjiàn de、bǎocún zuì wán

整的世界五大沿岸湿地之一。
zhěng de shìjiè wǔ dà yán'àn shīdì zhīyī.

这里栖息生长着多种动植物。其中，白头鹤鸟类就有200多种，
Zhèli qīxī shēngzhǎngzhe duō zhǒng dòngzhíwù. Qízhōng, báitóuhè niǎolèi jiù yǒu   duō zhǒng,

盐土植物有180多种。每当春天来临的时候，顺天湾仿佛是一座巨大
yántǔ zhíwù yǒu   duō zhǒng. Měi dāng chūntiān láilˊn de shíhou,   Shùntiānwān fǎngfú shì yí zuò jùdà

的花园，将大自然的奇妙与瑰丽展露无遗。
de huāyuán,   jiāng dàzìrán de qímiào yǔ guīlì zhǎnlù wúyí.

顺天湾是2006年在韩国沿岸湿地中，第一个被注册为拉姆萨尔
Shùntiānwān shì   nián Hánguó yán'àn shīdì zhōng,   dì yī gè bèi zhùcèwéi Lāmǔsà'ěr

公约的沿岸湿地。2008年被韩国文化财厅指定为名胜第41号，2013年
gōngyuē de yán'àn shīdì.   nián bèi Hánguó wénhuàcáitīng zhǐdìngwéi míngshèng dì hào,   nián

4月在这里召开过"国际庭园博览会"。
yuè zài zhèli zhàokāiguò   "guójì tíngyuánbólǎnhuì".

2015年被韩国政府指定为"国家级庭院、园林第一号"。
nián bèi Hánguó zhèngfǔ zhǐdìngwéi "guójiā jí tíngyuàn、yuánlín dì yī hào".

罕见 [hǎnjiàn] [형] 보기 드물다, 희한하다

展露 [zhǎnlù] [동] 나타내다, 드러나다

无遗 [wúyí] [형] 남김이 없다, 조금도 남기지 않다

瑰丽 [guīlì] [형] 놀랄 만큼 아름답다, 비할 데 없이 아름답다

전남의 순천만은 8천 년의 역사를 지니고 있습니다. 세계적으로 보기 드물고 가장 잘 보존되어 있는 세계 5대 연안 습지 중의 한 곳입니다.

이곳에는 다양한 동ㆍ식물들이 서식하고 있습니다. 그 중 백두루미 조류는 200여 종, 염화 토양 식물은 180여 종에 달합니다. 봄이 다가오면 순천만은 하나의 거대한 화원을 방불케 하고 대자연의 기묘함과 수려함을 만끽하며 선보입니다.

2006년 최초로 우리 나라 연안 습지 중 람사르 협약에 등록되었고, 2008년엔 문화재청에 의해 명승 제41호로 지정되었으며, 2013년 4월에는 이곳에서 "국제 정원박람회"를 개최하였습니다.

2015년 한국 정부에 의해 "국가급 정원ㆍ원림1호"로 지정되었습니다.

请说说慢城。

슬로시티에 대해 말해 보세요.

慢城（Slowcity）是人口不超过五万人的城市里，保护好传统文
Mànchéng　　　　　　shì rénkǒu bù chāoguò wǔ wàn rén de chéngshìli, bǎohùhǎo chuántǒng wén

化和无公害的自然环境，返璞归真，回归自由自在从前的农耕时代，
huà hé wúgōnghài de zìrán huánjìng,　fǎnpúguīzhēn,　huíguī zìyóuzìzài zài cóngqián de nónggēng shídài,

追求放慢生活节奏的前提下求发展的，新的生活模式的国际性的运
zhuīqiú fàngmàn shēnghuó jiézòu de qiántí xià qiú fāzhǎn de,　xīn de shēnghuó móshì de guójìxìng de yùn

动。
dòng.

슬로시티(Slowcity)는 인구가 5만 명 이하의 도시에서 전통 문화와 무공해 자연환경을 잘 보호하면서 본연의 모습으로 자유로운 옛 농경 시대로 돌아가 삶의 리듬을 느리게 하는 전제 하에서 발전하며, 새로운 생활 패턴을 추구하는 국제적인 운동입니다.

返璞归真 [fǎnpúguīzhēn] [성] (모든 가식적 태도를 버리고) 애초의 순수함과 순박함으로 돌아가다
节奏 [jiézòu] [명] 리듬, 순서
模式 [móshì] [명] 패턴, 유형

请说说慢城运动是怎么发起的。

슬로시티 운동이 어떻게 일어났는지 말해 보세요.

"慢城运动"是1999年意大利的小城市发起的。反污染、反噪音、
"Mànchéng yùndòng" shì nián Yìdàlì de xiǎochéngshì fāqǐ de. Fǎn wūrǎn、fǎn zàoyīn、

主张汽车不准开进市区，提倡骑自行车，拒绝世界快餐品牌麦当劳的
zhǔzhāng qìchē bù zhǔn kāijìn shìqū， tíchàng qí zìxíngchē， jùjué shìjiè kuàicān pǐnpái Màidāngláo de

进入，学校午餐主张供应当地的有机食物，保持长期以来人们午睡的
jìnrù， xuéxiào wǔcān zhǔzhāng gòngyīng dāngdì de yǒujī shíwù， bǎochí chángqī yǐlái rénmen wǔshuì de

传统习惯等。是在保持原有好习惯的前提下求发展的运动。从1999年
chuántǒng xíguàn děng. Shì zài bǎochí yuányǒu hǎo xíguàn de qiántí xià qiú fāzhǎn de yùndòng. Cóng nián

发起慢城运动到2013年，全球27个国家已有146个城市加入了"慢城
fāqǐ mànchéng yùndòng dào nián, quánqiú gè guójiā yǐ yǒu gè chéngshì jiārù le "mànchéng

运动"。
yùndòng".

　　"슬로시티 운동"은 1999년에 이탈리아의 소도시에서 일어났습니다. 오염과 소음을 반대하고, 자동차의 시내 진입을 금지하고, 자전거 타기를 제창하며, 세계 패스트푸드의 브랜드 맥도날드의 진입을 막고, 학교의 점심 급식은 현지 유기농 식품의 공급을 주장하고, 오래된 전통으로 점심에 수면하는 습관 지키기 등 기존에 좋은 습관을 유지하는 전제하에서 발전을 추구하는 운동입니다. 1999년에 일어난 "슬로시티 운동"은 2013년까지 글로벌 27개 나라, 146개 도시가 이미 참여하고 있습니다.

麦当劳 [màidāngláo] 맥도날드(햄버거 프랜차이즈)

世界上第一个慢城是哪儿?

세계 최초의 슬로시티는 어디입니까?

世界上第一个慢城是意大利的奥维托市（Orvieto）。
Shìjièshàng dì yī gè mànchéng shì Yìdàlì de Àowéituō shì.

세계 최초의 슬로시티는 이탈리아의 오르비에토(Orvieto)시입니다.

在韩国及亚洲最早被指定为"慢城"区的有哪儿?

한국 및 아시아에서 최초의 "슬로시티"로 지정된 곳은 어디입니까?

通过慢城国际联盟的实地调查，2007 年12 月1 日，在韩国和亚洲
Tōngguò mànchéng guójì liánméng de shídì diàochá,　　　nián　yuè　rì,　zài Hánguó hé yàzhōu

最早被指定为"慢城"区的有，全南潭阳郡昌平面，全南莞岛郡青山
zuì zǎo bèi zhǐdìngwéi "mànchéng" qū de yǒu, Quánnán Tányáng Jùn Chāngpíng Miàn, Quánnán Wǎndǎo Jùn Qīngshān

岛，全南新安郡曾岛面，全南长兴郡有治面。目前韩国"慢城"区有10
dǎo, Quánnán Xīn'ān Jùn Zēngdǎo Miàn, Quánnán Chángxīng Jùn Yǒuzhì Miàn. Mùqián Hánguó "mànchéng" qū yǒu

多处。
duō chù.

"슬로시티" 국제 연맹의 실사를 거쳐 2007년 12월 1일에 한국과 아시아에서 최초의 "슬로시티"로 지정된 곳은 전남 담양군 창평면·전남 완도군 청산도·전남 신안군 증도면·전남 장흥군 유치면입니다. 현재 한국의 슬로시티 지역은 10여 곳입니다.

潭阳郡昌平面 [Tányán Jùn chāngpíng Miàn] 담양군 창평면. 농촌 지역으로 예로부터 농사 짓기 좋은 곡창지대였다.

제1장 면접 예상 문제

(9) 제주도

请简单地介绍济州岛。

제주도에 대해 간략하게 소개해 보세요.

济州岛是韩国的特别自治道，是韩国最大的岛屿。面积1800 多
Jìzhōudǎo shì Hánguó de tèbié zìzhìdào, shì Hánguó zuìdà de dǎoyǔ. Miànjī duō

平方公里（㎢），人口约56 万多人。是韩国的世界自然遗产区，也是世
píngfāng gōnglǐ, rénkǒu yuē wàn duō rén. Shì Hánguó de shìjiè zìrán yíchǎnqū, yě shì shì

界新七大自然景观之一。是韩国的第一南国风光，素有"韩国的夏威
jiè xīn qī dà zìrán jǐngguān zhīyī. Shì Hánguó de dì yī nánguó fēngguāng, sù yǒu "Hánguó de Xiàwēi

夷"之称。120 万年前火山爆发而形成的典型的火山岛。岛上分布着
yí" zhī chēng. wàn nián qián huǒshān bàofā ér xíngchéng de diǎnxíng de huǒshāndǎo. Dǎoshàng fēnbùzhe

360 多座寄生火山（也叫侧火山）。岛中央有韩国的最高峰—汉拿山，
duō zuò jìshēng huǒshān (yě jiào cèhuǒshān). Dǎo zhōngyāng yǒu Hánguó de zuì gāofēng – Hànná Shān,

海拔1950 米。济州岛不仅具有海岛独特的秀丽风光，而且有"白鹿
hǎibá mǐ. Jìzhōudǎo bùjǐn jùyǒu hǎidǎo dútè de xiùlì fēngguāng, érqiě yǒu "Báilù

潭"、"济州历史神话"等美丽的传说，还具有古耽罗国特别的民俗文
tán"、 "Jìzhōu lìshǐ shénhuà" děng měilì de chuánshuō, hái jùyǒu gǔ Dānluóguó tèbié de mínsú wén

化。
huà.

제주도는 한국의 특별자치도이고, 한국에서 가장 큰 섬 입니다. 면적은 1,800여 ㎢이고 인구는 약 56만여 명입니다. 한국의 세계 자연 유산 지역이고 또한 세계 7대 자연경관 중 한 곳입니다. 한국에서 으뜸으로 가는 남국의 경치로 "한국의 하와이"라는 명칭을 지니고 있습니다. 제주도는 120만년 전 화산 폭발로 형성된 전형적인 화산섬으로 360여 개의 기생화산(측 화산이라고도 함)이 분포되어 있습니다. 섬 중앙에는 한국의 최고봉인 — 해발 1,950m인 한라산이 있습니다. 제주도는 섬의 독특하고 수려한 풍경이 있을 뿐만 아니라 "백록담"·"제주 역사 신화"와 같은 아름다운 전설도 있고 또 고대 탐라국의 특이한 민속 문화도 있습니다.

夏威夷 [Xiàwēiyí] [명] 하와이 – 북태평양 상에 있는 미국의 하와이 주

寄生火山 [jìshēng huǒshān] 큰 화산의 옆에 붙어서 생긴 작은 화산. 제주도에서는 '오름, 악, 봉' 등으로 불린다.

耽罗国 [Dānluóguó] [명] 탐라국 제주도의 옛 이름

济州岛被国内外政府机构所指定并授予的项目、称号有?

국내외 정부 기구에 의해 지정된 제주도의 항목 및 칭호는?

1970 年被韩国政府指定为汉拿山国立公园；
nián bèi Hánguó zhèngfǔ zhǐdìngwéi Hànná Shān guó ì gōngyuán;

2002 年被联合国教科文组织指定为生物圈保护区；
nián bèi Liánhéguó jiàokēwén zǔzhī zhǐdìngwéi shēngwùquān bǎohùqū;

2007 年被联合国教科文组织指定为世界自然遗产区；
nián bèi Liánhéguó jiàokēwén zǔzhī zhǐdìngwéi Shìjiè zìrán yíchǎnqū;

2008 年被国际拉姆萨尔公约组织注册为拉姆萨尔湿地（水长兀火山
nián bèi guójì Lāmǔsà'ěr gōngyuē zǔzhī zhùcèwéi Lāmǔsà'ěr shīdì   (shuǐchángwū huǒshān

口湿地）；
kǒu shīdì);

2010 年被联合国教科文组织指定为世界地质公园；
nián bèi Liánhéguó jiàokēwén zǔzhī zhǐdìngwéi shìjiè dìzhì gōngyuán;

2011 年被世界新七大奇迹基金会评选为，世界新七大自然景观；
nián bèi shìjiè xīn qī dà qíjì jījīnhuì píngxuǎnwéi,   shìjiè xīn qī dà zìrán jǐngguān.

2016 年被联合国教科文组织指定济州海女文化为世界无形文化遗
nián bèi Liánhéguó jiàokēwén zǔzhī zhǐdìng Jìzhōu hǎ nǚ wénhuà wéi shìjiè wúxíng wénhuà yí

产。
chǎn.

1970년 한국 정부에 의해 국립공원으로 지정됨;

2002년 유네스코에 의해 생물권 보전 지역으로 지정됨;

2007년 유네스코에 의해 세계 자연 유산으로 지정됨;

2008년 국제 람사르협약 기구에 의해 람사르 습지(물장오리 화산구 습지)로 지정됨;

2010년 유네스코에 의해 세계 지질공원으로 지정됨;

2011년 뉴 세븐 원더스 재단에 의해 세계 7대 자연경관으로 선정됨;

2016년 유네스코에 의해 제주 해녀 문화가 세계 무형 문화 유산으로 지정됨.

문제 3

济州岛7种主题是?

제주도의 7가지 테마는?

济州岛是世界唯一具有七种主题的自然景观区。7 个主题是岛
Jìzhōudǎo shì shìjiè wéiyī jùyǒu qī zhǒng zhǔtí de zìrán jǐngguānqū.　　　　ge zhǔtí shì dǎo

屿、火山、瀑布、海岸、国立公园、洞窟、丛林。
yǔ、　huǒshān、pùbù、　hǎi'àn、　guólì gōngyuán、dòngkū、cónglín.

제주도는 세계에서 유일하게 7가지 테마를 갖추고 있는 경관 지역입니다. 7가지 테마는 섬·화산·폭포·해변·
국립 공원·동굴·숲입니다.

문제 4

请说说济州岛的象征物。

제주도의 상징물에 대해 말해 보세요.

金达莱花、樟树、五色啄木鸟、蓝色。
Jīndáláihuā、　　zhāngshù、wǔsè zhuómùniǎo、lánsè.

참꽃·녹나무·오색 딱따구리·파란색

请说说济州岛的（神话）历史。

제주도의 (신화) 역사에 대해 말해 보세요.

济州岛的历史，通过出土的青铜器、铁器时代的遗物，如，打制
Jìzhōudǎo de lìshǐ, tōngguò chūtǔ de qīngtóngqì、 tiěqì shídài de yíwù, rú, dǎzhì

石器、磨制石器、土器等，可以追溯到石器时代。还通过支石墓、瓮
shíqì、 mózhì shíqì、 tǔqì děng, kěyǐ zhuīsùdào shíqì shídài. Hái tōngguò zhīshímù、 wèng

棺墓可以知道当时的人是在洞穴或岩窟中居住。
guānmù kěyǐ zhīdào dāngshí de rén shì zài dòngxué huò yánkū zhōng jūzhù.

还通过济州岛的"三姓神话"可知，济州岛是个"神话之岛"。据
Hái tōngguò Jìzhōudǎo de "sānxìng shénhuà" kě zhī, Jìzhōudǎo shì ge "shénhuà zhī dǎo". Jù

说太古时候，有叫"高乙那"，"良乙那"，"夫乙那"的三位仙人，从
shuō tàigǔ shíhou, yǒu jiào "Gāoyǐnà", "Liángyǐnà", "Fūyǐnà" de sān wèi xiānrén, cóng

汉拿山北面"毛兴穴"（现在叫三姓穴）中脱颖而出。他们穿上皮衣，
Hànná Shān běimiàn "Máoxīngxué" (xiànzài jiào sānxìngxué) zhōng tuōyǐng'érchū. Tāmen chuānshàng píyī,

打猎为生。后来他们遇上了带着牛马和五谷种子，从东海碧浪国乘木
dǎliè wéishēng. Hòulái tāmen yùshàng le dàizhe niúmǎ hé wǔgǔ zhǒngzi, cóng Dōnghǎi bìlàngguó chéng mù

舟而来的三位公主。这三位仙人就和这三位公主结了婚，之后建立村
zhōu ér lái de sān wèi gōngzhǔ. Zhè sān wèi xiānrén jiù hé zhè sān wèi gōngzhǔ jié le hūn, zhīhòu jiànlì cūn

落，开始长期生活。济州著名的景点"三姓穴"，就是关于这个神话的
luò, kāishǐ chángqī shēnghuó. Jìzhōu zhùmíng de jǐngdiǎn "Sānxìngxué", jiùshì guānyú zhè ge shénhuà de

历史遗迹。
lìshǐ yíjì.

据说三国时期济州已被称为"耽罗"的古代国家，高丽高宗时才
Jùshuō sānguó shíqī Jìzhōu yǐ bèi chēngwéi "Dānluó' de gǔdài guójiā, Gāolí Gāozōng shí cái

改称"济州"。
gǎichēng "Jìzhōu".

　　제주도의 역사는 출토된 청동기와 철기 시대 유물, 예를 들면 타제석기·마제석기·토기 등을 통해 석기 시대까지 거슬러 올라가 볼 수 있습니다. 고인돌·옹관묘를 통해서도 당시 사람들이 동굴 혹은 바위굴에서 거주하였음을 알 수 있습니다.

　　제주 "삼성신화"로 보면 제주도는 "신화의 섬"입니다. 전설에 의하면 태고 시대에 "고을나", "양을나", "부을나"라는 삼신이 한라산 북측 "모흥혈"(현재는 삼성혈이라 함)에서 솟아 났다고 합니다. 그들은 가죽 옷을 입고 수렵으로 생계를 유지하였으며, 훗날 그들은 우마와 오곡 종자를 싣고 동해 벽랑국에서 나무 쪽배를 타고 온 삼공주와 만나게 되었습니다. 삼신은 삼공주와 결혼해 마을을 꾸려 오랫동안 생활하기 시작하였습니다. 제주의 유명한 명소인 "삼성혈"이 바로 이 신화와 관련된 역사 유적입니다.

　　전하는 말에는 삼국 시대에 제주는 이미 "탐라"로 칭하는 고대 국가였으며, 고려 시대의 고종 때에 비로소 "제주"로 개칭하였다고 합니다.

追溯 [zhuīsù] [동] 거슬러 올라가다

脱颖而出 [tuōyǐng'érchū] [성] 물건을 뚫고 나오다, 솟아나다

高丽高宗 [Gāolì Gāozōng] [명] 고려 고종(고려 23대 왕으로 재위 기간은 1213~1259년이다)

请说说济州岛的古称(曾用名)。

제주도의 옛 명칭을 말해 보세요.

济州岛古时候被称为岛夷、东瀛州、涉罗、耽牟罗、乇罗、耽罗
Jìzhōudǎo gǔ shíhou bèi chēngwéi Dǎoyí、　Dōngyíngzhōu、Shèluó、Dānmóuluó、Tuōluó、　Dānluó

等。这里除了"东瀛州"以外，其余都是岛国的意思。
děng. zhèli chúle　　"Dōngyíngzhōu" yǐwài,　qíyú dōushì dǎoguó de yìsi.

제주도의 고대 명칭은 도이, 동영주, 섭라, 탐모라, 탁라, 탐라 등이었습니다. 여기에서 "동영주"를 제외하고는 모두 섬나라라는 뜻입니다.

济州三大瀑布是?

제주의 3대 폭포는?

正房瀑布、天帝渊瀑布、天池渊瀑布。
Zhèngfáng pùbù、Tiāndìyuān pùbù、　Tiānchíyuān pùbù.

정방 폭포, 천제연 폭포, 천지연 폭포

东瀛州 [Dōngyíngzhōu] 제주도의 옛 별호.《동국세기(東國世紀)》에는 금강산을 봉래산, 지리산을 방장산, 한라산을 영주산
이라고 하였다.

请说说济州岛的三多、三无、三宝、三丽。

제주도의 3다 · 3무 · 3보 · 3려에 대해 말해 보세요.

三多: 石头多, 风多, 女人多;
sān duō: shítou duō, fēng duō, nǚrén duō;

三无: 无小偷, 无乞丐, 本岛民宅没有门;
sān wú: wú xiǎotōu, wú qǐgài, běndǎo mínzhái méiyǒu mén;

三宝: 自然, 民俗, 土著产业;
sān bǎo: zìrán, mínsú, tǔzhù chǎnyè;

特殊作物, 水产, 观光;
tèshū zuòwù, shuǐchǎn, guānguāng;

(注: 三宝有两种说法, 请任选一)。
(zhù: sān bǎo yǒu liǎng zhǒng shuōfǎ, qǐng rèn xuǎn yī).

三丽: 热情待人, 秀丽的景观, 奇特的产业结构。
sān lì: rèqíng dàirén, xiùlì de jǐngguān, qítè de chǎnyè jiégòu.

3다: 돌 · 바람 · 여자가 많다

3무: 도둑 · 거지 · 대문이 없다

3보: 자연 · 민속 · 토착산업

특수 작물 · 수산 · 관광

(참고: 3보는 2중 설이 있음. 임의로 하나를 택하세요.)

3려: 따뜻한 인심 · 아름다운 자연 · 특이한 산업 구조

土著产业 [tǔzhù chǎnyè] [명] 대를 이어서 하는 산업

请介绍济州岛的海女。

제주도의 해녀에 대해 소개해 보세요.

海女是济州岛一道亮丽的风景线，她们吹着响亮的口哨，仅仅依
Hǎinǚ shì Jìzhōudǎo yí dào liànglì de fēngjǐngxiàn, tāmen chuīzhe xiǎngliàng de kǒushào, jǐnjǐn yī

靠绑在浮漂上的绳子，就可钻入20米深的海底，捕捉黏附在海底岩石
kào bǎng zài fúpiāoshàng de shéngzi, jiù kě zuānrù mǐ shēn de hǎidǐ, bǔzhuō niánfù zài hǎidǐ yánshí

上的鲍鱼、海螺等海产品。绝大多数海女是50岁以上，年龄最大的还
shàng de bàoyú、hǎiluó děng hǎichǎnpǐn。Juédà duōshù hǎinǚ shì suì yǐshàng, niánlíng zuìdà de hái

有91岁的，走路都有些蹒跚而行的样子，但进水里就像一条矫健灵活
yǒu suì de, zǒulù dōu yǒuxiē pánshān ér xíng de yàngzi, dàn jìn shuǐlǐ jiù xiàng yí tiáo jiǎojiàn línghuó

的鱼儿。对她们来讲离开大海，就像离开水的鱼儿一样。因此，生活
de yúr。Duì tāmen láijiǎng lí kāi dàhǎi, jiù xiàng lí kāi shuǐ de yúr yíyàng。Yīncǐ, shēnghuó

一天，她们就要做一天海女。
yì tiān, tāmen jiùyào zuò yì tiān hǎinǚ。

据说海女的历史有700～1000年之间，估计再过个二三十年，济州
Jùshuō hǎinǚ de lìshǐ yǒu nián zhījiān, gūjì zài guò gè èr sān shí nián, Jìzhōu

岛的海女就会所剩无几了。
dǎo de hǎinǚ jiù huì suǒshèngwújǐ le。

해녀는 제주도에서 한 폭의 맑고 아름다운 풍경입니다. 해녀들은 호루라기를 우렁차게 불면서 오직 부표에 묶인 밧줄에 의해 20m 깊이 해저로 들어가 바윗돌에 부착된 전복과 소라 등 해산물을 채취합니다. 대다수의 해녀들은 50세 이상이고 나이가 가장 많은 해녀는 91세입니다. 걸음걸이마저 비틀거리지만 일단 물 속에 들어가면 마치 쌩쌩한 물고기 같습니다. 해녀들은 바다를 떠나면 물 떠난 고기와도 같다고 합니다. 그래서 해녀들은 하루를 살아도 해녀로 살겠다고 합니다.

전하는 바에 의하면 제주도 해녀는 700～1,000년의 역사가 있다고 합니다. 추측으로 이제 20～30년이 지나면 해녀는 얼마 남지 않으리라고 생각됩니다.

蹒跚 [pánshān] [형] 비틀거리며 걷는 모양

矫健 [jiǎojiàn] [형] 건강하고 힘있다

所剩无几 [suǒshèngwújǐ] [성] 남은 것이 별로 없다, 얼마 남지 않다

请说说济州偶来小路。

제주 올레길에 대해 말해 보세요.

"偶来小路"意思是通向家门的路。2007 年开始的展现济州面貌
"Ǒulái xiǎolù"　　yìsi shì tōng xiàng jiāmén de lù.　　　nián kāishǐ de zhǎnxiàn Jìzhōu miànmào

的徒步旅游路线，是济州经典的旅游项目之一。共有26 条路线，全长
de túbù lǚyóu lùxiàn,　　　shì Jìzhōu jīngdiǎn de lǚyóu xiàngmù zhīyī.　　Gòngyǒu　tiáo lùxiàn, quáncháng

430 ㎞。比京釜高速公路，首尔 —— 釜山(417㎞)线还要长。偶来第一
Bǐ jīngfǔ gāosù gōnglù,　　Shǒu'ěr　--　Fǔshān (417㎞) xiàn hái yào cháng.　Ǒulái dì yī tiáo

条路线是，始兴 —— 广峙其偶来、牛岛偶来。
lùxiàn shì,　　Shǐxīng　--　Guǎngzhìqí ǒulái、　Niúdǎo ǒulái.

　　"올레길"은 집 앞까지 통한다는 의미입니다. 2007년부터 제주도의 모습을 보여 주는 도보 여행 코스로 제주의 클래식한 관광 프로젝트 중 하나입니다. 총 26개 노선 430㎞ 길이로 서울 — 부산 경부고속도로(417㎞)보다 더 깁니다. 올레의 첫 번째 코스는 시흥 — 광치기와 우도 올레입니다.

徒步 [túbù] [명] 도보 | [동] 보행하다, 걸어가다, 도보하다

展现 [zhǎnxiàn] [동] 전개하다, 펼쳐지다

문제 11

请说说济州特产。

제주 특산품에 대해 말해 보세요.

济州岛特产有，雉鸡饴糖，烤玉鲷，柑橘，特殊饲养法养殖的，独
Jìzhōudǎo tèchǎn yǒu, zhìjīyí táng, kǎo yùdiāo, gānjú, tèshū sìyǎngfǎ yǎngzhí de, dú

一无二味美可口而闻名的黑猪肉，小巧玲珑可爱的"多尔哈鲁邦"石
yīwú'èr wèiměi kěkǒu ér wénmíng de hēizhūròu, xiǎoqiǎolínglóng kě'ài de "duō'ěrhālǔbāng" shí

头老公公纪念品等，都是济州岛的特产。
tou lǎogōnggōng jìniàn pǐnděng, dōushì Jìzhōudǎo de tèchǎn.

제주도의 특산품은 꿩엿·옥돔구이·감귤·특수 사육법으로 키운 유일하고 독특한 별미로 이름난 흑돼지 고기, 정교하면서 작고 귀여운 "돌하루방" 기념품 등이 모두 제주도의 특산품입니다.

문제 12

请说说济州海产。

제주 해산물에 대해 말해 보세요.

济州海产有，银刀鱼、黄花鱼、玉雕、鲍鱼、青花鱼、黄明太鱼、大
Jìzhōu hǎichǎn yǒu, yíndāoyú、 huánghuāyú、yùdiāo、 bàoyú、 qīnghuāyú、 huángmíngtàiyú、dà

虾、螃蟹、海螺、海蜒、海带或叫裙带菜等。
xiā、 pángxiè、 hǎiluó、 hǎiyán、 hǎidài huò jiào qúndàicài děng.

제주의 해산물은 은갈치·조기·옥돔·전복·고등어·황태·대하·게·소라·멸치·미역 등이 있습니다.

玉鲷 [yùdiào] [명] 옥돔, 도미

美味 [měiwèi] [명] 좋은 맛, 맛있는 음식

可口 [kěkǒu] [형] 맛있다, 입에 맞다

小巧玲珑 [xiǎoqiǎolínglóng] [성] 작고 정교하다, 작고 깜찍하다

⑽ 긴급 상황 대처법

遇到丢失护照的游客怎么办?

여권을 분실한 관광객이 있을 경우에 어떻게 해야 합니까?

立即向旅行社、派出所、出入境管理部门、大使馆等，相关机构
Lìjí xiàng lǚxíngshè、　　pàichūsuǒ、　chūrùjìng guǎnlǐ bùmén、　dàshǐguǎn děng, xiāngguān jīgòu

和单位层层报告。并按要求程序申报各种手续，协助游客妥善补办
hé dānwèi céngcéng bàogào. Bìng àn yāoqiú chéngxù shēnbào gè zhǒng shǒuxù, xiézhù yóukè tuǒshàn bǔbàn

新的出入境证件。
xīn de chūrùjìng zhèngjiàn.

신속히 여행사·지구대(파출소)·출입국 관리 부서·대사관 등 관련 기관과 소속사에 신고하여야 합니다. 또한 필요한 신고 절차에 따라 각종 수속을 올리고, 관광객의 출입국 신증명서가 순조롭게 재발급 될 수 있도록 협조해야 합니다.

游客钱包被偷致使信用卡也丢了怎么办?

관광객이 지갑을 도난당해 신용카드도 분실했을 경우에 어떻게 해야 합니까?

导游立即向所辖派出所、警察署、或就地的保安人员报告，请求
Dǎoyóu lìjí xiàng suǒxiá pàichūsuǒ、　jǐngcháshú、　huò jiùdì de bǎo'ān rényuán bàogào,　qǐngqiú

及时协助查找。同时立即帮游客向游客国家的信用卡发行银行报告，
jíshí xiézhù cházhǎo.　Tóngshí lìjí bāng yóukè xiàng yóukè guójiā de xìnyòngkǎ fāxíng yínháng bàogào,

按照该国家发行银行的指点，帮助处理业务，尽快妥善解决游客面
ànzhào gāi guójiā fāxíng yínháng de zhǐdiǎn,　bāngzhù chǔlǐ yèwù,　jìnkuài tuǒshàn jiějué yóukè miàn

临的困难。
lín de kùnnan.

관광통역 안내사는 즉시 관할 지구대·경찰서 혹은 현지 보안 요원에게 신고하여 속히 찾을 수 있도록 협조를 요청합니다. 동시에 관광객 국가의 신용카드 발급 은행에 신고하여 카드 발급 은행의 지시에 따라 업무 처리에 협조하고, 되도록 신속히 관광객이 직면한 어려움을 타당하게 해결할 수 있도록 해야 합니다.

遇到外国游客突然病了或发生事故怎么办?
관광객에게 갑자기 병이 나거나 사고가 발생하면 어떻게 해야 합니까?

遇到外国游客突然病了或发生事故的时候，可叫救护车，立刻送
Yùdào wàiguó yóukè tūrán bìng le huò fāshēng shìgù de shíhou,　　kě jiào jiùhùchē,　　lìkè sòng

往附近医院或联系专为外国人设置的24 小时应急救援中心。为预防
wǎng fùjìn yīyuàn huò liánxì zhuānwéi wàiguórén shèzhì de　　xiǎoshí yīngjí jiùyuán zhōngxīn.　Wèi yùfáng

不测，在出发前请加入旅游保险。
bú cè,　　zài chūfā qián qǐng jiārù lǚyóu bǎoxiǎn.

三星医院，电话: 02 - 3410 - 3000 ;
Sānxīng yīyuàn,　diànhuà:

圣弗朗斯医院，电话: 1599 - 1004 ;
Shèngfúlǎngsī yīyuàn,　　diànhuà;

江北三星医院，电话: 1599 - 8114 ;
Jiāngběi Sānxīng yīyuàn, diànhuà:

车（CHA）医院: 02 - 3468 - 3000 。
Chē　　　　　　yīyuàn:

외국 관광객이 갑자기 병이 나거나 사고 발생 시 구급차를 호출하여 속히 인근 병원이나 외국인 전용 24시 응급 구조 센터로 후송하여야 합니다. 예측하지 못한 상황에 대비해 출발 전 여행 보험에 가입하도록 합니다.

삼성병원, 전화: 02-3410-3000;

세브란스병원, 전화: 1599-1004;

강북삼성병원, 전화: 1599-8114;

차(CHA)병원: 02-3468-3000

生词 새단어

不测 [búcè] [형] 뜻밖의, 의외의 일

游客饭菜里进了异物怎么办?

관광객의 음식에 이물질이 들어있다면 어떻게 해야 합니까?

游客饭菜里进了异物，要立刻通知餐厅，餐厅有关人员要向游客
Yóukè fàncàilǐ jìn le yìwù, yào lìkè tōngzhī cāntīng, cāntīng yǒuguān rényuán yào xiàng yóukè

赔礼道歉的同时，立即要给游客更换相应的或更好的饭菜。
péilǐ dàoqiàn de tóngshí, lìjí yào gěi yóukè gēnghuàn xiāngyīng de huò gèng hǎo de fàncài.

관광객의 음식에 이물질이 들어있다면 즉시 음식점에 통지해야 합니다. 음식점 관련인이 관광객에게 사과와 양해를 구하는 동시에 바로 손님께 상응하거나 더 좋은 음식으로 교환해 드려야 합니다.

遇到迟到的游客怎么办?

지각하는 관광객이 있다면 어떻게 해야 합니까?

遇到迟到的游客，最好让其本人给其他游客表示道歉，诚恳地
Yùdào chídào de yóukè, zuìhǎo ràng qí běnrén gěi qítā yóukè biǎoshì dàoqiàn, chéngkěnde

请求其他游客的原谅。导游也要在游客之间做好协调工作，一方面让
qǐngqiú qítā yóukè de yuánliàng. Dǎoyóu yě yào zài yóukè zhījiān zuòhǎo xiétiáo gōngzuò, yì fāngmiàn ràng

迟到的游客，表示下不为例。另一方面要启发引导其他游客，识大局，
chídào de yóukè, biǎoshì xiàbùwéilì. Lìng yì fāngmiàn yào qǐfā yǐndǎo qítā yóukè, shí dàjú,

顾整体，遵守时间，文明旅游。
gù zhěngtǐ, zūnshǒu shíjiān, wénmíng lǚyóu.

지각하는 관광객이 있다면 되도록 본인이 다른 관광객들에게 사과 드리면서 진심으로 양해를 구하게 해야 합니다. 관광통역 안내사로서는 관광객들 사이에서 조율을 잘해야 합니다. 한편으로는 지각한 손님이 다시는 이런 일이 없도록 다짐하게 하고, 또 한편으로는 다른 관광객들도 팀 전체를 염두에 두고 시간을 잘 준수하고 예의를 지키는 여행이 되도록 이끌어 주어야 합니다.

游客说一些贬低韩国的话怎么办?

관광객이 한국을 비하하는 말을 한다면 어떻게 해야 합니까?

如果我遇到贬低韩国的游客,我要个别找游客心平气和地谈一
Rúguǒ wǒ yùdào biǎndī Hánguó de yóukè,　　wǒ yào gèbié zhǎo yóukè xīnpíng qìhéde tán yi

谈。首先了解一下游客在韩国或者接触韩国人时,遇到过什么事情。并
tán.　Shǒuxiān liǎojiě yíxià yóukè zài Hánguó huòzhě jiēchù Hánguórén shí, yùdào guò shénme shìqíng. Bìng

劝告游客即使有不好的回忆,也要尽快忘却。要让游客多从正面、正
quàngào yóukè jíshǐ yǒu bù hǎo de huíyì, yě yào jǐnkuài wàngquè. Yào ràng yóukè duō cóng zhèngmiàn、zhèng

能量、积极的方向看问题。作为民间外交官要帮助游客正确认识韩国
néngliàng、jījí de fāngxiàng kàn wèntí.　Zuòwéi mínjiān wàijiāoguān yào bāngzhù yóukè zhèngquè rènshi Hánguó

上下功夫。
shàngxià gōngfu.

　　만약 한국을 비하하는 관광객을 만난다면 저는 편하고 온화한 마음으로 관광객과 개별적으로 이야기를 나누겠습니다. 우선 한국이나 한국인을 만났을 때 어떤 일들이 있었는지 알아보고, 설령 안 좋은 기억이 있더라도 되도록 빨리 잊으라고 권하겠습니다. 관광객이 긍정적이고 바른 역량으로 적극적인 면에서 많은 문제를 이해하도록 돕겠습니다. 민간 외교관으로서 관광객이 한국에 대해 공정하게 인식할 수 있도록 노력을 기울이겠습니다.

心平气和 [xīnpíngqìhé] [성] 마음이 평온하고 태도가 온화하다

正能量 [zhèngnéngliàng] 사람이 가지고 있는 바른 에너지, 정의의 역량

秘诀 [mìjué] [명] 비결, 비장의 방법

请说说对强迫游客购物的看法。

쇼핑 강매에 대한 견해를 말해 보세요.

人类自古讲究"公平交易"。就是说"愿买、愿卖",要以"自愿"
Rénlèi zìgǔ jiǎngjiū "gōngpíng jiāoyì". Jiùshì shuō "yuàn mǎi、yuàn mài", yào yǐ "zìyuàn"

为原则。强迫游客购物,是不讲礼貌"强人所难"的行为。会直接影
wéi yuánzé. Qiángpò yóukè gòuwù, shì bù jiǎng lǐmào "qiáng rén suǒ nán" de xíngwéi. Huì zhíjiē yǐng

响国家的形象,给旅行社和导游造成很坏的影响。我认为这是低价
xiǎng guójiā de xíngxiàng, gěi lǚxíngshè hé dǎoyóu zàochéng hěn huài de yǐngxiǎng. Wǒ rènwéi zhè shì dījià

旅游恶性循环造成的结果。要想杜绝这种现象的发生,从政府的角
lǚyóu èxìng xúnhuán zàochéng de jiéguǒ. Yào xiǎng dùjué zhè zhǒng xiànxiàng de fāshēng, cóng zhèngfǔ de jiǎo

度,要研究制定出切实可行的相应的改善方案,政策及措施。
dù, yào yánjiū zhìdìng chū qièshí kě xíng de xiāngyīng de gǎishàn fāng'àn, zhèngcè jí cuòshī.

인류는 자고로부터 "거래는 공정해야 한다"는 말이 있듯이 사고파는 것은 스스로가 원하는 것이 원칙이라고 봅니다. 관광객에게 쇼핑 강매는 예의 바르지 않고 남을 괴롭히는 행위로서 직선적으로 나라의 이미지에 손상을 입히고, 여행사와 가이드에게 매우 나쁜 영향을 끼치게 됩니다. 이는 저가 여행의 악순환에서 초래된 결과라고 봅니다. 이런 현상을 단절시키려면 정부차원에서 실질적이고 확실히 실행할 수 있는 상응하는 개선 방안과 정책 마련 및 조치를 모색해야 한다고 봅니다.

游客已经到机场却把护照落在了酒店怎么办?

여권을 호텔에 두고 공항에 이미 도착한 관광객이 있다면 어떻게 해야 합니까?

立即查看、分析、差人送来护照,时间上能否来得及? 来不及,那
Lìjí chákàn、 fēnxī、 chāi rén sònglái hùzhào, shíjiānshàng néngfǒu láidejí? Láibují, nà

么只好找机场有关窗口或部门,打延期或更换航班。
me zhǐhǎo zhǎo jīchǎng yǒuguān chuāngkǒu huò bùmén, dá yánqī huò gènghuàn hángbān.

여권을 즉시 인편으로 보내 온다면 시간이 늦지 않을 수 있을지 여부를 검토 분석해야 합니다. 늦을 것 같으면 공항 관련 창구나 부서를 통해 기일을 연장하거나 항공편을 교체해야 합니다.

游客下飞机后或出站前发现行李丢失怎么办?

관광객이 비행기에서 내린 후나 역에서 나오기 전에 수화물 분실을 발견 시 어떻게 해야 합니까?

第一，导游要领游客去失物招领处办理行李丢失和认领登记手
Dì yī,　dǎoyóu yào lǐng yóukè qù shīwù zhāolǐngchù bànlǐ xíngli diūshī hé rènlǐng dēngjì shǒu

续。第二，给招领处留下导游及游客的联系方式（地址、电话号等）。
xù.　Dì èr,　gěi zhāolǐngchù liúxià dǎoyóu jí yóukè de liánxì fāngshì (dìzhǐ、diànhuàhào děng).

也记下招领处的电话及联系人。第三，导游要向旅行社汇报情况，并
Yě jìxià zhāolǐngchù de diànhuà jí liánxì rén.　Dì sān, dǎoyóu yào xiàng lǚxíngshè huìbào qíngkuàng, bìng

帮助游客购置（买）急需的生活用品。第四，确认行李丢失时，协助游
bāngzhù yóukè gòuzhì (mǎi) jíxū de shēnghuó yòngpǐn.　Dì sì,　quèrèn xíngli diūshī shí, xiézhù yóu

客可按有关规章去处理。
kè kě àn yǒuguān guīzhāng qù chǔlǐ.

첫째로 가이드는 관광객을 모시고 분실물 보관소에 가서 수화물 분실 및 수령을 체크인해야 합니다. 둘째로 보관소에 가이드와 관광객의 연락처(주소, 전화번호 등)를 남기고 또 보관소와 거래 직원의 연락처를 메모해 두어야 합니다. 셋째로 가이드는 여행사에 상황을 보고하고 관광객을 도와서 시급한 생활용품을 구입해야 합니다. 넷째로 수화물 분실이 확실 시 관광객을 협조하여 관련 규정에 따라 취급해야 합니다.

请说说对游览中走失或逃跑游客的处理。

관광 중에 행방불명 되거나 도주한 관광객에 대한 해결 방법을 말해 보세요.

首先了解情况，立刻寻找客人，并向旅行社报告，争取帮助，为尽
Shǒuxiān liǎojiě qíngkuàng, lìkè xúnzhǎo kèrén, bìng xiàng lǚxíngshè bàogào, zhēngqǔ bāngzhù, wéi

快找到游客而努力。
jìnkuài zhǎodào yóukè ér nǔlì.

우선 상황을 알아보고, 즉각 손님을 찾으면서 여행사에 보고하여 도움을 요청하고, 관광객을 속히 찾을 수 있도록 노력하겠습니다.

(11) 기타

请说说海特利古堡。

해틀리 캐슬에 대해 말해 보세요.

海特利古堡(Hatley Castle)位于加拿大不列颠哥伦比亚省维多利亚
Hǎitèlì gǔbǎo　　　　　　　　　wèiyú Jiānádà búlièdiān Gēlúnbǐyà shěng Wéiduōlìyà

市，皇家大学内。
shì,　Huángjiā dàxué nèi.

海特利古堡是哥伦比亚省督詹姆斯·邓斯缪尔(James Dunsmuir)在
Hǎitèlì gǔbǎo shì Gēlúnbǐyà shěngdū Zhānmǔsī · Dèngsīmiù'ěr　　　　　　　zài

1908 年出资建成的。室内装潢上用材十分考究，橡木和红木的四壁衬
nián chūzī jiànchéng de. Shìnèi zhuānghuáng shàng yòngcái shífēn kǎojiū, xiàngmù hé hóngmù de sìbìchèn

板、宏大华丽而舒适的壁炉、柚木地板、特别订制的灯饰等，无不显
bǎn、 hóngdà huálì ér shūshì de bìlú、　　　 yòumù dìbǎn、 tèbié dìngzhì de dēngshì děng, wúbù xiǎn

示奢华。
shì shēhuá.

古堡典雅的建筑外型、奢华的室内装潢和精美的花园，吸引了
Gǔbǎo diǎnyǎ de jiànzhù wàixíng、　　 shēhuá de shìnèi zhuānghuáng hé jīngměi de huāyuán, xīyǐn le

不少游客，络绎不绝地前来观览、探究20 世纪初维多利亚富豪的生
bùshǎo yóukè, luòyìbùjuéde　　 qiánlái guānlǎn、 tànjiū　　 shìjì chū Wéiduōlìyà fùháo de shēng

活。
huó.

加拿大皇家大学成立于1995 年至今沿用海特利古堡为校舍、校
Jiānádà Huángjiā dàxué chénglìyú　　　 nián zhìjīn yányòng Hǎitèlìgǔbǎo wéi xiàoshě、　 xiào

园。
yuán.

生词 새단어

装潢 [zhuānghuáng] [동] 장식하다, 꾸미다

해틀리 캐슬은 캐나다 브리티시 컬럼비아 주 빅토리아시의 로열 로드 대학교 내에 있습니다.

해틀리 캐슬은 컬럼비아 주의 부총독 제임스·던스뮤어가 1908년에 투자하여 지은 것입니다. 실내 인테리어 용재는 매우 정미스러우며, 참나무와 홍목으로 된 벽면 밀판, 거창하고 화려하면서 안락한 벽난로, 티크마루, 각별히 수주한 일루미네이션 전등 등 어느 하나 사치를 뽐내지 않은 것이 없습니다.

캐슬의 단아한 건축 외형과 사치스럽고 화려한 실내 인테리어, 아름답고 정교한 화원은 20세기 초 빅토리아 부호의 생활에 대한 탐구에 수많은 관람객들의 발길이 끊이지 않고 있습니다.

캐나다 로열 로드 대학은 1995년에 설립되어 줄곧 해틀리 캐슬을 교사·캠퍼스로 사용하고 있습니다.

请说说代码共享。

코드쉐어에 대해 말해 보세요.

代码共享 (Code Share) 是两个航空公司, 启用一架航空飞机航运
Dàimǎ gòngxiǎng　　　　　　　shì liǎng ge hángkōng gōngsī, qǐyòng yí jià hángkōng fēijī hángyùn
的意思。即, 两家航空公司共同销售一个航班座位的经营模式。
de yìsi.　　Jí,　　liǎng jiā hángkōng gōngsī gòngtóng xiāoshòu yí ge hángbān zuòwèi de jīngyíng móshì.

早在20 世纪70 年代在美国开始兴起。这使乘客更加便捷、灵活
zǎo zài　　shì jì　　niándài zài Měiguó kāishǐ xīngqǐ.　　Zhè shǐ chéngkè gèngjiā biànjié、línghuó
地能得到一体化的转机服务, 优惠的周游环球票价等, 受益匪浅。
de néng dédào yìtǐhuà de zhuǎnjī fúwù,　　yōuhuì de zhōuyóu huánqiú piàojià děng, shòuyì fěiqiǎn.

코드쉐어(Code Share)는 2개의 항공사가 1개의 항공기를 운항한다는 뜻입니다. 즉 두 항공사가 운행 좌석을 공유 판매하는 경영 패턴입니다.

1970년대에 미국에서부터 유행하였습니다. 이는 여객들의 항공편 이용을 더 편리하고 원활하게 하여 환승의 원스톱 서비스는 물론 세계를 주유하는 티켓 요금 혜택을 받을 수 있는 등 많은 이익을 누릴 수 있습니다.

请说说安重根。

안중근에 대해 말해 보세요.

安重根韩半岛朝鲜末期著名的抗日独立运动家，民族英雄。1879
Ān Zhònggēn hánbàndǎo Cháoxiǎn mòqī zhùmíng de kàngrì dúlì yùndòngjiā,　　　mínzú yīngxióng.

年出生于黄海道海州，名门两班家庭里。他早年信奉天主教，致力于
nián chūshēngyú Huánghǎi Dào Hǎizhōu, míngmén liǎngbān jiātínglǐ. Tā zǎonián xìnfèng tiānzhǔjiào, zhìlìyú

爱国启蒙教育事业。
àiguó qǐméng jiàoyù shìyè.

1907 年安重根奔波于朝鲜、俄罗斯、中国等地，积极投身于反日
　　　nián Ān Zhònggēn bēnbōyú Cháoxiǎn、Éluósī、　　　Zhōngguó děngdì, jījí tóushēnyú fǎnrì

义兵运动，直到 1909 年 10 月 26 日，安重根在中国哈尔滨火车站成功地
yìbīng yùndòng,　zhídào　　　nián　yuè　rì, Ān Zhònggēn zài Zhōngguó Hā'ěrbīn huǒchēzhàn chénggōngde

刺杀了侵略朝鲜的元凶，前日本首相伊藤博文。不幸当场被捕。于 1910
cìshā le qīnlüè Cháoxiǎn de yuánxiōng,　qián Rìběn shǒuxiàng Yīténgbówén. Búxìng dāngchǎng bèibǔ. Yú

年 3 月 26 日，在中国旅顺监狱被日本当局处以绞刑，壮烈殉国。南韩、
nián　yuè　rì,　　zài Zhōngguó Lǚshùn jiānyù bèi Rìběn dāngjú chùyǐ jiǎoxíng, zhuàngliè xùnguó. Nánhán、

北韩分别授予安重根为"义士"，"烈士"称号。韩国 1970 年在南山公
Běihán fēnbié shòuyǔ Ān Zhònggēn wéi "yìshì",　　　"lièshì" chēnghào. Hánguó　　　nián zài Nánshān gōng

园设立了安重根义士纪念馆。
yuán shèlì le Ān Zhònggēn yìshì jìniànguǎn.

中国哈尔滨市政府和铁路局出资，在哈尔滨火车站也开办了安
Zhōngguó Hā'ěrbīn shìzhèngfǔ hé tiělùjú chūzī,　　　zài Hā'ěrbīn huǒchēzhàn yě kāibàn le Ān

重根义士纪念馆。于 2014 年 1 月 19 日，举行了开馆仪式。
Zhònggēn yìshì jìniànguǎn. Yú　　　nián　yuè　rì,　jǔxíng le kāiguǎn yíshì.

安重根不仅是韩半岛的民族英雄和伟人，也是受全世界爱好和
Ān Zhònggēn bùjǐn shì hánbàndǎo de mínzú yīngxióng hé wěirén,　yě shì shòuquán shìjiè àihào hé

平人士敬仰的英雄和伟人。
píng rénshì jìngyǎng de yīngxióng hé wěirén.

　안중근은 한반도 조선 말기의 저명한 항일 독립 운동가이자 한민족의 영웅입니다. 1879년 황해도 해주의 명문 양반 가정에서 태어나 오래전부터 천주교 신자였고, 애국 계몽 교육에 심혈을 기울여 왔습니다.

　1907년 안중근은 조선·러시아·중국 등의 지역을 다니면서 반일 의병 운동에 적극적으로 뛰어들어 활동하였고, 1909년 10월 26일에 중국 하얼빈 기차역에서 조선을 침략한 원흉인 전 일본 수상 이토히로부미를 성공적으로 처단하였습니다. 불행하게 현장에서 체포되어 1910년 3월 26일에 중국의 여순 감옥에서 일본 당국에 의해 교수형에 처해 장렬히 순국 하였습니다. 남·북한은 안중근에게 "의사"·"열사"의 칭호를 수여하였고, 한국은 1970년 서울의 남산공원에 안중근 의사 기념관을 세웠습니다.

　중국의 하얼빈 시정부와 철도국이 출자하여 안중근 의사 기념관을 하얼빈 기차역에 창건 개관하여 2014년 1월 19일에 개관 의식을 올렸습니다.

　안중근은 한반도 민족의 영웅과 위인일 뿐만 아니라 전세계의 평화를 도모하는 인사들이 공경하는 영웅이자 위인입니다.

请说说韩国的纸币、硬币及显示的人物和画。

한국의 지폐 및 주화에 등장한 인물과 그림에 대해 말해 보세요.

韩国纸币有：一千元、五千元、一万元、五万元的。
Hánguó zhǐbì yǒu:　yì qiānyuán、wǔ qiānyuán、yí wànyuán、wǔ wànyuán de.

硬币有：伍佰元、一百元、五十元、十元的。
Yìngbì yǒu:　wǔ bǎiyuán、yì bǎiyuán、wǔ shíyuán、shí yuán de.

一千元（2007 年）
Yì qiānyuán　　　　(nián)

纸币上前面的人物是退溪·李滉（1501～1570），是朝鲜中期的文
Zhǐbìshàng qiánmiàn de rénwù shì Tuìxī　Lǐ Huàng,　　　　shì Cháoxiān zhōngqī de wén

臣。左侧有梅花与明伦堂，背面有谦斋·郑敾画的"溪上静居图"。
chén. Zuǒcè yǒu méihuā yǔ Mínglúntáng,　bèimiàn yǒu Qiānzhāi Zhèng Shàn huà de "xīshàngjìngjūtú".

五千元（2006 年）
Wǔ qiānyuán　　　　(nián)

纸币上前面的人物是栗谷·李珥（1536～1584），是朝鲜中期的学
Zhǐbìshàng qiánmiàn de rénwù shì Lìgǔ　Lǐ Ěr,　　　　shì Cháoxiān zhōngqī de xué

者、政治家。还画有栗谷的诞生地乌竹轩和当地所生长的竹子画。背
zhě、zhèngzhìjiā.　Hái huà yǒu Lìgǔ de dànshēngdì Wūzhúxuān hé dāngdì suǒshēngzhǎng de zhúzi huà. Bèi

面有申师任堂画的"草虫图"（西瓜和鸡冠花）。
miàn yǒu Shēn Shīrèntáng huà de "cǎochóngtú" (xīguā hé jīguānhuā).

一万元（2007 年）
Yí wànyuán　　　　(nián)

纸币上前面的人物是世宗大王(1397～1450)，是创制韩文的朝鲜第
Zhǐbìshàng qiánmiàn de rénwù shì Shìzōng dàwáng,　　　　shì chuàngzhì hánwén de Cháoxiān dì

四代君王。还画有"日月五峰图"和"龙飞御天歌"第二章。背面左侧
sì dài jūnwáng.　Hái huà yǒu "rìyuèwǔfēngtú"　hé "lóngfēiyùtiāngē"　dì èr zhāng.　Bèimiàn zuǒcè

有浑天仪，旁边有普贤寺（庆北永川市）的天文天体望远镜。
yǒu húntiānyí,　pángbiān yǒu Pǔxiánsì　(Qìngběi Yǒngchuān Shì) de tiānwén tiāntǐ wàngyuǎnjìng.

五万元（2009 年）
Wǔ wànyuán　　(nián)

纸币上前面的人物是申师任堂（1504-1551），是朝鲜中期江原道出
Zhǐbìshàng qiánmiàn de rénwù shì Shēn Shīrèntáng,　　shì Cháoxiǎn zhōngqī Jiāngyuán Dào chū

身的女性艺术家。还有其本人的作品画"墨葡萄图"和"草虫图绣
shēn de nǚxìng yìshùjiā.　　Háiyǒu qí běnrén de zuòpǐn huà　　"mòpútaotú"　　hé　　"cǎochóngtú xiù

屏"。背面有鱼梦龙的"月梅图"和李霆的"风竹图"。
píng".　　Bèimiàn yǒu Yú Mènglóng de "yuèméitú" hé Lì Tíng de　　"fēngzhútú".

硬币
Yìngbì

伍佰元上的画儿是仙鹤；一百元上的画儿是李舜臣将军；五十元
Wǔ bǎiyuán shàng de huàr shì xiānhè; yì bǎiyuán shàng de huàr shì Lǐ Shùnchén jiāngjūn; wǔ shíyuán

上的画儿是稻穗；十元上的画儿是佛国寺的多宝塔。
shàng de huàr shì dàosuì;　　shí yuán shàng de huàr shì Fóguósì de Duōbǎotǎ.

한국의 지폐는 천 원권, 오천 원권, 만 원권, 오만 원권이 있습니다.

주화는 오백원, 백원, 오십원, 십원이 있습니다.

천원(2007년)

지폐 앞면의 인물 퇴계 이황(1501 ~ 1570)은 조선 중기의 문신입니다. 좌측에는 매화와 명륜당이 있습니다. 뒷면에는 겸재 정선의 "계상정거도"가 있습니다.

오천원(2006년)

지폐 앞면의 인물 율곡 이이(1536 ~ 1584)는 조선 중기의 학자이자 정치가입니다. 그리고 율곡의 탄생지인 오죽헌과 현지에서 자라는 대나무 그림이 있습니다. 뒷면에는 신사임당이 그린 "초충도"(수박과 맨드라미)가 있습니다.

만원(2007년)

지폐 앞면의 인물 세종대왕(1397 ~ 1450)은 한글을 창제한 조선 제 4대 임금입니다. 그리고 "일월오봉도"와 "용비어천가" 제2장이 그려져 있습니다. 뒷면 좌측에는 혼천의와 오른측에는 보현사의 천문천체 망원경이 있습니다.

오만원(2009년)

지폐 앞면의 인물 신사임당(1504 ~ 1551)은 조선 중기 강원도 출신인 여류 예술가입니다. 그리고 본인의 작품 "묵포도도"와 "초충도수병" 그림이 있습니다. 뒷면에는 어몽룡의 "월매도"와 이정의 "풍죽도"가 있습니다.

주화

오백원의 그림은 학, 백원의 그림은 이순신 장군, 오십원의 그림은 벼 이삭, 십원의 그림은 불국사의 다보탑입니다.

请说说图腾崇拜。

토테미즘에 대해 말해 보세요.

"图腾崇拜"是一种宗教信仰。意为"他的亲族"或"他的氏
"Túténg chóngbài" shì yì zhǒng zōngjiào xìnyǎng.　　Yìwéi　　"tā de qīnzú" huò "tā de shì

族"。迷信某种动、植物同氏族有血缘关系，因而用作本氏族的徽号
zú".　　Míxìn mǒu zhǒng dòng、zhíwù tóng shìzú yǒu xuèyuán guānxi,　　yīn'ér yòngzuò běn shìzú de huīhào

或标志，旨在区分群体。
huò biāozhì,　　zhǐ zài qūfèn qúntǐ.

토테미즘은 일종의 종교 신앙입니다. "그의 친족"이나 "그의 부족"이란 뜻입니다. 어떤 종류의 동물이나 식물을 동족과 혈연 관계가 있다고 믿으므로 그 부족의 엠블럼이나 징표로 정합니다. 즉 집단을 구분하는 취지입니다.

请说说小乘佛教与大乘佛教。

소승 불교와 대승 불교에 대해 말해 보세요.

小乘佛教主张先度自己。只重视教诲戒律和自身修行（参禅）
Xiǎochéng fójiào zhǔzhāng xiān dù zìjǐ.　Zhǐ zhòngshì jiào huì jièlǜ hé zìshēn xiūxíng (cānchán)

的，叫小乘佛教。
de,　jiào xiǎochéng fójiào.

大乘佛教主张人我同度。重视包容所有众生为一体，讲究实践
Dàchéng fójiào zhǔzhāng rén wǒ tóng dù.　Zhòngshì bāoróng suǒyǒu zhòngshēng wéi yìtǐ, jiǎngjiū shíjiàn

的，叫大乘佛教。
de,　jiào dàchéng fójiào.

大约公元1世纪左右，佛教分为大乘佛教和小乘佛教。韩国、中
Dàyuē gōngyuán shìjì zuǒyòu,　fójiào fēnwéi dàchéng fójiào hé xiǎochéng fójiào.　Hánguó、Zhōng

国、日本都是信奉大乘佛教的国家。
guó、Rìběn dōushì xìnfèng dàchéng fójiào de guójiā.

　　소승 불교는 자신의 구제가 우선이라고 주장합니다. 계율의 가르침과 나 자신만의 수련(참선)을 중시하는 것이 소승 불교입니다.

　　대승 불교는 나와 중생들의 동일 구제를 주장합니다. 모든 중생을 한몸으로 포용하여 실천을 중시하는 것이 대승 불교입니다.

　　대략 1세기 경 소승 불교와 대승 불교로 분파되었습니다. 한국·중국·일본은 모두 대승 불교를 신봉하는 나라입니다.

(1) 세계 문화 유산

请列举韩国的世界文化遗产。

한국의 세계 문화 유산을 열거해 보세요.

1 海印寺大藏经版殿(1995)；2 佛国寺、石窟庵(1995)；
Hǎiyìnsì dàzàngjīng bǎndiàn;　　　　Fóguósì、　Shíkū'ān;

3 宗庙(1995)；4 昌德宫(1997)；5 水源华城(1997)；
Zōngmiào;　　　　Chāngdégōng;　　　Shuǐyuán Huáchéng;

6 庆州历史遗址区(2000)；7 高敞、和顺、江华支石墓群(2000)；
Qìngzhōu lìshǐ yízhǐqū;　　　　Gāochǎng、Héshùn、Jiānghuá zhīshímùqún;

8 济州火山岛与熔岩洞窟(2007)；9 朝鲜王陵(2009)；
Jìzhōu huǒshāndǎo yǔ róngyán dòngkū;　　　Cháoxiǎn wánglíng;

10 韩国历史村庄：庆州良洞民俗村和安东河回民俗村(2010)；
Hánguó lìshǐ cūnzhuāng: Qìngzhōu Liáng Dòng mínsúcūn hé Āndōng Héhuí mínsúcūn;

11 南汉山城(2014)；12 百济历史遗址区(2015)。
Nánhàn shānchéng;　　　　Bǎijì lìshǐ yízhǐqū.

1 해인사 대장경 판전(1995); 2 불국사 · 석굴암(1995);

3 종묘(1995); 4 창덕궁(1997); 5 수원 화성(1997);

6 경주 역사 유적지(2000); 7 고창 · 화순 · 강화 고인돌(2000);

8 제주 화산섬과 용암동굴(2007); 9 조선 왕릉(2009);

10 한국 역사 마을: 경주 양동 민속 마을과 안동 하회 민속마을(2010);

11 남한 산성(2014); 12 백제 역사 유적 지구(2015)

世界遗产 [shìjiè yíchǎn] [명] 유네스코(UNESCO)가 '세계 문화 및 자연 유산 보호협약'에 따라 지정한 유 · 무형의 문화재

请说说海印寺大藏经板殿。

해인사 대장경판전에 대해 말해 보세요.

海印寺位于庆尚南道陕川郡伽耶山西南方的寺刹。海印寺收藏
Hǎiyìnsì wèiyú Qìngshàngnán Dào Shǎnchuān Jùn Jiāyē Shān xīnánfāng de sìchà. Hǎiyìnsì shōucáng

有"高丽八万大藏经"而被称为法宝寺刹。与通度寺、松广寺一起，自
yǒu "Gāolí bā wàn dàzàngjīng" ér bèi chēngwéi fǎbǎo sìchà. Yǔ Tōngdùsì、 Sōngguǎngsì yìqǐ, zì

古就被称为，韩国三宝、三大领主寺。
gǔ jiù bèi chēngwéi, Hánguó sān bǎo、sāndà lǐngzhǔsì.

创建于新罗哀庄王（3 年）时代(802 年)，在此封存的高丽大藏经
Chuàngjiànyú Xīnluó Āizhuāngwáng (nián) shídài (nián), zài cǐ fēngcún de Gāolí dàzàngjīng

板经几百年至今保存完好。是世界上唯一能存放藏经板的殿阁。联合
bǎnjīng jǐ bǎi nián zhìjīn bǎocún wánhǎo. Shì shìjièshàng wéiyī néng cúnfàng zàngjīngbǎn de diàngé. Liánhé

国教科文组织高度评价海印寺藏经板殿为宗教、科学、造型全盛期
guó Jiàokēwén zǔzhī gāodù píngjià Hǎiyìnsì zàngjīngbǎndiàn wéi zōngjiào、 kēxué、zàoxíng quánshèngqī

的伟大杰作。
de wěidà jiézuò.

1962 年被韩国政府指定为国宝第52 号，2009 年指定为史迹第504
nián bèi Hánguó zhèngfǔ zhǐdìngwéi guóbǎo dì hào, nián zhǐdìngwéi shǐjì dì

号。1995 年12 月被联合国教科文组织指定为世界文化遗产。
hào. nián yuè bèi Liánhéguó Jiàokēwén zǔzhī zhǐdìngwéi Shìjiè wénhuà yíchǎn.

해인사는 경상남도 합천군 가야산 서남쪽에 있는 사찰입니다. 해인사는 "고려 팔만대장경"을 소장하고 있기에 법보 사찰로 불립니다. 또한 통도사·송광사와 함께 예로부터 한국의 3보·3대 영주사로 불렸습니다.

신라 애장왕(3년) 때(802년) 지었으며, 이 판전에 소장되어 있는 고려대장경판은 수백 년이 지난 오늘날까지도 완벽히 보존되어 있습니다. 또 세계에서 유일하게 대장경을 소장할 수 있는 전각입니다. 유네스코는 해인사 장경판전에 대해 매우 높이 평가 하기를 종교·과학·조형의 전성기를 이룬 위대한 걸작이라고 합니다.

1962년 한국 정부에 의해 국보 제52호로 지정되었고, 2009년에는 사적 제504호로 지정하였으며, 1995년 12월에 유네스코에 의해 세계 문화 유산으로 지정되었습니다.

请说说佛国寺。

불국사에 대해 말해 보세요.

佛国寺(史迹第502号)坐落在庆北庆州市进岘洞美丽的吐含山
Fóguósì (shǐjì dì hào) zuòluò zài Qìngběi Qìngzhōu Shì Jìnxiàn Dòng měilì de Tǔhán Shān

中。佛国寺新罗法兴王时期(528年)创建，其后751年金大成时期大修
zhōng. Fóguósì Xīnluó Fǎxīngwáng shíqī (nián) chuàngjiàn, qíhòu nián Jīn Dàchéng shíqī dàxiū

扩建。
kuòjiàn.

佛国寺境内通向紫霞门的两座石桥，青云桥和白云桥（国宝23），
Fóguósì jìngnèi tōngxiàng Zǐxiámén de liǎng zuò shíqiáo, Qīngyúnqiáo hé Báiyúnqiáo (guóbǎo),

通向安养门的莲花桥和七宝桥（国宝22），佛国寺的两大看点多宝塔
tōngxiàng Ānyǎngmén de Liánhuāqiáo hé Qībǎoqiáo (guóbǎo), Fóguósì de liǎng dà kàndiǎn Duōbǎotǎ

（国宝20）和释迦塔（国宝21）等，虽经历了一千多年的岁月，但仍显示了
(guóbǎo) hé Shìjiātǎ (guóbǎo) děng, suī jīnglì le yì qiān duō nián de suìyuè, dàn réng xiǎnshì le

当时精巧的石造技术。在释迦塔内还发现了世界上最早的木板印刷
dāngshí jīngqiǎo de shízào jìshù. Zài Shìjiātǎ nèi hái fāxiàn le shìjièshang zuìzǎo de mùbǎn yìnshuā

物“无垢净光大陀罗尼经”（国宝126）。众多的国宝与文化遗产，都显
wù "Wúgòu jìngguāng dàtuóluóníjīng" (guóbǎo). Zhòngduō de guóbǎo yǔ wénhuà yíchǎn, dōu xiǎn

示了当时新罗佛教文化及艺术的登峰造极。体现了新罗人对佛国理想
shì le dāngshí Xīnluó fójiào wénhuà jí yìshù de dēngfēng zàojí. Tǐxiàn le Xīnluórén duì fóguó lǐxiǎng

彼岸世界的向往。
bǐ'àn shìjiè de xiàngwǎng.

佛国寺是大韩佛教曹溪宗11教区本寺之一，于1995年12月被联合
Fóguósì shì dàhán fójiào cáoxīzōng jiàoqū běnsì zhīyī, yú nián yuè bèi Liánhé

国教科文组织指定为世界文化遗产。
guó Jiàokēwén zǔzhī zhǐdìngwéi Shìjiè wénhuà yíchǎn.

불국사(사적 제502호)는 경북 경주시 진현동의 아름다운 토함산 중턱에 자리하고 있습니다. 불국사는 신라 법흥왕 때(528년) 창건하였는데, 그 후 751년에 김대성에 의하여 크게 개수되었습니다.

불국사 경내 자하문을 통하는 청운교와 백운교(국보 23), 안양문을 통하는 연화교와 칠보교(국보 22), 불국사 두 점의 큰 볼거리인 다보탑(국보 20)과 석가탑(국보 21) 등은 비록 천 여 년이란 세월을 거쳤지만 여전히 당시의 정교한 석조 기술을 뽐내고 있습니다. 또한 석가탑 내에서 세계에서 가장 오래된 목판 인쇄물인 "무구정광대다라니경"(국보 126)을 발견하였습니다. 수많은 국보와 문화 유산은 당시 신라 불고 문화와 예술이 절정에 달했음을 보여 주었습니다. 또 신라인들의 불국을 향한 이상적인 피안의 세계에 대한 염원을 드러냈습니다.

불국사는 대한 불교 조계종 11교구 본사의 하나로서, 1995년 12월에 유네스코에 의해 세계 문화 유산으로 지정되었습니다.

请说说石窟庵。

석굴암에 대해 말해 보세요.

国宝第24号的石窟庵，位于庆尚北道庆州市吐含山的石窟寺庙。
Guóbǎo dì   hào de Shíkūān, wèiyú Qìngshàngběi Dào Qìngzhōu Shì Tǔhán Shān de Shíkū sìmiào.

是新罗景德王(10 年)751 年，由当时的宰相金大成为了悼念他的父母而
Shì Xīnluó Jǐngdéwáng   (nián)   nián, yóu dāngshí de zǎixiàng Jīn Dàchéng wèile dàoniàn tā de fùmǔ ér

建，是佛国寺的附属建筑。人造石窟中有高3.26米花岗岩的释迦如来
jiàn, shì Fóguósì de fùshǔ jiànzhù.   Rénzào shíkū zhōng yǒu gāo   mǐ huāgǎngyán de shìjiārúlái

坐像等38 尊佛像。四壁刻有观音立像、金刚力士、四大天王等浮雕。
zuòxiàng děng zūnfóxiàng. Sìbì kè yǒu guānyīnlìxiàng、   jīngānglìshì、   sìdàtiānwáng děng fúdiāo.

堪称新罗时期的一大杰作。
Kānchēng Xīnluó shíqī de yí dà jiézuò.

于1995 年12 月被联合国教科文组织指定为世界文化遗产。
Yú   nián   yuè bèi Liánhéguó Jiàokēwén zǔzhī zhǐdìngwéi Shìjiè wénhuà yíchǎn.

국보 제24호인 석굴암은 경상북도 경주시 토함산에 자리한 석굴 사찰입니다. 신라 경덕왕(10년) 751년 당시의 재상인 김대성이 그의 부모님을 추모하기 위하여 창건한 불국사의 부속 건물입니다. 인조 석굴에는 높이 3.26m의 화강암인 석가여래좌상 등 38개의 불상이 있습니다. 네 벽면에는 관음입상 · 금강역사 · 사대천왕 등의 부조가 새겨져 있으며, 신라 시대의 제일 걸작이라 불리고 있습니다.

1995년 12월에 유네스코에 의해 세계 문화 유산으로 지정되었습니다.

堪称 [kānchēng] ～라고 할 만하다, ～라고 할 수 있다

悼念 [dàoniàn] 추모하다

请说说宗庙(略，请参照149页)。

종묘에 대해 말해 보세요. (략, 149쪽을 참조하세요).

请说说昌德宫(略，请参照122页)。

창덕궁에 대해 말해 보세요. (략, 122쪽을 참조하세요).

주: 4, 5번 문제는 반드시 외워야 하는 문제입니다.

请说说水原华城。

수원 화성에 대해 말해 보세요.

水原华城堪称"东方城郭的典范"。位于京畿道水原市，朝鲜第
Shuǐyuán Huáchéng kānchēng "dōngfāng chéngguō de diǎnfàn". Wèiyú Jīngjī Dào Shuǐyuán Shì, Cháoxiǎn dì

22代王正祖大王下令修建的城郭，1796年落成。当时的丁若镛等人结
dài wáng Zhèngzǔ dàwáng xiàlìng xiūjiàn de chéngguō, nián luòchéng. Dāngshí de Dīng Ruòyōng děng rén jié

合东西方的建筑技术及风格进行建造，因此有极高的科学性和实用
hé dōngxīfāng de jiànzhù jìshù jí fēnggé jìnxíng jiànzào,　　yīncǐ yǒu jígāo de kēxuéxìng hé shíyòng

性。是为了抵御外敌入侵而建筑的军事设施。登上西将台，市内风景
xìng. Shì wèile dǐyù wàidí rùqīn ér jiànzhù de jūnshì shèshī.　　Dēngshàng Xījiàngtái, shìnèi fēngjǐng

尽收眼底。
jìnshōuyǎndǐ.

水原华城不仅具有军事防御功能，还具有百姓生活的邑城市区
Shuǐyuán Huáchéng bùjǐn jùyǒu jūnshì fángyù gōngnéng, hái jùyǒu bǎixìng shēnghuó de yìchéng shìqū

功能。水原华城也有著名的四大门。即，苍龙门（东），华西门（西，宝
gōngnéng. Shuǐyuán Huáchéng yě yǒu zhùmíng de sì dà mén. Jí, Cānglóngmén(dōng), Huáxīmén (xī, bǎo

物403），八达门（南，宝物402），长安门（北）。正门为长安门。
wù), Bādámén (nán, bǎowù), Cháng'ānmén(běi). Zhèngmén wéi Cháng'ānmén.

1963年被政府指定为史迹第3号，于1997年12月被联合国教科文
nián bèi zhèngfǔ zhǐdìngwéi shǐjì dì hào, yú nián yuè bèi Liánhéguó Jiàokēwén

组织指定为世界文化遗产。
zǔzhī zhǐdìngwéi Shìjiè wénhuà yíchǎn.

　　수원 화성은 "동양 성곽의 패러다임"으로 불리고 있습니다. 경기도 수원시에 위치하고 있으며, 조선 제22대왕 정조의 명에 의해 건축된 성곽입니다. 1796년에 준공되었으며, 당시 정약용 등 인사들이 동서양의 건축 기술과 기풍을 융합하여 지었기 때문에 과학성과 실용성이 매우 뛰어납니다. 성곽은 외부 침략을 방어하기 위해 건축한 군사 시설입니다. 서장대에 오르면 시내 풍경이 한 눈에 들어 옵니다.

　　수원 화성은 군사 방어 기능 뿐만 아니라 백성들이 생활하는 읍성 도시 기능도 갖추고 있습니다. 수원 화성에도 유명한 4대문이 있습니다. 즉 창룡문(동), 화서문(서, 보물 403), 팔달문(남, 보물 402), 장안문(북)입니다. 정문은 장안문입니다.

　　1963년 정부에 의해 사적 제3호로 지정되었고, 1997년 12월에 유네스코에 의해 세계 문화 유산으로 지정되었습니다.

西将台 [Xījiàngtái] 서장대, 군사 지휘관의 지휘대
尽收眼底 [jìnshōuyǎndǐ] [성] 한눈에 들어오다, 눈 앞에 펼쳐 있다

请说说庆州历史遗址区。

경주 역사 유적지에 대해 말해 보세요.

庆尚北道庆州市是体现新罗千年文化的王都。堪称"没有围墙
Qìngshàngběi Dào Qìngzhōu Shì shì tǐxiàn Xīnluó qiān nián wénhuà de wángdū. Kānchēng "méiyǒu wéiqiáng

的博物馆"。众多的文化财分布在庆州的整个地区。被联合国指定为
de bówùguǎn". Zhòngduō de wénhuàcái fēnbù zài Qìngzhōu de zhěnggè dìqū. Bèi Liánhéguó zhǐdìngwéi

世界遗产的佛国寺、石窟庵，历史村庄庆州良洞民俗村都在这里。是
Shìjiè yíchǎn de Fóguósì、Shíkūān, lìshǐ cūnzhuāng Qìngzhōu Liáng Dòng mínsúcún dōu zài zhèli. Shì

名副其实的新罗时代的历史遗址区。分为五个地区：① 即佛教美术
míngfùqíshí de Xīnluó shídài de lìshǐ yízhǐqū. Fēnwéi wǔ gè dìqū: jí fójiào měishù

宝库的南山区；② 千年王朝的宫廷遗址月城区；③ 新罗王陵等的古
bǎokù de Nánshān qū; qiān nián wángcháo de gōngtíng yízhǐ Yuèchéng qū; Xīnluó wánglíng děng de gǔ

墓群所在地大陵苑区；④ 新罗佛教的精华皇龙寺区；⑤ 王都防守设
mùqún suǒzàidì Dàlíngyuàn qū; Xīnluó fójiào de jīnghuá Huánglóngsì qū; wángdū fángshǒu shè

施的核心山城明火山城等。雕刻、浮雕、形态各异的塔等，体现了当
shī de héxīn shānchéng Mínghuǒ shānchéng děng. Diāokè、fúdiāo、xíngtài gèyì de tǎ děng, tǐxiàn le dāng

时韩国佛教艺术的全新面貌。
shí Hánguó fójiào yìshù de quánxīn miànmào.

被联合国教科文组织列为12个文化都市之一。于2000年12月被指
Bèi Liánhéguó Jiàokēwén zǔzhī lièwéi gè wénhuà dūshì zhīyī. Yú nián yuè bèi zhǐ

定为世界文化遗产。
dìngwéi Shìjiè wénhuà yíchǎn.

（参考：庆州历史遗址区主要名胜古迹有雁鸭池、大陵苑、天马
(cānkǎo: Qìngzhōu lìshǐ yízhǐqū zhǔyào míngshèng gǔjì yǒu Yànyāchí、Dàlíngyuàn、Tiānmǎ

冢、国立庆州博物馆、瞻星台、新罗千年公园、石窟庵、佛国寺、海中
zhǒng、Guólì Qìngzhōu bówùguǎn、Zhānxīngtái、Xīnluó Qiānnián gōngyuán、Shíkūān、Fóguósì、Hǎizhōng

王陵等。）
wánglíng děng.)

경상북도 경주시는 신라 천 년의 문화 역사를 보여 주는 왕도입니다. "벽이 없는 박물관"으로 불리고 있습니다. 수많은 문화재가 경주시 전역에 분포되어 있습니다. 유네스코에 의해 세계 문화 유산으로 지정된 불국사 · 석굴암 · 역사 마을 경주 양동 민속 마을이 모두 이곳에 자리하고 있습니다. 명실상부한 신라 시대의 역사유적지입니다. 5개 지역으로 나눕니다. ① 불교 미술의 보고인 남산 지역 ② 천년 왕조의 궁정 유적지인 월성 지역 ③ 신라 왕능의 고분 군 소재지인 대능원 지역 ④ 신라 불교의 정수인 황룡사 지역 ⑤ 왕도를 방어하는 시설의 중심 산성인 명화 산성 지역 등입니다. 다양한 조각 · 부조 · 탑들이 당시 한국 불교 예술의 새로운 모습을 자랑합니다.

유네스코에 의해 12개 문화 도시 중 하나로 지정되었고, 2000년 12월에 세계 문화 유산으로 지정되었습니다.

(참고: 경주 역사유적지 주요 명승고적은 안압지, 대능원, 천마총, 국립 경주박물관, 첨성대, 신라 천년공원, 석굴암, 불국사, 바다왕릉 등이 있습니다.)

请说说高敞、和顺、江华支石墓遗址。

고창 · 화순 · 강화 고인돌 유적에 대해 말해 보세요.

韩国的高敞(全北)、和顺(全南)、江华(仁川)支石墓遗址，是公元
Hánguó de Gāochǎng(Quánběi)、Héshùn(Quánnán)、Jiānghuá(Rénchuān) zhīshímù yízhǐ, shì gōngyuán

前2000~3000年的史前时代，统治此地的族长的墓地。是研究支石墓
qián   nián de shǐqián shídài, tǒngzhì cǐdì de zúzhǎng de mùdì.   Shì yánjiū zhīshímù

变化和历史的重要遗产。
biànhuà hé lìshǐ de zhòngyào yíchǎn.

分别被韩国政府指定为史迹第391号，410号，137号。于2000年12
Fēnbié bèi Hánguó zhèngfǔ zhǐdìngwéi shǐjì dì   hào,   hào,   hào. Yú   nián

月被联合国教科文组织指定为世界文化遗产。
yuè bèi Liánhé guójiàokēwén zǔzhī zhǐdìngwéi Shìjiè wénhuà yíchǎn.

한국의 고창(전북), 화순(전남), 강화(인천) 고인돌 유적은 기원전 2000~3000년의 선사 시대에 이 지역을 지배하던 족장의 묘지입니다. 고인돌의 변화와 역사를 연구하는 중요한 유산입니다.

한국 정부에 의해 사적 제391호, 410호, 137호로 지정되었고, 2000년 12월에 유네스코에 의해 세계 문화 유산으로 지정되었습니다.

请说说济州火山岛与熔岩洞窟。

제주 화산섬과 용암동굴에 대해 말해 보세요

韩国的自然遗产区在济州岛，主要分为三个部分。① 济州岛的
Hánguó de zìrán yíchǎnqū zài Jìzhōudǎo,　　　zhǔyào fēnwéi sān gè bùfen.　　　Jìzhōudǎo de

汉拿山自然保护区（1966 年指定为天然纪念物）；② 城山日出峰；
Hànná Shān zìrán bǎohùqū　　　（nián zhǐdìngwéi tiānrán jìniànwù）;　　　Chéngshān rìchūfēng;

③ 拒文岳熔岩洞窟。其中，善屹里拒文岳作为济州岛368 个寄生火山
Jùwényuè róngyán dòngkū. Qízhōng, Shànyìlǐ Jùwényuè zuòwéi Jìzhōudǎo　　　gè jìshēng huǒshān

之一，2005 年在济州寄生火山中，最早指定为天然纪念物(第444 号)。
zhī yī,　　　nián zài Jìzhōu jìshēng huǒshān zhōng, zuì zǎo zhǐdìngwéi tiānrán jìniànwù　（dì　　hào）.

被指定的主要理由是，济州20 多个著名洞窟，包括"金宁窟"、"万丈
Bèi zhǐdìng de zhǔyào lǐyóu shì,　Jìzhōu　duō gè zhùmíng dòngkū, bāokuò "Jīnníngkū"、"Wànzhàng

窟"等，形成这些洞窟构造的发源地，正是善屹里拒文岳。
kū" děng,　xíngchéng zhèxiē dòngkū gòuzào de fāyuándì, zhèngshì Shànyìlǐ Jùwényuè.

于2007 年6 月被联合国教科文组织指定为世界自然遗产。
Yú　　　nián　yuè bèi Liánhéguó Jiàokēwén zǔzhī zhǐdìngwéi Shìjiè zìrán yíchǎn.

　　한국의 자연 유산 지역은 제주도입니다. 주로 3개 부분으로 구성되어 있습니다. ① 한라산 천연보호구역(1966년 천연기념물로 지정됨) ② 성산일출봉 ③ 거문악 용암동굴입니다. 그중 선흘리 거문악은 제주도 368개 기생화산 중의 하나로 제주도 오름으로는 2005년에 최초로 천연기념물(제 444호)로 지정되었고, 지정된 중요한 이유는 "김녕굴"·"만장굴"등을 포함한 20여 개의 유명한 동굴의 용암동굴 구조를 형성시킨 근원지이기 때문입니다.

　　2007년 6월에 세계 자연 유산으로 지정되었습니다.

拒文岳 [jùwényuè] 거문악의 한자표기 거문(拒文)은 뜻이 없이 고유어 "검은"을 한자로 빌려 적은 차자 표기이며, 악(岳)도 오름을 한역한 것이다. 오름은 제주의 방언으로 기생화산을 일컫는다.

请说说朝鲜王陵。

조선왕릉에 대해 말해 보세요.

长达五百多年的朝鲜王陵，是朝鲜王朝历代王和王妃的陵寝。陵
Chángdá wǔbǎi duō nián de Cháoxiǎn wánglíng, shì Cháoxiǎn wángcháo lìdài wáng hé wángfēi de língqǐn.　Líng

区总共有陵44座，其中40座全都登入世界文化遗产里。如此完好的王
qū zǒnggòng yǒu líng　zuò, qízhōng　zuò quán dōu dēngrù Shìjiè wénhuà yíchǎnlǐ.　Rúcǐ wánhǎo de wáng

陵，在全世界都极为罕见。依照"经国大典"里的明示，陵寝应在首尔
líng, zài quán shìjiè dōu jíwéi hǎnjiàn.　Yīzhào "jīngguó dàdiǎn" lǐ de míngshì,　língqǐn yīng zài Shǒu'ěr

西大门外100里以内。但实际上除了在北韩的"厚陵"和京畿道丽州的
Xīdàmén wài　lǐ yǐnèi.　Dàn shíjìshàng chúle zài Běihán de　"hòulíng"　hé Jīngjīdào Lìzhōu de

"英陵"、"宁陵"，江原道宁月的"庄陵"外，都安葬在了首尔四大门
"Yīnglíng"、　"Nínglíng",　Jiāngyuándào Níngyuè de "Zhuānglíng" wài, dōu ānzàngzài le Shǒu'ěr sì dà mén

外100里以内。
wài　lǐ yǐnèi.

朝鲜王陵全部被韩国政府指定为史迹。于2009年6月被联合国教
Cháoxiǎn wánglíng quánbù bèi Hánguó zhèngfǔ zhǐdìngwéi Shǐjì. Yú　nián　yuè bèi Liánhéguó Jiào

科文组织指定为世界文化遗产。
kēwén zǔzhī zhǐdìngwéi Shìjiè wénhuà yíchǎn.

　　500여 년이란 긴 세월을 지닌 조선왕릉은 조선 왕조 역대 왕과 왕비의 능침입니다. 능역에는 모두 44기의 능이 있습니다. 그 중 40기가 전부 세계 문화 유산으로 등록되었습니다. 이렇듯 잘 보존되어 있는 왕릉은 세계적으로도 드뭅니다. "경국대전"에 명시한 대로 능침은 서울 서대문 밖 100리 안에 안치되어야 한다고 하였습니다. 실제로는 북한에 "후령"과 경기도 여주 "영릉"·"녕릉", 강원도 영월에 "장릉" 외 모두 서울 사대문 밖, 100리 내에 안치되어 있습니다.

　　조선왕릉은 전체가 정부에 의해 사적으로 지정되었고, 2009년 6월에 유네스코에 의해 세계 문화 유산으로 지정되었습니다.

请说说庆州良洞村和安东河回村。

경주 양동마을과 안동 하회마을에 대해 말해 보세요.

庆尚北道庆州良洞民俗村和安东河回村是，韩国著名的朝鲜
Qìngshàngběi Dào Qìngzhōu Liáng Dòng Mínsúcūn hé Āndōng Héhuícūn shì, Hánguó zhùmíng de Cháoxiǎn

时代儒教式的两班文化民俗村。具有500~600多年的历史。保存有
shídài rújiàoshì de liǎngbān wénhuà mínsúcūn. Jùyǒu duō nián de lìshǐ. Bǎocún yǒu

许多"精舍"、"书院"、"两班住宅"、"河回假面(国宝121号)"等
xǔduō "jīngshě"、 "shūyuàn"、 "liǎngbān zhùzhái"、 "Héhuí jiǎmiàn (guóbǎo hào)" děng

国宝、宝物、民俗资料，整个村庄就是一个文化财。
guóbǎo、 bǎowù、 mínsú zīliào, zhěng gè cūnzhuāng jiùshì yí gè wénhuàcái.

安东河回村，洛东江围绕着村庄，所以叫河回村。又是著名河回
Āndōng Héhuícūn, Luòdōngjiāng wéiràozhe cūnzhuāng, suǒyǐ jiào Héhuícūn. Yòushì zhùmíng Héhuí

假面具的发祥地。英国女王伊丽莎白(1999年4月)曾访问于此，使这
jiǎmiànjù de fāxiángdì. Yīngguó nǚwáng Yīlìshābái (nián yuè) céng fǎngwèn yú cǐ, shǐ zhè

里更加名声大震。
lǐ gèngjiā míngshēng dàzhèn.

良洞民俗村，于1984年分别被韩国政府指定为重要民俗资料第
Liángdòng Mínsúcūn, yú nián fēnbié bèi Hánguó zhèngfǔ zhǐdìngwéi zhòngyào mínsú zīliào dì

189号和第122号，于2010年7月被联合国教科文组织指定为世界文化遗
hào hé dì hào, yú nián yuè bèi Liánhéguó jiàokēwén zǔzhī zhǐdìngwéi Shìjiè wénhuà yí

产。
chǎn.

경상북도 경주 양동 마을과 안동 하회 마을은 조선 시대의 우명한 유교식 양반 문화 민속마을입니다. 500~600여 년의 역사가 유래합니다. "정사"·"서원"·"양반가옥"·"하회탈(국보 121호)"과 같은 국보·보물·민속 자료 등 많은 문화재를 보존하고 있어 마을 전체가 문화재입니다.

안동 하회 마을은 낙동강이 마을을 휘감아 돌아 하회마을이라 하고 또한 유명한 하회탈의 발상지입니다. 영국의 엘리자베스 여왕이(1999년 4월) 이곳을 방문하여 더욱 큰 명성을 떨쳤습니다.

양동과 하회마을은 1984년 정부에 의해 중요 민속 자료 제189호와 제122호로 지정되었고, 2010년 7월에는 유네스코에 의해 세계 문화 유산으로 지정되었습니다.

生词 새단어

精舍 [jīng shě] 정련행자들, 즉 신앙에 따라 수행을 계속하는 사람들이 머무르는 곳

文化财 [wénhuàcái] 문화재는 고고학·선사학·역사학·문학·예술·과학·종교·민속·생활 양식 등에서 문화적 가치가 있다고 인정되는 인류 문화 활동의 소산(所産)

请说说南汉山城。

남한산성에 대해 말해 보세요

南汉山城坐落于京畿道广州市中部面山城里。南汉山城是新罗
Nánhàn shānchéng zuòluòyú Jīngjī Dào Guǎngzhōu Shì Zhōngbù Miàn shānchéng Lǐ. Nánhàn shānchéng shì Xīnluó

文武王时期砌筑的昼长城的旧址上，1624 年朝鲜王朝仁祖时期（仁祖
Wénwǔwáng shíqī qìzhù de Zhòuchángchéng de jiùzhǐ shàng,　　　nián Cháoxiǎn wángcháo Rénzǔ shíqī (Rénzǔ)

2）建造的城郭。
jiànzào de chéngguō.

1636 年，丙子胡乱时，仁祖李倧曾在此避难四十六日。因此南汉
nián, Bǐngzǐhúluàn shí,　Rénzǔ Lǐ Zōng céng zài cǐ bìnàn sìshí liù rì.　Yīncǐ Nánhàn

山城可以说是一个具有重要意义的历史遗址。1963 年1 月21 日，被韩国
shānchéng kěyǐ shuō shì yí gè jùyǒu zhòngyào yìyì de lìshǐ yízhǐ.　nián yuè rì, bèi Hánguó

政府指定为史迹第57 号。1971 年3 月17 日，又被指定为道立公园。
zhèngfǔ zhǐdìngwéi shǐjì dì hào.　nián yuè rì, yòu bèi zhǐdìngwéi dàolì gōngyuán.

2014 年6 月22 日，被联合国教科文组织（UNESCO），在卡塔尔多哈
nián yuè rì, bèi Liánhéguó Jiàokēwén zǔzhī,　zài Kǎtǎ'ěr Duōhā

举行的第38 届世界遗产委员会大会上指定为世界文化遗产。
jǔxíng de dì jiè Shìjiè yíchǎn wěiyuánhuì dàhuìshàng zhǐdìngwéi Shìjiè wénhuà yíchǎn.

　　남한산성은 경기도 광주시 중부면 산성리에 자리하고 있습니다. 신라 문무왕 때 쌓은 주장성의 옛터에 1624년 조선 왕조의 인조 때(인조 2)에 축성한 성곽입니다.

　　1636년 병자호란 때 인조 이종이 이곳에서 46일을 피난한 바가 있습니다. 그래서 남한산성은 중요한 의의를 지닌 역사 유적지라 할 수 있습니다. 1963년 1월 21일에 한국 정부에 의해 사적 제57호로 지정되었고, 1971년 3월 17일에 도립공원으로 지정되었습니다.

　　2014년 6월 22일에 유네스코가 카타르 수도 도하에서 개최한 제38회 세계 유산 위원회 대회에서 세계 문화 유산으로 지정하였습니다.

生词 새단어

仁祖李倧 [Rénzǔ Lǐ Zōng] 인조 이종(선조의 손자로 정원군의 아들이며 조선의 16대 왕)

请说说百济历史遗址区。

백제 역사 유적지구에 대해 말해 보세요.

百济历史遗址区有 ① 公州公山城, ② 公州松山里古坟群; ③
Bǎijì lìshǐ yízhǐqū yǒu   Gōngzhōu Gōngshānchéng, Gōngzhōu Sōngshān Lǐ gǔfénqún;

扶余官北里遗迹和扶苏山城, ④ 扶余陵山里古坟群, ⑤ 扶余定林寺
Fúyú Guānběi Lǐ yíjì hé Fúsū shānchéng,   Fúyú Língshān Lǐ gǔfénqún,   Fúyú Dìnglínsì

址, ⑥ 扶余罗城; ⑦ 益山王宫里遗迹, ⑧ 益山弥勒寺址等8处。
zhǐ,   Fúyú Luóchéng;   Yìshān Wánggōng Lǐ yíjì,   Yìshān Mílèsìzhǐ děng 8 chù.

百济历史遗址区展示了韩国、中国、日本, 古代东亚王国间交往
Bǎijì lìshǐ yízhǐqū zhǎnshì le Hánguó、   Zhōngguó、Rìběn, gǔdài dōngyà wángguó jiān jiāowǎng

的证据, 以及百济高超的建筑艺术和佛教的兴盛。
de zhèngjù,   yǐjí Bǎijì Gāochāo de jiànzhù yìshù hé fójiào de xīngshèng.

2015 年7 月4 日, 被联合国教科文组织指定为世界文化遗产。
nián   yuè   rì,   bèi Liánhéguó Jiàokēwén zǔzhī zhǐdìngwéi Shìjiè wénhuà yíchǎn.

백제 역사 유적지구는 ① 공주 공산성, ② 공주 송산리 고분근; ③ 부여 관북리 유적과 부소산성, ④ 부여 능산리 고분군, ⑤ 부여 정림사지, ⑥ 부여 나성; ⑦ 익산 왕궁리 유적, ⑧ 익산미륵사지 등 8곳입니다.

백제 역사 유적지구는 한국·중국·일본과 고대 동아시아 왕국들 사이의 교류 증거와 백제의 뛰어난 건축 예술 및 불교의 확산을 명시하였습니다.

2015년 7월 4일, 유네스코에 의해 세계 문화 유산으로 지정되었습니다.

弥勒 [mílè] [명] 미륵(석가의 다음으로 부처가 된다고 약속받은 보살)

(2) 세계 기록 유산

请列举韩国的世界记录遗产。

한국의 세계 기록 유산을 열거해 보세요.

1 训民正音(1997); 2 朝鲜王朝实录(1997);
　Xùnmínzhèngyīn;　　　　　　Cháoxiǎn wángcháo shílù;

3 直指心体要节(2001); 4 承政院日记(2001);
　Zhízhǐxīntǐyàojié;　　　　　　Chéngzhèngyuàn rìjì;

5 朝鲜王朝仪轨(2007); 6 海印寺大藏经板及诸经板(2007);
　Cháoxiǎn wángcháo yíguǐ;　　　　Hǎiyìnsì dàzàngjīngbǎn jí zhūjīngbǎn;

7 东医宝鉴(2009); 8 日省录(2011);
　Dōngyībǎojiàn;　　　　　Rìxǐnglù;

9 "5·18"光州民主化运动记录物(2011);
　　　　Guāngzhōu mínzhǔhuà yùndòng jìlùwù;

10 乱中日记(2013); 11 新乡村运动记录物(2013);
　Luànzhōng rìjì;　　　　Xīn xiāngcūn yùndòng jìlùwù;

12 韩国的儒教册板(2015);
　Hánguó de rújiào cèbǎn;

13 KBS电视台特别节目直播"寻找离散家属"档案(2015)。
　　diànshìtái tèbié jiémù zhíbō　　"xúnzhǎo lísàn jiāshǔ" dàng'àn.

1 훈민 정음(1997); 2 조선 왕조 실록(1997);

3 직지 심체 요절(2001); 4 승정원 일기(2001);

5 조선 왕조 의궤(2007); 6 해인사 대장경판 및 제경판(2007);

7 동의보감(2009); 8 일성록(2011);

9 "5·18" 광주 민주화 운동 기록물(2011);

10 난중 일기(2013); 11 새마을 운동 기록물(2013);

12 한국의 유교 책판(2015);

13 KBS 특별 생방송 "이산가족을 찾습니다" 기록물(2015)

仪轨 [yíguǐ] [명] 의궤 – 조선 시대에 왕실이나 국가의 주요 행사의 내용을 정리한 기록

请说说训民正音。

훈민정음에 대해 말해 보세요.

"训民正音"是"教百姓以正确声音"的意思。是1443年朝鲜王朝
"Xùnmínzhèngyīn" shì "jiāo bǎixìng yǐ zhèngquè shēngyīn" de yìsi.　Shì　nián Cháoxiǎn wángcháo

第四代君王世宗大王所创制的科学实用的韩国语(朝鲜语)文字书的
dì sì dài jūnwáng Shìzōng dàwáng suǒ chuàngzhì de kēxué shíyòng de Hánguóyǔ (Cháoxiǎnyǔ) wénzìshū de

提名。"训民正音"由世宗大王写的《训民正音例义本》和郑麟趾等学
tímíng.　"Xùnmínzhèngyīn" yóu Shìzōng dàwáng xiě de "Xùnmínzhèngyīn lìyìběn"　hé Zhèng Línzhǐ děng xué

者对其《训民正音例义本》作诠释的《训民正音解例本》构成。1446年
zhě duì qí　"Xùnmínzhèngyīn lìyìběn"　zuò quánshì de "Xùnmínzhèngyīn jiělìběn"　gòuchéng.　nián

正式颁布。
zhèngshì bānbù.

世宗大王为百姓扫除文盲, 掌握简便易学的文字, 为提高国家整
Shìzōng dàwáng wéi bǎixìng sǎochú wénmáng, zhǎngwò jiǎnbiànyìxué de wénzì, wéi tígāo guójiā zhěng

个百姓的文化素质, 做出了巨大的贡献。至今被称颂为朝鲜王朝历史
gè bǎixìng de wénhuà sùzhì,　zuòchū le jùdà de gòngxiàn. Zhìjīn bèi chēngsòngwéi Cháoxiǎn wángcháo lìshǐ

上, 最贤明、最伟大的国王。
shang zuì xiánmíng、zuì wěidà de guówáng.

韩文是按发音书写的表音文字, 同时也是音素文字。基本字母有
Hánwén shì àn fāyīn shūxiě de biǎoyīn wénzì,　tóngshí yě shì yīnsù wénzì.　Jīběn zìmǔ yǒu

14个子音和10个母音, 共24个。再加上在此基础上组合形成的5个子
gè zǐyīn hé　gè mǔyīn,　gòng　gè.　Zài jiāshàng zài cǐ jīchǔshàng zǔhé xíngchéng de　gè zǐ

音和11个母音, 共使用40个字母。其基本字母如下。
yīn hé　gè mǔyīn,　gòng shǐyòng　gè zìmǔ.　Qí jīběn zìmǔ rúxià.

子音：ㄱ ㄴ ㄷ ㄹ ㅁ ㅂ ㅅ ㅇ ㅈ ㅊ ㅋ ㅌ ㅍ ㅎ
zǐyīn:

母音：ㅏ ㅑ ㅓ ㅕ ㅗ ㅛ ㅜ ㅠ ㅡ ㅣ
mǔyīn:

“训民正音”1962年被韩国政府指定为国宝第70号。1997年10月,
"Xùnmínzhèngyīn"　　　nián bèi Hánguó zhèngfǔ zhǐdìngwéi guóbǎo dì hào.　　　nián yuè,

被联合国教科文组织指定为世界记录遗产。
bèi Liánhéguó Jiàokēwén zǔzhī zhǐdìngwéi Shìjiè jìlù yíchǎn.

　　“훈민정음”은 “백성을 가르치는 바른 소리”라는 뜻입니다. 1443년 조선 왕조 제4대왕인 세종대왕이 창제하신 과학적이고 실용적인 한글(조선글) 책의 제목입니다. “훈민정음”은 세종대왕이 쓴《훈민정음예의본》과 정인지 등 학자들이《훈민정음예의본》에 대해 풀이한《훈민정음해례본》으로 구성되었습니다. 1446년 공식적으로 반포되었습니다.

　　세종대왕은 백성들의 문맹 퇴치, 간편한 문자를 배우고 익히기, 나라 전체 백성들의 문화 소양의 향상에 거대한 공적을 세웠습니다. 세종대왕은 오늘에 이르기까지 조선 왕조 역사상 가장 현명하고 가장 위대한 임금이라고 칭송되고 있습니다.

　　한글은 발음에 따라 쓰는 표음 문자이고 동시에 음소 문자이기도 합니다. 기본 자모는 14개 자음과 10개 모음으로 총 24개 입니다. 이 기초에서 추가 구성된 5개 자음과 11개 모음으로 총 40개 자모를 사용합니다. 그 기본 자모는 다음과 같습니다.

　　자음: ㄱ ㄴ ㄷ ㄹ ㅁ ㅂ ㅅ ㅇ ㅈ ㅊ ㅋ ㅌ ㅍ ㅎ

　　모음: ㅏ ㅑ ㅓ ㅕ ㅗ ㅛ ㅜ ㅠ ㅡ ㅣ

　　“훈민정음”은 1962년에 대한민국 정부에 의해 국보 제70호로 지정되었고, 1997년 10월에 유네스코에 의해 세계 기록 유산으로 지정되었습니다.

郑麟趾 [zhèng Línzhǐ] 정인지(조선 시대 초의 문신·학자)
颁布 [bānbù] [동] 공포하다, 반포하다

请说说直指心体要节。

직지심체요절에 대해 말해 보세요.

《直指心体要节》简称《直指》，全名是《白云和尚抄录佛祖直
《Zhízhǐxīntǐyàojié》　　　jiǎnchēng《Zhízhǐ》，　　quánmíng shì《Báiyúnhéshàngchāolùfózǔzhí

指心体要节》，是一部高丽佛经。这部佛经的中心思想是人具有了正
zhǐxīntǐyàojié》，　　　shì yí bù Gāolí fójīng.　　　Zhè bù fójīng de zhōngxīn sīxiǎng shì rén jùyǒu le zhèng

直的心态时，才会悟出正是佛主的真正理念。联合国教科文组织确认
zhí de xīntài shí,　　　cái huì wùchū zhèngshì fózhǔ de zhēnzhèng lǐniàn.　Liánhéguó Jiàokēwén zǔzhī quèrèn

了《直指》是现存世界上最古老的金属活字本，这部佛经比德国的约
le　《Zhízhǐ》　shì xiàncún shìjièshàng zuì gǔlǎo de jīnshǔ huózìběn,　　zhè bù fójīng bǐ Déguó de Yuē

翰内斯·谷登堡在1452 年至1455 年间所印制的《四十二行圣经》早了78
hànnèisī·Gǔdēngbǎo zài　　nián zhì　　nián jiān suǒ yìnzhì de　《Sìshí'èrháng shèngjīng》zǎo le

年。这部经书分上下两卷，上卷已经遗失，下卷则被保存在，法国位于
nián.　Zhè bù jīngshū fēn shàngxià liǎng juàn, shàngjuàn yǐjing yíshī, xiàjuàn zé bèi bǎocún zài, Fǎguó wèiyú

巴黎的，法国国立图书馆的东方文献室。（宝物第1132 号）
Bālí de,　　Fǎguó guólì túshūguǎn de dōngfāngwénxiànshì.　　(bǎowù dì　　hào)

2001 年9 月被联合国教科文组织指定为世界记录遗产。
nián　yuè bèi Liánhéguó Jiàokēwén zǔzhī zhǐdìngwéi Shìjiè jìlù yíchǎn.

　　《직지심체요절》의 약칭은《직지》라 하고, 총칭은《백운화상초록불조직지심체요절》이라 불리는 고려 불경입니다. 이 불경의 중심 이념은 사람이 마음을 바르게 가졌을 때 비로소 부처님의 진정한 이념임을 깨닫게 된다는 것입니다. 유네스코에서는《직지》를 전 세계에서 현존하는 가장 오래된 금속 활자본으로 독일의 요하네스·구텐베르크의 1452년 ~ 1455년에 제작된《42행성경》보다 78년이나 이르다는 것을 인정하였습니다.

　　이 경서는 상·하권인데 상권은 이미 소실되고, 현존하는 책은 하권인데 프랑스 파리의 국립도서관 동방문헌실에 소장되어 있습니다. (보물 제1132호)

　　2001년 9월 4일 유네스코에 의해 세계 기록 유산으로 지정되었습니다.

生词 새단어

悟出 [wùchū] [동] 깨닫다, 터득하다

理念 [lǐniàn] [명] 신념, 이념

遗失 [yíshī] [동] 유실하다, 분실하다

请说说海印寺大藏经板及诸经板。

해인사 대장경판 및 제경판에 대해 말해 보세요.

海印寺大藏经板又称八万大藏经(国宝第32号)。是13世纪高丽王
Hǎiyìnsì dàzàngjīngbǎn yòu chēng Bāwàndàzàngjīng (guóbǎo dì hào). Shì shìjì Gāolí wáng

朝为用佛力抵御蒙古的入侵，1236～1251年(高宗23年)用16年时间雕刻
cháo wéi yòng fólìdǐyù Ménggǔ de rùqīn, nián (Gāozōng nián) yòng nián shíjiān diāokè

成的世界上最重要、最全面、最经典的佛教大藏经之一。海印寺藏经
chéng de shìjièshàng zuì zhòngyào、zuì quánmiàn、zuì jīngdiǎn de fójiào dàzàngjīng zhīyī. Hǎiyìnsì zàngjīng

板殿内除了高丽八万大藏经板外，还收藏了自1098年到1958年，长期
bǎn diànnèi chúle Gāolí Bāwàn dàzàngjīngbǎn wài, hái shōucáng le zì nián dào nián, chángqī

以来制作的刻有佛教经典、历史、论文、版画等诸经板共五万多张。
yǐlái zhìzuò de kèyǒu fójiào jīngdiǎn、 lìshǐ、lùnwén、bǎnhuà děng zhūjīngbǎn gòng wǔ wàn duō zhāng.

2007年被联合国教科文组织指定为世界记录遗产。
nián bèi Liánhéguó Jiàokēwén zǔzhī zhǐdìngwéi Shìjiè jìlù yíchǎn.

해인사 대장경판은 팔만대장경이라고도 합니다(국보 제32호). 13세기 고려가 몽골의 침입을 불력으로 저항하기 위하여 1236 ～ 1251년(고종 23년) 16년이란 세월을 거쳐 완성한 세계적으로 가장 소중하고 완벽한 경전적인 불교 대장경 중 하나입니다. 해인사에는 팔만대장경 외에 또 1098~1958년에 이르기까지 오랜 기간 동안 창제해 온 불교 경전·역사·논문·판화 등의 제경판이 모두 오만여 장이 소장되어 있습니다.

2007년에 유네스코에 의해 세계 기록 유산으로 지정되었습니다.

抵御 [dǐyù] [동] 막아 내다, 방어하다

经典 [jīngdiǎn] [명] 경전, 중요하고 권위 있는 저작

诸 [zhū] 모든, 각각의, 하나 하나

请说说乱中日记。

난중일기에 대해 말해 보세요.

《乱中日记》(国宝第76号)，是李舜臣将军在战争中作为指挥
《Luànzhōng rìjì》 (guóbǎo dì hào), shì Lǐ Shùnchén jiāngjūn zài zhànzhēngzhōng zuòwéi zhǐhuī

官，亲自作的战况记录。这在世界历史上都是很难遇到的，实属罕见
guān, qīnzì zuò de zhànkuàng jìlù. Zhè zài shìjiè lìshǐshang dōushì hěn nán yùdào de, shíshǔ hǎnjiàn

的事例。已经得到了作为稀世珍贵记录遗产的高度评价。通过这项
de shìlì. Yǐjing dédào le zuòwéi xīshì zhēnguì jìlù yíchǎn de gāodù píngjià. Tōngguò zhè xiàng

遗产，可以纵观壬辰倭乱当时东亚列强的本来面貌，是具有历史性的
yíchǎn, kěyǐ zòngguān Rénchén wōluàn dāngshí dōngyà lièqiáng de běnlái miànmào, shì jùyǒu lìshǐxìng de

重要遗产。
zhòngyào yíchǎn.

2013年6月18日，被联合国教科文组织指定为世界记录遗产。
nián yuè rì, bèi Liánhéguó Jiàokēwén zǔzhī zhǐdìngwéi Shìjiè jìlù yíchǎn.

《난중일기》의 (국보 제76호)는 이순신 장군이 전쟁 중 지휘관으로서 전쟁의 상황을 친히 기록한 일기입니다. 이는 세계 역사에서도 매우 보기 드문 사례입니다. 기록 유산으로서의 희귀성을 이미 높이 평가 받았으며, 이 유산을 통해 전반적으로 임진왜란 당시의 동아시아 열강의 본 모습을 살펴볼 수 있는 역사적 의의를 가진 중요한 유산입니다.

2013년 6월 18일에 유네스코에 의해 세계 기록 유산으로 지정되었습니다.

生词 새단어

作为 [zuòwéi] [동] ~로 하다, ~으로 여기다

实属罕见 [shíshǔ hǎnjiàn] 보기 드물다, 희한하다

稀世珍贵 [xīshì zhēnguì] 세상에 보기 드물게 진귀하다

纵观 [zòngguān] [동] 전면적으로 관찰하다, 종관하다, 종람하다

列强 [lièqiáng] [명] 열강, 외국을 침략하여 국세를 확장한 여러 나라들

请说说新乡村运动记录物。

새마을 운동 기록물에 대해 말해 보세요.

"新乡村运动记录物", 被联合国教科文组织认定为, 是扫除贫
"Xīn xiāngcūn yùndòng jìlùwù", bèi Liánhéguó Jiàokēwén zǔzhī rèndìngwéi, shì sǎochú pín

困的典型模范事例。被非洲等诸发展中国家, 作为样板学习的"新乡
kùn de diǎnxíng mófàn shìlì. Bèi Fēizhōu děng zhū fāzhǎnzhōng guójiā, zuòwéi yàngbǎn xuéxí de "Xīn xiāng

村运动"的历史性记录物, 是官、民同心协力建设发展国家的成功模
cūn yùndòng" de lìshǐxìng jìlùwù, shì guān、mín tóngxīnxiélì jiànshè fāzhǎnguójiā de chénggōng mó

型, 也成了能被注册为记录遗产的决定性因素。
xíng, yě chéng le néng bèi zhùcèwéi jìlù yíchǎn de juédìngxìng yīnsù.

2013 年6 月18 日, 被联合国教科文组织指定为世界记录遗产。
nián yuè rì, bèi Liánhéguó Jiàokēwén zǔzhī zhǐdìngwéi Shìjiè jìlù yíchǎn.

　　"새마을 운동 기록물"은 유네스코가 인정한 빈곤 퇴치를 위한 전형적인 모범 사례입니다. 아프리카 등 개발국에서 본보기로 배우는 "새마을 운동"의 역사적 기록물로 민·관이 협력하여 국가를 발전시킨 성공적 모델 사례라는 점이 등재의 결정적 요인이 되었습니다.

　　2013년 6월 18일, 유네스코에 의해 세계 기록 유산으로 지정되었습니다.

生词 새단어

扫除 [sǎochú] [동] 청소하다, 제거하다

典型 [diǎnxíng] [명] 전형 | [형] 전형적이다

样板 [yàngbǎn] [명] 모범, 본보기

模型 [móxíng] [명] 모형, 거푸집

请说说韩国的儒教册板。

한국의 유교책판에 대해 말해 보세요.

韩国庆尚北道安东市桃山面，韩国国学振兴院收藏的"儒教册
Hánguó Qìngshàngběi Dào Āndōng Shì Táoshān Miàn, Hánguó guóxué zhènxìngyuàn shōucáng de "rújiāo cè

板"，被联合国教科文组织，在阿联酋阿布扎比举行的，第12次国际
bǎn", bèi Liánhéguó Jiàokēwén zǔzhī, zài Āliánqiú Ābùzhābǐ jǔxíng de, dì cì guójì

咨询委员会议上（2015年10月4~6日），选定为世界记录遗产。
zīxún wěiyuán huìyìshàng (nián yuè rì), xuǎndìngwéi Shìjiè jìlù yíchǎn.

韩国的儒教册板是从1460年到1955年制作的，由718种，共6万
Hánguó de rújiāo cèbǎn shì cóng nián dào nián zhìzuò de, yóu zhǒng, gong wàn

（64226）多块木刻板组成。内容包括儒学家的文集、性理学相关书籍
duō kuài mùkèbǎn zǔchéng. Nèiróng bāokuò rúxuéjiā de wénjí、 xìnglǐxué xiāngguān shūjí

等。其中还有"退溪先生文集"等，具有极高学术价值的册板。像这样
děng. Qízhōng hái yǒu "Tuìxī xiānsheng wénjí" děng, jùyǒu jígāo xuéshù jiàzhí de cèbǎn. Xiàng zhèyàng

跨越不同时代的记录物，集中在一起申报世遗的国家韩国是首例。
kuàyuè bùtóng shídài de jìlùwù, jízhōng zàiyìqǐ shēnbào Shìyí de guójiā Hánguó shì shǒulì.

2015年10月9日，被联合国教科文组织正式指定为世界记录遗
nián yuè rì, bèi Liánhéguó Jiàokēwén zǔzhī zhèngshì zhǐdìngwéi Shìjiè jìlù yí

产。
chǎn.

한국 경상북도 안동시 도산면 한국국학진흥원에 소장되어 있는 "유교책판"은 유네스코가 아랍 에미리트 아부다비에서 열린 제12차 국제 자문위원회의에서 (2015년 10월 4~6일) 세계 기록 유산으로 선정하였습니다.

한국의 유교책판은 1460년부터 1955년에 이르기까지 제작된 총 718종 6만여(64,226)장으로 구성된 목각판입니다. 유학자 문집·성리학 관련 서적 등의 콘텐츠를 포함하고 있으며, 그 중 "퇴계 선생 문집"과 같은 학술적 가치가 뛰어난 책판도 있습니다. 이렇게 시대를 뛰어넘는 기록물들을 모아 세계 유산으로 등재 신청한 나라는 한국이 처음입니다.

2015년 10월 9일에 유네스코에 의해 세계 기록 유산으로 공식 지정되었습니다.

生词 새단어

跨越 [kuàyuè] [동] (지역이나 시기의 한계를) 뛰어넘다, 건너뛰다
退溪文集 [Tuìxī wénjí] 조선 중기의 문신·학자 이황(李滉)의 시문집

请说说KBS电视台特别节目直播"寻找离散家属"档案。

KBS 특별생방송 "이산가족을 찾습니다" 기록물에 대해 말해 보세요.

KBS 电视台特别节目直播"寻找离散家属"档案，是1983 年6 月
diànshìtái tèbié jiémù zhíbō　　"xúnzhǎo lísàn jiāshǔ"　　dàng'àn, shì　　nián yuè

30 日到11 月14 日，经138 天进行的，世界上最长的现场直播节目的录影
rì dào　　yuè　　rì,　　jīng　　tiān jìnxíng de, shìjièshang zuì cháng de xiànchǎng zhíbō jiémù de lùyǐng

带、照片、图片等资料的总称。
dài、　zhàopiàn、túpiàn děng zīliào de zǒngchēng.

申请寻找离散家属的有10 万多件，被介绍的事例有5 万多件，实
Shēnqǐng xúnzhǎo lísàn jiāshǔ de yǒu　　wàn duō jiàn, bèi jièshào de shìlì yǒu　　wàn duō jiàn, shí

现相逢的有1 万多件。这一特别节目，让世界人看到了，把离散的悲
xiàn xiāngféng de yǒu wàn duō jiàn. Zhè yí tèbié jiémù,　　ràng shìjiè rén kàndào le,　　bǎ lísàn de bēi

痛，化为相逢的激动人心的场面。创出了韩国史上前所未有的奇迹。
tòng, huàwéi xiāngféng de jīdòng rénxīn de chǎngmiàn. Chuàngchū le Hánguóshǐshàng qiánsuǒwèiyǒu de qíjì.

2015 年10 月9 日，被联合国教科文组织指定为世界记录遗产。
nián　　yuè　 rì,　　bèi Liánhéguó Jiàokēwén zǔzhī zhǐdìngwéi Shijiè jìlù yíchǎn.

KBS 특별생방송 "이산가족을 찾습니다" 기록물은 1983년 3월 30일부터 11월 14일까지 138일에 거쳐 진행된 세계 최장의 생방송 프로그램의 비디오 테이프, 사진, 그림 등 자료의 총칭입니다.

이산가족을 찾는 신청은 10만여 건, 사연 방송 소개는 5만여 건, 이루어진 상봉은 1만여 건입니다. 이 특별 생방송은 세계인에게 이산의 아픔을 만남의 감격으로 느끼게 한 장면을 보여 주었습니다. 한국 역사상 전례가 없는 기적을 창조하였습니다.

2015년 10월 9일에 유네스코에 의해 세계 기록 유산으로 지정되었습니다.

生词 새단어

寻找 [xúnzhǎo] [동] 찾다, 구하다
前所未有 [qiánsuǒwèiyǒu] [성] 역사상 유례가 없다

(3) 세계 무형 문화 유산

请列举韩国的世界无形文化遗产。

한국의 세계 무형 문화 유산을 열거해 보세요.

1 宗庙祭礼和宗庙祭礼乐(2001); 2 板索里(2003);
Zōngmiào jìlǐ hé Zōngmiào jìlǐyuè;　　　　　Bǎnsuǒlǐ;

3 江陵端午祭(2005); 4 羌羌水越来(2009);
Jiānglíng Duānwǔjì;　　　　Qiāngqiāngshuǐyuèlái

5 男寺党游戏(2009); 6 灵山斋(2009);
Nánsìdǎng yóuxì;　　　　Língshānzhāi;

7 济州七头堂灵灯祭(2009); 8 处容舞(2009); 9 歌曲(2010);
Jìzhōu Qītóutáng Língdēngjì;　　Chùróngwù;　　　Gēqǔ;

10 大木匠(2010); 11 鹰打猎(2010); 12 跆跟(2011);
Dàmùjiàng　　　　Yīngdǎliè;　　　Táigēn;

13 走钢丝(2011); 14 韩山苎麻(2011); 15 阿里郎(2012);
Zǒu gāngsī;　　　Hánshān zhùmá;　　Ālǐláng;

16 越冬泡菜文化(2013); 17 农乐(2014); 18 拔河(2015);
Yuèdōng pàocài wénhuà;　　Nóngyuè;　　Báhé;

19 济州海女文化(2016)。
Jìzhōu hǎinǚ wénhuà.

1 종묘제례와 종묘제례악(2001); 2 판소리(2003); 3 강릉 단오제(2005);

4 강강술래(2009); 5 남사당놀이(2009); 6 영산재(2009)

7 제주 칠머리당 영등굿(2009); 8 처용무(2009); 9 가곡(2010);

10 대목장(2010); 11 매사냥(2010); 12 택견(2011);

13 줄타기(2011); 14 한산모시(2011); 15 아리랑(2012);

16 김장 문화(2013); 17 농악(2014); 18 줄다리기(2015);

19 제주 해녀문화(2016)

灵灯祭 [Língdēngjì] [명] 영등굿. 음력 2월에 제주에서 시행하는 세시풍속이다.

请说说宗庙祭礼和宗庙祭礼乐。

종묘제례와 종묘제례악에 대해 말해 보세요.

宗庙祭礼是指在供奉朝鲜王朝历代国王和王妃灵位的祠堂，每
Zōngmiào jìlǐ shì zhǐ zài gòngfèng Cháoxiān wángcháo lìdài guówáng hé wángfēi língwèi de cítáng, měi

年五月的第一个星期天举行的祭奠仪式。(重要无形文化财第56号)。
nián Wǔyuè de dì yī ge Xīngqītiān jǔxíng de jìdiàn yíshì. (zhòngyào wúxíng wénhuàcái dì hào).

宗庙祭礼乐是举行宗庙祭礼仪式时，与舞蹈同时演奏的音乐。祭
Zōngmiào jìlǐyuè shì jǔxíng zōngmiào jìlǐ yíshì shí, yǔ wǔdǎo tóngshí yǎnzòu de yīnyuè. Jì

礼乐曲有赞颂先王文德、武功为内容的"保太平"，"定大业"等十一
lǐ yuèqǔ yǒu zànsòng xiānwáng Wéndé、wǔgōng wéi nèiróng de "bǎo tàipíng", "dìng dàyè" děng shíyī

曲。1964年被韩国政府指定为重要无形文化财第一号。
qǔ. nián bèi Hánguó zhèngfǔ zhǐdìngwéi zhòngyào wúxíng wénhuàcái dì yī hào.

2001年被联合国教科文组织指定为世界无形文化遗产。
nián bèi Liánhéguó Jiàokēwén zǔzhī zhǐdìngwéi Shìjiè wúxíng wénhuà yíchǎn.

종묘 제례는 조선 왕조 역대 왕과 왕비의 신주를 모시는 사당인 종묘에서 매년 5월 첫 번째 일요일에 거행하는 종묘 제례 의식을 말합니다. (중요 무형문화재 제56호)

종묘 제례악은 제례 의식을 거행하면서 춤과 함께 연주되는 음악입니다. 제례 악곡으로는 선왕의 문덕·무공을 찬양하는 내용으로 "보태평", "정대업" 등의 11곡이 있습니다. 1964년 한국 정부에 의해 중요 무형 문화재 제1호로 지정되었습니다.

2001년 유네스코에 의해 세계 무형 문화 유산으로 지정되었습니다.

生词 새단어

祭奠 [jìdiàn] [동] (제사를 지내어) 추모하다, 추도하다

无形文化财 [wúxíng wénhuàcái] [명] 무용, 음악, 공예 기술 등 형체가 없는 문화재

请说说板索里(盘索里)。

판소리에 대해 말해 보세요.

板索里是以乡土的旋律为基础，一个鼓手和一个演唱者，把故事
Bǎnsuǒlǐ shì yǐ xiāngtǔ de xuánlǜ wéi jīchǔ,　yī gè gǔshǒu hé yí gè yǎnchàngzhě,　bǎ gùshi

以歌曲形式唱出来的韩国传统清唱。出现于18世纪，源于全罗道。
yǐ gēqǔ xíngshì chàngchūlái de Hánguó chuántǒng qīngchàng. Chūxiànyú　shìjì,　yuányú Quánluó Dào.

演唱内容主要有五场，即春香歌、沈青歌、兴夫歌、水宫歌、赤壁
Yǎnchàng nèiróng zhǔyào yǒu wǔ chǎng, jí Chūnxiānggē、Shěnqīnggē、Xìngfūgē、Shuǐgōnggē、Chìbì

歌。1964年被韩国政府指定为重要无形文化财第5号。
gē.　nián bèi Hánguó zhèngfǔ zhǐdìngwéi zhòngyào wúxíng wénhuàcái dì hào.

2003年11月7日，被联合国教科文组织列入世界无形文化遗产。
nián　yuè　rì,　bèi Liánhéguó Jiàokēwén zǔzhī lièrù Shìjiè wúxíng wénhuà yíchǎn.

판소리는 향토의 선율을 토대로 한 명의 고수와 한 명의 소리꾼이 이야기를 노래로 부르는 한국의 전통 노래(오라토리오)입니다. 18세기에 전라도에서 유래되었습니다. 공연 내용은 주로 5마당이 있는데, 즉 춘향가, 심청가, 흥부가, 수궁가, 적벽가가 있습니다. 1964년에 한국 정부에 의해 중요 무형 문화재 제5호로 지정되었습니다.

2003년 11월 7일에는 유네스코에 의해 세계 무형 문화 유산으로 지정되었습니다.

旋律 [xuánlǜ] [명] 선율, 멜로디

清唱 [qīngchàng] [동] 반주 없이 노래하다(오라토리오)

请说说江陵端午祭。

강릉 단오제에 대해 말해 보세요.

江陵端午祭是韩国江原道江陵地区，流传下来的庆祝端午节时，
Jiānglíng Duānwǔjì shì Hánguó Jiāngyuán Dào Jiānglíng dìqū, liúchuánxiàlai de qìngzhù Duānwǔ Jié shí,

祈愿农业丰收的意义上，对山神搞祭拜仪式的传统习俗。也叫巫俗
qíyuàn nóngyè fēngshōu de yìyì shàng, duì shānshén gǎo jìbài yíshì de chuántǒng xísú. Yě jiào wūsú

祭。1967年被韩国政府指定为重要无形文化财第13号。
jì. nián bèi Hánguó zhèngfǔ zhǐdìngwéi zhòngyào wúxíng wénhuàcái dì hào.

2005年11月被联合国教科文组织指定为世界无形文化遗产。
nián yuè bèi Liánhéguó Jiàokēwén zǔzhī zhǐdìngwéi Shìjiè wúxíng wénhuà yíchǎn.

강릉 단오제는 강원도 강릉 지방에서 전해 내려오는 농사의 풍년을 기원하면서 단오에 산신에게 제사를 올리는 전통 풍습입니다. 무속제라고도 합니다. 1967년 한국 정부에 의해 중요 무형 문화재 제13호로 지정되었습니다.

2005년 11월에 유네스코에 의해 세계 무형 문화 유산으로 지정되었습니다.

生词 새단어

祈愿 [qíyuàn] [동] 희망하다, 바라다, 기원하다

搞 [gǎo] [동] 하다, 처리하다, 취급하다, 종사하다

祭拜 [jìbài] [동] 제사 지내다

巫俗祭 [wūsújì] 무속제(무당을 중심으로 하여 전승되는 종교적 현상)

请说说羌羌水越来(强强须来)。

강강술래에 대해 말해 보세요.

羌羌水越来是全罗道地区流传下来的民俗游戏。每年的中秋夜
Qiāngqiāngshuǐyuèlái shì Quánluó Dào dìqū liúchuánxiàlái de mínsú yóuxì.　Měinián de Zhōngqiū yè

晚，打扮漂漂亮亮的数十名妇女们，选一个场地聚在一起，手拉手转
wǎn,　dǎban piàopiaoliàngliàng de shùshí míng fùnǚmen,　xuǎn yí gè chǎngdì jù zàiyìqǐ,　　shǒulāshǒuzhuǎn

成圆圈，领唱合唱羌羌水越来的歌，跑跳玩儿的游戏。特别在抵抗倭
chéng yuánquān, lǐngchàng héchàng qiāngqiāngshuǐyuèlái de gē, pǎotiàowánr de yóuxì. Tèbié zài dǐkàng Wō

寇的李舜臣将军指挥的战争年代，为了鼓舞我军的士气，迷惑和灭敌
kòu de Lǐ Shùnchén jiāngjūn zhǐhuī de zhànzhēng niándài, weile gǔwǔ wǒjūn de shìqì,　　míhuò hé miè dí

人的威风，而唱跳的游戏。1966年被韩国政府指定为重要无形文化财
rén de wēifēng,　ér chàngtiào de yóuxì.　　nián bèi Hánguó zhèngfǔ zhǐdìngwéi zhòngyào wúxíng wénhuàcái

第8号。
dì　hào.

2009年9月被联合国教科文组织指定为世界无形文化遗产。
nián　yuè bèi Liánhéguó Jiàokēwén zǔzhī zhǐdìngwéi Shìjiè wúxíng wénhuà yíchǎn.

강강술래는 전라도 지방에서 전해 내려오는 민속 놀이입니다. 매년 추석 날 밤이면 곱게 단장한 부녀자 수십 명이 일정한 장소에 모여 손에 손을 잡고 원형을 이루며, 강강술래 노래를 선창과 합창으로 부르며 뛰노는 놀이입니다. 특히 왜구에 저항하던 이순신 장군이 지휘하던 전쟁 때 아군의 사기를 돋구고 적군을 미혹하며, 기세를 꺾기 위하여 노래하고 춤추는 놀이였습니다. 1966년 2월 15일 한국 정부에 의해 중요 무형 문화재 제8호로 지정되었습니다.

2009년 9월에 유네스코에 의해 세계 무형 문화 유산으로 지정되었습니다.

倭寇 [Wōkòu] [명] 왜구, 일본인 해적의 총칭
鼓舞 [gǔwǔ] [동] 고무하다, 격려하다
迷惑 [míhuo] [동] 미혹되다, 판단력을 잃다

请说说跆跟。

택견에 대해 말해 보세요.

跆跟，古称脚戏，是韩半岛古代的一种传统武术。1983 年被韩国
Táigēn, gǔchēng jiǎoxì, shì hánbàndǎo gǔdài de yì zhǒng chuántǒng wǔshù. nián bèi Hánguó

政府指定为重要无形文化财第76号。
zhèngfǔ zhǐdìngwéi zhòngyào wúxíng wénhuàcái dì hào.

跆跟最初源于韩半岛的三国时代。跆跟以腿脚为主，拳掌为辅，
Táigēn zuìchū yuányú hánbàndǎo de sānguó shídài. Táigēn yǐ tuǐjiǎo wéizhǔ, quánzhǎng wéi fǔ,

注重利用对方弱点或借对方之力反击并使其摔倒。是一种柔中带刚
zhùzhòng lìyòng duìfāng ruòdiǎn huò jiè duìfāng zhī lì fǎnjī bìng shǐ qí shuāidǎo. Shì yì zhǒng róuzhōngdàigāng

的武艺。
de wǔyì.

2011 年11 月28 日，被联合国教科文组织指定为世界无形文化遗
nián yuè rì, bèi Liánhéguó Jiàokēwén zǔzhī zhǐdìngwéi shìjiè wúxíng wénhuà yí

产。
chǎn.

택견을 옛날에는 발놀이라 하였습니다. 한반도 고대 일종의 전통 무술입니다. 1983년 대한민국 정부에 의해 중요 무형문화재 제76호로 지정되었습니다.

택견은 한반도 삼국 시대에 최초로 발상하였습니다. 택견은 다리와 발 위주로, 주먹과 손장을 부차적으로 상대측의 약점을 이용하거나 힘을 빌려 공격해 넘어뜨리는데 치중합니다. 부드러우면서 강인함을 지닌 무예입니다.

2011년 11월 28일 유네스코에 의해 세계 무형 문화 유산으로 지정되었습니다.

柔中带刚 [róuzhōngdàigāng] [형] 부드러우면서 강인함을 나타내다

并使其摔倒 [bìng shǐ qí shuāidǎo] [동] 넘어뜨리게 하다

请说说阿里郎。

아리랑에 대해 말해 보세요.

阿里郎是韩民族最具代表性的民谣，早已在海内外享有名气。在
Ālǐláng shì hánmínzú zuì jù dàibiǎoxìng de mínyáo,　　　zǎoyǐ zài hǎinèiwài xiǎngyǒu míngqì.　Zài

韩国最有名的阿里郎是，全南的"珍岛阿里郎"，江原道的"旌善阿里
Hánguó zuì yǒumíng de Ālǐláng shì,　　Quánnán de "Zhēndǎo Ālǐláng",　　Jiāngyuán Dào de "Jīngshàn Ālǐ

郎"，庆南的"密阳阿里郎"。即，韩国的三大阿里郎。
láng",　Qìngnán de　"Mìyáng Ālǐláng".　　Jí,　　Hánguó de sān dà Ālǐláng.

阿里郎对韩民族具有很强的凝聚力，曾经在2000年悉尼奥运会
Ālǐláng duì hánmínzú jùyǒu hěn qiáng de níngjùlì,　　　céngjīng zài　　nián Xīní Àoyùnhuì

上，被用作南、北韩运动员的进场音乐。在2002年世界杯足球赛上，
shàng, bèi yòng zuò Nán、Běihán yùndòngyuán de jìnchǎng yīnyuè. Zài　　nián Shìjièbēi zúqiúsài shàng,

韩国啦啦队"红魔团"唱的合唱曲也是这首歌。这首歌也成了韩国的
Hánguó lālāduì "hóngmótuán" chàng de héchàngqǔ yě shì zhè shǒu gē. Zhè shǒu gē yě chéng le Hánguó de

象征。
xiàngzhēng.

2012年12月5日被联合国教科文组织指定为世界无形文化遗产。
nián　　yuè　　rì bèi Liánhéguó Jiàokēwén zǔzhī zhǐdìngwéi Shìjiè wúxíng wénhuà yíchǎn.

아리랑은 한민족의 가장 대표적인 민요로서 일찍이 세계적으로 명성을 누리고 있습니다. 한국에서 가장 유명한 아리랑은 전남의 '진도아리랑', 강원도의 '정선 아리랑', 경남의 '밀양아리랑', 즉, 한국의 3대 아리랑입니다.

아리랑은 한민족에게 강한 응집력이 있는 노래로서 2000년 시드니 올림픽에서 남·북한 선수팀의 입장곡으로, 2002년 한·일이 주최한 월드컵 경기에서 한국의 "붉은 악마" 응원단의 합창곡으로도 이 노래를 불렀습니다. 이 노래도 한국의 상징이 되었습니다.

2012년 12월 5일에 아리랑은 유네스코에 의해 세계 무형 문화 유산으로 지정되었습니다.

悉尼 [Xīní] [명] 오스트레일리아 뉴사우스웨일스주(州)의 주도(州都)

请说说越冬泡菜文化。

김장 문화에 대해 말해 보세요.

每年的秋末初冬，韩国相当一部分家庭有腌制越冬泡菜的习惯。
Měinián de qiūmò chūdōng, Hánguó xiāngdāng yíbùfen jiātíng yǒu yānzhì yuèdōng pàocài de xíguàn.

每当此时，家人和邻里间发扬互助精神，在谈笑风声、唠家常中大家
Měi dāng cǐ shí, jiārén hé línlǐ jiān fāyáng hùzhù jīngshén, zài tánxiào fēngshēng、lào jiācháng zhōng dàjiā

一起动手，很快就能把各家的越冬泡菜腌制完。并把腌制好的越冬
yìqǐ dòngshǒu, hěn kuài jiù néng bǎ gè jiā de yuèdōng pàocài yānzhìwán. Bìng bǎ yānzhìhǎo de yuèdōng

泡菜，邻里间分享品尝的快乐，这种自发"分享精神"的传统习俗，联
pàocài, línlǐjiān fēnxiǎng pǐncháng de kuàilè, zhè zhǒng zìfā "fēnxiǎng jīngshén" de chuántǒng xísú, Lián

合国教科文组织评价为，是培养社会整体意识，及国民所属感形成
héguó Jiàokēwén zǔzhī píngjiàwéi, shì péiyǎng shèhuì zhěngtǐ yìshi, jí guómín suǒshǔgǎn xíngchéng

上的重要遗产。
shàng de zhòngyào yíchǎn.

韩国"越冬泡菜文化"2013 年12 月5 日，被联合国教科文组织指定
Hánguó "yuèdōng pàocài wénhuà" nián yuè rì, bèi Liánhéguó Jiàokēwén zǔzhī zhǐdìng

为世界无形文化遗产。
wéi Shìjiè wúxíng wénhuà yíchǎn.

매년 늦가을에서 초겨울이면 한국의 많은 가정에서는 김장을 담그는 풍속이 있습니다. 해마다 이때면 가족과 이웃이 함께 서로 도와 담소를 나누면서 즐겁게 여러 집의 김장 김치를 담급니다. 그리고 담근 김치를 이웃 간에 서로 즐겁게 맛보며 나눠 먹습니다. 이렇듯 자연스럽게 생성된 "나눔 정신"의 전통 풍습을 유네스코는 국민이 함께 뭉치는 사회 공감대를 육성할 뿐만 아니라 국민의 소속감을 형성하는 중요한 유산이라고 평가하였습니다.

한국의 "김장 문화"는 2013년 12월 5일에 유네스코에 의해 세계 무형 문화 유산으로 지정되었습니다.

品尝 [pǐncháng] [동] 맛보다, 시식(試食)하다, 자세히 식별하다

请说说农乐。

농악에 대해 말해 보세요.

农乐是用大罗、小罗、鼓、长鼓，打击乐器和唢呐等管乐器，再配
Nóngyuè shì yòng dàluó、xiǎoluó、gǔ、chánggǔ dǎjī yuèqì hé suǒnà děng guǎnyuèqì, zài pèi

上传统舞蹈，进行的演奏叫"农乐"。
shàng chuántǒng wǔdǎo, jìnxíng de yǎnzòu jiào "nóngyuè".

农乐，节奏感强，气氛热烈，给人一种兴奋、激昂的感觉。
Nóngyuè, jiézòugǎn qiáng, qìfēn rèliè, gěi rén yì zhǒng xīngfèn、jī'áng de gǎnjué.

农乐，一般是为了祈求丰年和庆祝丰收或节假日等各种庆典时，
Nóngyuè, yìbān shì wèile qíqiú fēngnián hé qìngzhù fēngshōu huò jiéjiàrì gèzhǒng qìngdiǎn shí,

在田间共同插秧劳动时，人们都喜爱演奏和欣赏农乐。因此，农乐源
zài tiánjiān gòngtóng chāyāng láodòng shí, rénmen dōu xǐ'ài yǎnzòu hé xīnshǎng nóngyuè. Yīncǐ, nóngyuè yuán

于民间，源于百姓的生产劳动中。是劳动的音乐，百姓的音乐。
yú mínjiān, yuányú bǎixìng de shēngchǎn láodòng zhōng. Shì láodòng de yīnyuè, bǎixìng de yīnyuè.

联合国教科文组织认为，韩国的农乐不仅保存了，具有民族特色
Liánhéguó Jiàokēwén zǔzhī rènwéi, Hánguó de nóngyuè bùjǐn bǎocún le, jùyǒu mínzú tèsè

的传统音乐风格，更为促进(国内外大众喜闻乐见的)传统音乐文化艺
de chuántǒng yīnyuè fēnggé, gèng wéi cùjìn (guónèiwài dàzhòng xǐwénlèjiàn de) chuántǒng yīnyuè wénhuà yì

术的发展上，为促进人类共同体间，人与人的心灵沟通上，为提高人
shù de fāzhǎn shàng, wéi cùjìn rénlèi gòngtóng tǐjiān, rén yǔ rén de xīnlíng gōutōng shang, wéi tígāo rén

们对无形文化遗产的观赏度上，都做出了贡献。
men duì wúxíng wénhuà yíchǎn de guānshǎngdù shàng, dōu zuòchū le gòngxiàn.

2014 年11 月27 日，被联合国教科文组织指定为世界无形文化遗
nián yuè rì, bèi Liánhéguó Jiàokēwén zǔzhī zhǐdìngwéi Shìjiè wúxíng wénhuà yí

产。
chǎn.

生词 새단어

节奏感强 [jiézòugǎn qiáng] [형] 리듬 감각이 강하다

可视性 [kěshìxìng] [형] 가시성은 눈에 띄는 정도를 말한다

농악은 징·꽹과리·북·장구같은 타악기와 수르나의 등의 관악기와 전통 무용과 함께 연주하는 것을 "농악"이라고 합니다.

농악은 리듬이 강하고 열렬한 분위기에 흥겨움을 돋우며 격앙된 느낌을 줍니다.

농악은 보통 풍년을 기원하거나, 수확이나 명절 등의 다양한 축제 행사 때나 논밭에서 함께하는 모심기에서 사람들은 모두 농악 연주와 농악 감상을 즐깁니다. 그래서 농악은 민간으로부터 발상되었고 생산 노동에서 나온 노래입니다. 농악은 노동의 음악이자 백성들의 음악입니다.

유네스코는 한국의 농악이 민족의 특성을 지닌 전통 음악의 품격을 보존했을 뿐만 아니라, 특히 (국내외 민중들이 선호하는) 음악 문화 예술의 발전에서 인류 공동체 간 사람들의 소통을 촉진하는데, 또한 무형 문화 유산의 가시성을 제고하는데 기여했다고 인정하였습니다.

2014년 11월 27일 유네스코에 의해 무형 문화 유산으로 지정되었습니다.

请说说拔河。

줄다리기에 대해 말해 보세요.

拔河是众人参加，分成两队，相对拽一根粗壮的绳子，决定胜负
Báhé shì zhòngrén cānjiā, fēnchéng liǎng duì, xiāngduì zhuài yì gēn cūzhuàng de shéngzi, juédìng shèngfù

的传统游戏。在东南亚种植水稻的国家广为盛行。
de chuántǒng yóuxì. Zài dōngnányà zhòngzhí shuǐdào de guójiā guǎngwéi shèngxíng.

拔河在韩国是祈愿农业丰收的意义上，提倡团结和合，培养团队
Báhé zài Hánguó shì qíyuàn nóngyè fēngshōu de yìyìshàng, tíchàng tuánjié héhé, péiyǎng tuánduì

精神的，自古正月十五男女老少一起参加的，最大规模的传统团体游
jīngshén de, zìgǔ Zhēngyuè shíwǔ nánnǚlǎoshào yìqǐ cānjiā de, zuìdà guīmó de chuántǒng tuántǐ yóu

戏。但在釜山东莱地区是端午节，济州岛地区是中秋节，全罗道西海
xì. Dàn zài Fǔshān Dōnglái dìqū shì Duānwǔ Jié, Jìzhōudǎo dìqū shì Zhōngqiū Jié, Quánluó Dào xīhǎi

岸地区是二月初一也玩的游戏。
àn dìqū shì Èryuè chūyī yě wán de yóuxì.

在韩国被传承的著名拔河队有，忠清南道唐津市机池市的拔河
zài Hánguó bèi chuánchéng de zhùmíng báhéduì yǒu, Zhōngqīngnán Dào Tángjīn Shì Jīchí Shì de báhé

队，江原道三陟市的拔河队，庆尚南道灵山的拔河队等。
duì, Jiāngyuán Dào Sānzhì Shì de báhéduì, Qìngshàngnán Dào Língshān de báhéduì děng.

2015 年12 月2 日，在纳米比亚首都温得和克举行的联合国教科文
nián yuè rì, zài Nàmǐbǐyà shǒudū Wēndéhékè jǔxíng de Liánhéguó Jiàokēwén

组织无形文化遗产委员会第10 次会议上，韩国、越南、柬埔寨、菲律
zǔzhī wúxíng wénhuà yíchǎn wěiyuánhuì dì cì huìyìshàng, Hánguó、Yuènán、Jiǎnpǔzhài、Fēilǜ

宾4 国联合申遗的"拔河"，被指定为世界无形文化遗产。
bīn guó liánhé shēnyí de "báhé", bèi zhǐdìngwéi Shìjiè wúxíng wénhuà yíchǎn.

줄다리기는 뭇 사람이 참석해 두 편으로 나뉘어 굵은 줄을 마주 잡아당겨 승부를 겨루는 놀이입니다. 동남아의 벼농사를 짓는 나라들에서 널리 흥행합니다.

줄다리기가 한국에서는 풍년을 기원하는 의미에서 팀의 단결과 화합을 주창 육성하며, 예로부터 정월 대보름에 남녀노소가 동참하여 최대 규모로 행하는 전통 팀놀이입니다. 부산 동래 지방에서는 단오에, 제주도에서는 한가위에, 전라도 서해안 지방에서는 2월 초하루에 놀기도 합니다.

한국에서 전승되고 있는 유명한 줄다리기 팀은 충청남도 당진시 기지시 줄다리기 팀, 강원도 삼척시 줄다리기 팀, 경상남도 영산 줄다리기 팀 등이 있습니다.

2015년 12월 2일 나미비아 수도 빈트후크에서 열린 유네스코 무형 문화 유산 위원회 제10차 회의에서 한국·베트남·캄보디아·필리핀이 공동 신청한 "줄다리기"는 세계 무형 문화 유산으로 지정되었습니다.

请说说济州海女文化。

제주 해녀 문화에 대해 말해 보세요.

济州海女是没有氧气装置的情况下, 潜入海底捕捞海产品的渔
Jìzhōu hǎinǚ shì méiyǒu yǎngqì zhuāngzhì de qíngkuàng xià, qiánrù hǎidǐ bǔlāo hǎichǎnpǐn de yú

业女性。夏季每天进行6～7小时, 冬季每天进行4～5小时, 每年约进
yè nǚxìng. Xiàjì měitiān jìnxíng xiǎoshí, dōngjì měitiān jìnxíng xiǎoshí, měiniányuē jìn

行90天的海底作业。济州海女文化的最大特征是, 比个人利益更重视
xíng tiān de hǎidǐ zuòyè. Jìzhōu hǎinǚ wénhuà de zuì dà tèzhēng shì, bǐ gèrén lìyì gèng zhòngshì

共同体的利益。通过海底劳动获得的物质收益, 除了海女共同体间
gòngtóngtǐ de lìyì. Tōngguò hǎidǐ láodòng huòdé de wùzhì shōuyì, chúle hǎinǚ gòngtóng tǐjiān

的均等分配外, 还献给家乡的修路, 建立学校等社会的公益事业上。
de jūnděng fēnpèi wài, hái xiàngěi jiāxiāng de xiūlù, jiànlì xuéxiào děng shèhuì de gōngyì shìyè shàng.

形成、发展、传承了, 独特而过硬的济州海女共同体文化。
Xíngchéng、fāzhǎn、chuánchéng le, dútè ér guòyìng de Jìzhōu hǎinǚ gòngtóng tǐwénhuà.

2016 年11 月30 日, 联合国教科文组织, 在埃塞俄比亚的, 首都亚
nián yuè rì, Liánhé guójiàokēwén zǔzhī, zài Āisài'ébǐyà de, shǒudū

的斯亚贝巴的会议中心召开的委员会议上, 济州海女文化得到了高度
Yàdesīyàbèibā de huìyì zhōngxīn zhàokāi de wěiyuán huìyìshàng, Jìzhōu hǎinǚ wénhuà dédào le gāodù de

的评价, 被指定为世界无形文化遗产。
píngjià, bèi zhǐdìngwéi Shìjiè wúxíng wénhuà yíchǎn.

제주 해녀는 산소 장치 없이 바다 속으로 잠수해 해산물을 채취하는 어업 여성입니다. 여름철에는 매일 6~7 시간 정도, 겨울철에는 4~5 시간, 연간 약 90일 정도 바다 속에서 작업을 합니다. 제주 해녀 문화의 가장 큰 특징은 개인의 이익보다 공동체의 이익을 더 중시하므로 해저 노동을 통해 얻은 물질 수익은 해녀 공동체 간에 균일한 할당 외 또 고향 마을길을 정비하거나 학교를 세우는 등 사회의 공익사업에 기여하기도 합니다. 특이하고 강력한 제주 해녀 공동체 문화를 형성 · 발전 · 전승해 왔습니다.

2016년 11월 30일, 유네스코는 에티오피아 수도 아디스아바바의 컨퍼런스센터에서 열린 위원회의에서 제주 해녀 문화는 높은 평판을 받았으며 세계 무형 문화 유산으로 지정되었습니다.

제3장 부록

(1) 관광통역 안내사 면접 주의사항

　　관광통역 안내사 면접은 외국어 회화 실력을 기초로 당신의 관광통역 안내사에 대한 국가관, 사명감 및 당신의 전문 지식 응용력, 표현력에 대한 정확성 여부와 논리성 여부에 관해 심사·평가하는 과정입니다. 동시에 당신의 뉘앙스·풍채·용모·자태·옷차림·예의·관광통역 안내사의 품위와 기본 소양을 갖추고 있는지 여부에 대해 또한 당신이 상대에게 어떤 인상을 남길 것인지 등에 관한 종합적이고 전면적인 심사·평가를 하는 과정입니다. 따라서 당신이 수험장에서의 모든 표현, 즉 당신의 일언일행, 일거일동의 전부가 심사 점수에 기록으로 남게 됩니다.

　　면접 시에는 첫 인상이 매우 중요합니다. 우선 복장 차림이 정결하며 단정하고, 정장에 구두로 품위 있고 멋스러워야 합니다. 또 얼굴 화장도 적당히 가볍게 하는 것이 좋습니다. 면접은 시작부터 마지막까지 바른 용모와 자세, 예의를 잘 지켜야 합니다. 특히 얼굴 표정은 밝고, 씩씩하고, 활기가 넘치고, 태도는 대범하고 멋지고, 명랑·건강·겸손·활발·자연스러운 인상을 남겨야 합니다.

　　아침 식사는 잘해야 합니다. 하지만 적당히 드셔야 합니다. 식사 포만감은 쉽게 졸립니다. 또한 면접 당일 아침 뉴스를 시청하고 그날의 주요 이슈를 알아두면 더욱 좋습니다. 집에서 출발 전 반드시 다시 한 번 지참해야 할 준비물을 빠뜨린 것이 없는지 체크해 봅니다. 그리고 시간을 엄수하여 적어도 1시간이나 30분 전에 미리 수험장에 도착하여 주변 환경도 둘러보고 긴장된 마음도 가라앉히며, 지정된 장소에서 면접 순번을 기다립니다.

　　면접실에 들어갈 때는 반드시 노크하고, 문에 들어서자마자 목례를 하고, 가슴을 쭉 펴고 고개를 들고 면접관 앞의 의자 옆에 다가가 서서 공손히 면접관들을 향해 "면접관님 안녕하세요!" 또는 "선생님 안녕하세요!"라고 인사합니다. (동시에 당신의 수험번호를 통보해도 좋습니다.) 면접관이 "안녕하세요! 앉으십시오!"라고 하면 당신은 반드시 "고맙습니다!"하고 앉습니다. 상대측에서 권하기 전에 먼저 앉는 것은 금물입니다. 앉는 자세는 단정해야 하고, 양손은 자연스럽게 무릎 위에 얹고, 눈은 미소를 띠고 세 명의 면접관과 눈을 마주치면서 면접관의 질문을 기다립니다.

질문에 대답할 때의 목소리는 낭랑하고 발음은 똑똑허야 하며, 먼저 문제의 핵심 요점부터 말하고 그 다음 조리 있게 내용을 보충하여야 합니다.

받은 질문의 답이 잘 떠오르지 않을 때는 웃으면서 면접관에게 "선생님 저 잠깐만 생각해도 될까요? 지금은 너무 긴장해서 생각이 잘 나지 않습니다." 혹은 "선생님 이 문제는 제가 이렇게 이해하고 대답해도 되겠습니까?"라고 말하거나 면접관의 지시에 따릅니다.

면접관의 질문을 잘 듣지 못했을 때는 면접관에게 "미안합니다! 선생님, 방금 하신 질문을 잘 듣지 못했는데 다시 한 번 말씀해 주실 수 있습니까?"라고 말해 보십시오.

답할 문제에 대해 잠깐의 사색이 필요할 때의 시선은 면접관의 넥타이나 옷깃에 두는 것이 좋으며, 천장을 쳐다 보거나 고개를 숙여 바닥을 보거나 머리를 돌려 창밖을 보거나 그러지 말아야 합니다. 설령 대답이 틀려도 혀를 내밀고 머리를 긁거나, 다리를 꼬집고, 손가락을 만지작 거리거나 머리채를 꼬는 등의 동작은 하지 말아야 합니다.

정말 답할 수 없는 문제가 나오면 "선생님 이 문제는 제가 잘 파악하지 못해서 대답하기가 어렵습니다. 다음 질문을 해주시겠습니까?"라고 말하세요.

면접이 끝날 때 면접관이 "오늘 시험은 여기까지입니다. 수고하셨습니다. 가셔도 됩니다."라고 하면 당신은 자리에서 일어나 시작할 때처럼 옆으로 한 걸음 나와 의자 옆에 서서 겸손하고 예의 바른 자세로 공손히 인사하면서 "면접관(선생)님 감사합니다! 안녕히 계십시오!" 또는 "면접관 (선생)님 감사합니다! 잘 부탁드립니다!"라고 한 다음 들어올 때처럼 머리들고 가슴을 내밀고 차분하고 가벼운 걸음으로 문을 향합니다. 문 입구에서 몸을 돌려 다시 목례하고 문을 조용히 닫으면서 퇴장합니다. 시작과 마무리가 일치해야 합니다. 걸음을 너무 잽싸게 거의 뛰다시피 하는 퇴장은 금물입니다.

　　导游面试是以考核外语口语能力为基础，是评估您的国家观，您对导游事业的使命感，以及您对专业知识的应用能力，表达能力，是否正确和是否具有逻辑性，而进行的审议、考核和评价的过程。同时也考察您的语气、仪表、仪态、装束、礼貌、是否具有导游应有的风度和气质，会给人留下什么样印象等为内容的，综合的，全方位的审议、考核过程。因此，您整个考场中的表现，即，您的一言一行，一举一动，都将会记录进考核分数里。

　　导游面试第一印象很重要。首先穿戴一定要整洁大方，西装革履，风度翩翩。还可适当地化化淡妆，在考场至始至终要管理好仪表、仪态，要讲究礼貌。特别是面部表情，要保持朝气蓬勃，精神饱满。要给人留下一种大度、潇洒、明朗、健康、谦恭、活泼、自然的印象。

　　考生早餐一定要吃好，但不要吃得太饱。太饱的感觉，容易发困。当天早上您再视听新闻，掌握一下当天的要闻更好。从家出发前，一定要再查看一遍，考场需带的证件物品，有无遗漏。严格遵守时间，至少提前一个小时或半个小时到考试地点，熟悉一下环境，稳定情绪，在指定的地方，耐心等待考试顺序的到来。

　　考生进入考场时一定要先敲门，刚进门口时，先行点头礼，然后挺胸抬头，走到考官面前的椅子旁边站下，恭顺地向考官行礼说"各位考官好！"或"各位老师好！"（同时还可以通报一下您的考号）。考官说"您好，请坐！"请您道声"谢谢！"然后入座。切忌对方没发话，自己先入座。坐姿

要端正，双手很自然地放在自己的大腿上，目光要微笑着和三位考官对视一下，等待考官的提问。

考生回答问题时，声音要洪亮，吐字要清晰，先说出问题的核心要点，然后有条不紊地充实内容。

如果考官提出的问题想不起来时，笑着对考官说"老师可以容我再想想吗？我现在有些紧张，想不起来了。"或说"老师这个题我是这么理解和回答可以吗？"或者按考官的要求去做。

考官提的问题没有听清时，对考官说"对不起老师，您刚才的提问，我没有听清楚，能再说一遍吗？"

考生回答问题暂时思考时，目光要放在考官的领带或衣领部位上，不要仰脸朝天空或低头瞅地面，或转头望窗外。即使答错了题，也不要作出伸舌、挠头、掐腿、摆弄手指，揪辫子等动作。

遇到实在不会的题您可以说"老师，这个题我掌握的不熟我说不好，能否提问下一个问题？"

考试结束时考官说"今天考试就到这里，您辛苦了，您可以走了。"那么，您和开始一样从座位上站起来，向侧面迈一步站到椅子的旁边，仍保持郑重谦恭地仪态行礼说"各位考官（老师）谢谢了，再见！"或"谢谢各位考官（老师），请多关照，拜托了！"然后仍挺胸抬头，稳稳当当，轻轻地走路，走到门口转身再行个礼，轻轻把门带上退出考场。至始至终，要保持一致，切忌匆匆一溜小跑似地离开考场。

제3장 부록

(2) 관광통역 안내사 중국어 면접 기출문제 100제

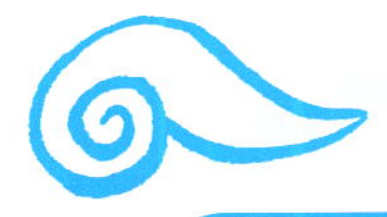

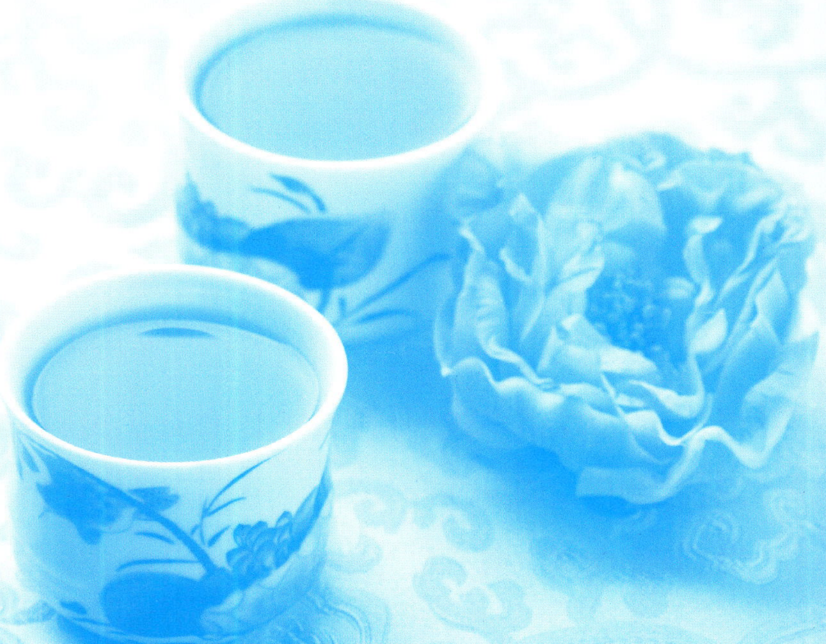

1   가이드로서 어떤 매력을 갖춰야 합니까?

2   가이드의 자질에 대해 말해 보세요.

3   가이드를 하려는 동기를 말해 보세요.

4   현재 어떤 직업에 종사하고 있어요?

5   자기 소개를 해 보세요.

6   가이드로서의 사명감이란?

7   가이드로서 가장 중요한 것은?

8   가이드가 되기 위하여 어떤 노력을 하셨습니까?

9   하고 싶은 말씀을 해 보세요.

10   대안관광이란?

11   그랜드 세일이란?

12   관광객에게 추천 할 만한 한국의 관광지는?

13   슬로우 관광이란?

14   K트래블 버스란?

15   서울에서 템플스테이를 할 수 있는 곳은?

16   베니키아 및 유래를 말해 보세요.

17   한국 여행업의 전망은?

18   한국 관광의 매력은? (한국 관광의 장점)

19   마이스 산업 및 지역 경제에 대한 파급 영향은?

20   게스트 하우스란?